“基础数学应用”丛书

湖北省工业与应用数学学会规划教材

测度论与函数空间讲义

别群益　向长林 等　编著

科 学 出 版 社

北 京

内 容 简 介

本书主要为学习现代偏微分方程理论课程和其他相关数学专业的研究生编写的一本讲义. 内容由测度论基础、Lebesgue 函数空间与 Sobolev 函数空间三部分组成. 其中, 测度论以 Radon 测度为核心, 介绍相关积分与微分的基础理论，如 Fubini 定理、Radon-Nikodym-Lebesgue 分解定理等. Lebesgue 函数空间部分重点讲解其对偶空间的表示理论, 同时引入实测度空间, 作为适当的深化内容. Sobolev 空间除介绍其基本性质外, 还重点介绍逼近性质、有界延拓、迹、Sobolev 嵌入定理、Rellich 紧嵌入定理、Poincaré 不等式等重要内容. 最后, 以椭圆型偏微分方程为例, 简要介绍 Sobolev 空间在偏微分中的应用.

本书适合作为高等院校数学专业和其他数学专业的研究生教材, 也可作为科研人员和高等院校教师的参考书.

图书在版编目（CIP）数据

测度论与函数空间讲义 / 别群益等编著. -- 北京 : 科学出版社, 2025.7. -- (“基础数学应用”丛书) (湖北省工业与应用数学学会规划教材). -- ISBN 978-7-03-082781-4

Ⅰ. O174.12；O177.3

中国国家版本馆 CIP 数据核字第 2025CW7783 号

责任编辑: 王　晶 / 责任校对: 高　嵘
责任印制: 彭　超 / 封面设计: 苏　波

科学出版社出版
北京东黄城根北街 16 号
邮政编码: 100717
http://www.sciencep.com

武汉中科兴业印务有限公司印刷
科学出版社发行　各地新华书店经销

*

2025 年 7 月第　一　版　开本: 787 × 1092　1/16
2025 年 7 月第一次印刷　印张: 11
字数: 254 000

定价: 59.80 元

（如有印装质量问题, 我社负责调换）

"基础数学应用"丛书编委会

《测度论与函数空间讲义》编委会

丛书序

数学本身就是生产力. 众所周知, 数学是一门重要的基础学科, 也是其他学科的重要基础, 几乎所有学科都依赖于数学的知识和理论, 几乎所有重大科技进展都离不开数学的支持. 数学也是一门关键的技术. 数学的思想和方法与计算技术的结合已经形成了一种关键性的、可实现的技术, 称为“数学技术”. 在当代, 数学在航空航天、人工智能、生物医药、能源开发等领域发挥着关键性, 甚至决定性作用. 数学技术已成为高技术的突出标志和不可或缺的组成部分, 从而也可以直接地产生生产力. “高技术本质上是一种数学技术”的观点现已被越来越多的人认同.

人工智能 (AI) 时代是人类历史上最伟大的时代, 它已经对人们的生产、生活、思维方式产生深刻的影响. 在这个时代, 人工智能技术被广泛应用到人类生活的各个方面, 加速了各行各业的智能化进程, 同时也带来了许多挑战和机遇. 世界正飞速进入人工智能时代. 我们需要积极应对这一时代的挑战和机遇, 更好地发挥人工智能技术的优势, 推动人类社会的进步和发展.

在大数据技术和人工智能时代, 数学的作用更为突出. 一方面, 数学提供了人工智能算法和大模型的理论基础、工具和方法, 同时也为人工智能的思维方式和表达提供了一种规范和统一的描述方式. 另一方面, 人工智能的发展也对数学学科本身产生了深远的影响, 驱动了数学理论的创新, 加速了数学与其他学科的交叉融合, 为数学提供了新的研究方向和挑战. 数学与人工智能的深入结合给人工智能的发展和应用带来更大的潜力和机遇.

为适应新形势, 满足高等数学教育对教学内容和教学方式的新需求, 湖北省工业与应用数学学会在各位同仁的共同努力下推出了这套系列教材. 本套教材中既有经典内容的新写法, 也有新的数学理论、思想和方法的呈现, 注重体系性与协调性统一, 注重理论与实践相结合, 具体生动、图文并茂、逻辑性强, 便于学生自主学习, 也便于教师使用.

作为一种新的尝试, 希望本套丛书能为湖北省乃至全国的数学教育贡献一点湖北力量.

杨志坚

2024 年 5 月

前　言

党的二十大报告指出: "教育、科技、人才是全面建设社会主义现代化国家的基础性、战略性支撑. 必须坚持科技是第一生产力、人才是第一资源、创新是第一动力, 深入实施科教兴国战略、人才强国战略、创新驱动发展战略, 开辟发展新领域新赛道, 不断塑造发展新动能新优势". 作为长期深耕数学教育一线的教师, 我们以本书为依托, 力求为数学及相关领域硕士研究生构建系统化的学术进阶体系, 为国家的教育事业贡献一份微薄的力量.

本书是在编者团队给数学系偏微分方程方向硕士研究生授课的教学经验和科研心得的基础上完成的, 目的是通过精炼的篇幅为后续偏微分方程理论课程的学习提供一本快速入门的讲义. 目前, 国内外已经有很多优秀的偏微分方程教材, 这些教材以模块化的结构组织内容、以公理化体系进行展开, 具有抽象性与严谨性的特点, 并成为广泛使用的教材. 然而, 在教学过程中, 我们发现研究生因本科阶段学习的课程内容不同, 很多学生对基础课程掌握不够扎实甚至没有学过其中一些内容, 比如学习 Sobolev 空间所需要用到的 L^p 空间知识等, 这导致授课老师无法顺利展开教学, 需随时进行大量的教学调整. 同时, 国内外同类教材多数对 "实变函数" "泛函分析" 方面的内容介绍较少, 部分内容证明较为简洁, 这对于本科阶段基础掌握较好的学生较为适合, 但对于一般院校的部分硕士研究生, 学起来难度较大. 因此, 为了能够帮助刚入学的硕士研究生顺利地从本科学习过渡到研究生阶段的专业理论学习, 我们迫切需要编写一本适合本层次学生使用的教材.

本书主要介绍测度论、L^p 空间和 Sobolev 空间的基本理论, 注重基础知识所涉及的各种研究方法, 以便读者在后续研究过程中比较容易识别和应用. 需要说明以下几点.

(1) 本书的主要内容包括: 第 1 章主要介绍测度论的基础内容, 包含积分理论与微分理论, 其中的表示定理将在第 2 章得到具体深入的应用; 第 2 章介绍 L^p 空间知识, 尤为重要的是其中的表示定理与弱收敛理论; 第 3 章介绍 Sobolev 空间的基本理论, 其中光滑逼近与延拓是研究 Sobolev 函数的基本工具, Sobolev 不等式与 Morrey 不等式、Poincaré 不等式、Sobolev 空间的紧嵌入定理是其中的核心内容. 为方便读者自主学习, 每章章末附带本章小结、知识点扩展 (扫二维码查看), 还增加部分泛函分析的基本概念.

(2) 为便于读者快速了解本章内容, 每章思维导图特以读者阅读顺序展开, 具体可扫描书中二维码观看.

在本书编写过程中, 参阅了大量国内外同类优秀教材及专著, 启发颇多, 受益匪浅, 在此向有关作者表示诚挚谢意. 三峡大学数理学院曹志杰、周艳平、马德宜等老师对本书提出了许多宝贵的修改意见. 曾颖、康雨婷、刘安淇等同学在使用本书讲义过程中指出了书中存在的很多打印错误和纰漏. 本书的出版得到了三峡大学研究生院课程建设项目 (项目编号 SDKC202210) 的资助, 在此一并表示感谢! 同时也诚挚地感谢科学出版社在出版过程中给予的大量帮助和指导!

由于编者水平有限, 本书难免存在不妥之处, 恳请专家、读者批评指正.

编　者

2024 年 10 月

目　录

第1章

测　度　论

思维导图：以读者阅读顺序

测度论是现代数学分析中的基本工具,如在偏微分方程中著名的集中紧性方法 [1-2],几何测度论中研究的可求长集合、Varifold、Currents 等 [3],都需要坚实而宽广的测度论基础. 本章主要介绍测度论的基本理论,重点介绍欧几里得空间上的测度. 在讲解前,先回忆本科阶段学过的几个例子.

在实变函数 [4-5] 课程中介绍的欧几里得空间 $\mathbb{R}^n$ 上的 Lebesgue (勒贝格) 测度 $\mathcal{L}^n$. 对任意的一族集合 $E_i \subset \mathbb{R}^n$ $(i = 1, 2, \cdots)$, 总是有

$$\mathcal{L}^n\left(\bigcup_{i=1}^{\infty} E_i\right) \leqslant \sum_{i=1}^{\infty} \mathcal{L}^n(E_i).$$

这是 $\mathcal{L}^n$ 的外测度性质. 如果 E_i 还是互不相交的 Lebesgue 可测集, 则上述等号成立.

在数学分析 [6] 课程中, 我们已经学过如何求曲线的长度和曲面的面积, 以及如何在曲线和曲面上求第一型积分. 比如, 给定 $\mathbb{R}^3$ 中的一条光滑曲线 L 及其上的函数 $f(x, y, z)$, 求其第一型曲线积分

$$\int_L f(x, y, z)\mathrm{d}s.$$

当 $f \equiv 1$ 时, 得到曲线 L 的长度. 特别地, 当 L 可以用参数映射 $\gamma(t) = (x(t), y(t), z(t))$ 表示时, 对任意的子集 $A \subset L$, 通过公式

$$\int_I \sqrt{x'^2(t) + y'^2(t) + z'^2(t)}\mathrm{d}t$$

可以求出 A 的长度, 只要 A 对应的参数集合 I 是直线上的 Lebesgue 可测集即可. 这样就得到 L 上的一个曲线版本的 Lebesgue 测度.

类似地, 如果给定 $\mathbb{R}^3$ 中的一张光滑曲面 S 及其上的函数 $f(x, y, z)$, 经常需要求第一型曲面积分

$$\int_S f(x, y, z)\mathrm{d}s.$$

特别地, 如果 S 是某个函数 $u(x, y)$ 的图像, 则通过积分公式

$$A \text{ 的面积} = \int_{\pi(A)} \sqrt{1 + u_x^2 + u_y^2}\mathrm{d}x\mathrm{d}y$$

可以求出 S 任何一个子集 A 的面积, 只要 A 在平面上的投影 $\pi(A)$ 是 Lebesgue 可测集即可. 这样, 我们便得到曲面版本的 Lebesgue 测度. 以此类推, 可以推广到任意维度的曲面. 在几何测度论 [3] 中, 这些理论还将被推广到所谓的可求长集与 Varifold 等更抽象的几何对象上.

在概率论 [7-8] 中, 所有的概率测度都是本书所讲述的有限测度的一种特殊类别. 因此, 可以将测度论中的许多结论直接应用过来. 上述所有实例都包含在本书的内容范围内.

1.1 测度的定义与基本性质

为了使测度理论具有更广泛的适用性, 我们引入一般空间上的测度概念. 这种方法有助于我们更好地理解欧几里得空间 $\mathbb{R}^n$ 上的测度. 下面设 X 表示一个任意集合, 2^X 表示由 X 所有子集构成的幂集. 例如, X 可以是一个圆周、一条曲线或一张曲面等.

定义 1.1.1

设 $\mu: 2^X \to [0, \infty]$ 是 2^X 上的非负函数. 如果 μ 满足以下 2 条性质:

(1) $\mu(\varnothing) = 0$;

(2) (次可数可加性) 对 X 中的任意的子集 E 与 E_i $(i = 1, 2, \cdots)$, 有

$$\mu(E) \leqslant \sum_{i=1}^{\infty} \mu(E_i), \quad \forall E \subset \bigcup_{i=1}^{\infty} E_i,$$

则称 μ 是 X 上的一个外测度, 并称 (X, μ) 是测度空间.

外测度为零的集合称为 μ-零测集或简称零测集. 当 $\mu(X) < \infty$ 时, 称 μ 是 X 上的一个有限外测度. 当 $\mu(X) = 1$ 时, 称 μ 是 X 上的一个概率测度. 外测度的优点是可以作用在所有的集合上, 用起来较为方便.

注 1.1.1 容易发现, 外测度的第 (2) 条性质等价于:

(1) (单调性) 如果 $A \subset B$, 则 $\mu(A) \leqslant \mu(B)$;

(2) (次可数可加性) 任给一列集合 $E_i \subset X$ $(i \geqslant 1)$,

$$\mu\left(\bigcup_{i=1}^{\infty} E_i\right) \leqslant \sum_{i=1}^{\infty} \mu(E_i).$$

在学习本讲义的过程中, 建议读者能够牢记下面几个重要的例子.

定义 1.1.2

(1) [Lebesgue 测度 $\mathcal{L}^n$] 任给集合 $E \subset \mathbb{R}^1$, 定义

$$\mathcal{L}^1(E) = \inf\left\{\sum_{i=1}^{\infty} \operatorname{diam} I_i : I_i \text{ 是 } \mathbb{R}^1 \text{ 中的开区间}, E \subset \bigcup_{i=1}^{\infty} I_i\right\}.$$

称为直线上的 Lebesgue 外测度.

一般地, 记 $Q = \prod_{i=1}^{n} (a_i, b_i)$ 为 n 维欧几里得空间 $\mathbb{R}^n$ 中的开立方体, 并令 Q 的体积为 $\operatorname{Vol}(Q) = \prod_{i=1}^{n} (b_i - a_i)$. 对任意的集合 $E \subset \mathbb{R}^n$, 定义 n 维 Lebesgue 测度为

$$\mathcal{L}^n(E) = \inf\left\{\sum_{i=1}^{\infty} \operatorname{Vol}(Q_i) : Q_i \text{ 是 } \mathbb{R}^n \text{ 中的开方体且 } E \subset \bigcup_{i=1}^{\infty} Q_i\right\}.$$

(2) [Hausdorff (豪斯多夫) 测度] 设 $0 \leqslant s < \infty, 0 < \delta \leqslant \infty$. 任给集合 $E \subset \mathbb{R}^n$, 先定义

$$\mathcal{H}_\delta^s(E) = \inf\left\{\sum_{i=1}^{\infty} \omega(s)\left(\frac{\operatorname{diam} E_i}{2}\right)^s : E_i \subset \mathbb{R}^n, \operatorname{diam} E_i \leqslant \delta, E \subset \bigcup_{i=1}^{\infty} E_i\right\},$$

其中, $\omega(s) = \pi^{\frac{s}{2}}/\Gamma(s/2+1)$ 代表 s 维单位球的体积. 再定义

$$\mathcal{H}^s(E) \equiv \sup_{\delta>0} \mathcal{H}_\delta^s(E) = \lim_{\delta\to 0} \mathcal{H}_\delta^s(E).$$

称 $\mathcal{H}^s$ 为 $\mathbb{R}^n$ 上的 s 维 Hausdorff 测度.

(3) [Dirac (狄拉克) 测度] 给定集合 X 及其中一点 x. 对任意的集合 $E \subset X$, 定义

$$\delta_x(E) = \begin{cases} 1, & x \in E, \\ 0, & x \notin E. \end{cases}$$

称 δ_x 为 X 上 (由点 x 确定) 的 Dirac 测度.

请读者自行验证上面给出例子确为外测度. 注意到, Hausdorff 测度的定义只需要用到 $\mathbb{R}^n$ 中的 (欧式) 距离, 因此可以将 Hausdorff 测度直接推广到任意的距离空间, 比如, 具备球面距离的球面以及一般的黎曼流形, 或者任意的赋范线性空间等. 下面是另一种常用构造测度的方法.

定义 1.1.3

假定 μ 是 X 上的外测度, E 是 X 的任一子集. 令

$$\mu \llcorner E(A) = \mu(A \cap E), \quad \forall A \subset X.$$

称 $\mu \llcorner E$ 是将 μ 限制在集合 E 上诱导出来的外测度.

读者可作为一个练习题, 自行验证 $\mu \llcorner E$ 确是一个外测度.

定义 1.1.4

假定 μ 是 X 上的一个外测度, E 是 X 的一个子集. 如果

$$\mu(A) = \mu(A \cap E) + \mu(A \cap E^c), \quad \forall A \subset X,$$

则称集合 E 是 μ-可测集. μ-可测集的全体记作

$$\mathcal{M}(X, \mu) \quad 或 \quad \mathcal{M}(\mu).$$

容易证明: 令 δ_x 是 X 上的 Dirac 测度, 则 $\mathcal{M}(X, \delta_x) = 2^X$.

注 1.1.2 由测度的次可加性, 对任意的集合 $A, E \subset X$, 总有

$$\mu(A) \leqslant \mu(A \cap E) + \mu(A \cap E^c).$$

因此, 要验证集合 E 是可测集, 只需要证明

$$\mu(A) \geqslant \mu(A \cap E) + \mu(A \cap E^c), \quad \forall A \subset X.$$

1.1.1 外测度的基本性质

定理 1.1.1

令 μ 是 X 上的一个外测度, 则

(1) (单调性) 如果 $A \subset B \subset X$, 则 $\mu(A) \leqslant \mu(B)$.

(2) A 是 μ-可测集, 当且仅当 $A^c = X\backslash A$ 是 μ-可测集.

(3) $X, \varnothing$, 零测集都是可测集.

(4) 任给集合 $E \subset X$ (不必 μ-可测), 都有

$$\mathcal{M}(X,\mu) \subset \mathcal{M}(X,\mu \llcorner E),$$

即 μ-可测集一定是 $\mu \llcorner E$-可测集.

证明 (1)~(3) 留给读者自行验证, 在此证 (4). 任取 μ-可测集 A, 对任意集合 B,

$$\begin{aligned}
\mu \llcorner E(B) &= \mu(E \cap B) \\
&= \mu(E \cap B \cap A) + \mu(E \cap B \cap A^c) \quad (\text{因为 } A \in \mathcal{M}(\mu)) \\
&= \mu((B \cap A) \cap E) + \mu((B \cap A^c) \cap E) \\
&= \mu \llcorner E(B \cap A) + \mu \llcorner E(B \cap A^c).
\end{aligned}$$

故 $A \in \mathcal{M}(\mu \llcorner E)$. □

下面证明关于可测集最重要的性质.

定理 1.1.2

设 $\{A_j\}_{j=1}^\infty$ 是 X 中的任一列 μ-可测集, 则 $\bigcup_{j=1}^\infty A_j$ 与 $\bigcap_{j=1}^\infty A_j$ 均为 μ-可测集, 且满足下列性质.

(1) (可数可加性) 若 $\{A_j\}_{j=1}^\infty$ 互不相交, 则

$$\mu\left(\bigcup_{j=1}^\infty A_j\right) = \sum_{j=1}^\infty \mu(A_j).$$

(2) (单调收敛性) 若 $A_1 \subset \cdots \subset A_j \subset A_{j+1} \cdots$, 则

$$\lim_{j\to\infty} \mu(A_j) = \mu\left(\bigcup_{j=1}^\infty A_j\right).$$

(3) 若 $A_1 \supset \cdots \supset A_j \supset A_{j+1} \cdots$, 且 $\mu(A_1) < \infty$, 则

$$\lim_{j\to\infty} \mu(A_j) = \mu\left(\bigcap_{j=1}^\infty A_j\right).$$

证明 第 1 步. 先证有限个可测集的并是可测集. 如果此结论成立, 则由 De Morgan (德摩根) 原理

$$\bigcap_{i=1}^{k} A_i = \left(\bigcup_{i=1}^{k} A_i^c\right)^c$$

可知有限个可测集的交也是可测集. 为此, 先设 A_1, A_2 是可测集. 对任意集合 B, 有

$$\begin{aligned}\mu(B) &= \mu(B\cap A_1) + \mu(B\cap A_1^c) && (\text{因 } A_1 \text{ 可测})\\ &= \mu(B\cap A_1\cap A_2) + \mu(B\cap A_1\cap A_2^c)\\ &\quad + \mu(B\cap A_1^c\cap A_2) + \mu(B\cap A_1^c\cap A_2^c). && (\text{因 } A_2 \text{ 可测})\end{aligned}$$

注意 (参考图 1.1.1 中的第 1~3 部分):

$$\begin{aligned}B\cap(A_1\cup A_2) &= (B\cap A_1)\cup(B\cap A_2\cap A_1^c)\\ &= (B\cap A_1\cap A_2)\cup(B\cap A_1\cap A_2^c)\cup(B\cap A_2\cap A_1^c),\end{aligned}$$

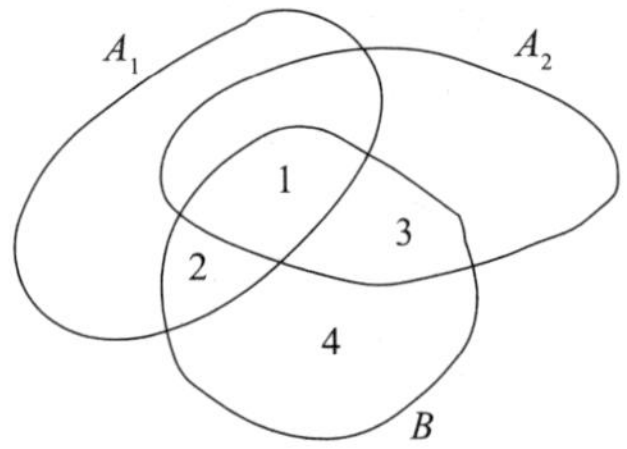

图 1.1.1 集合相交

且 (可参考图 1.1.1 中的第 4 部分)

$$B\cap A_1^c\cap A_2^c = B\cap(A_1\cup A_2)^c.$$

因此由有限次可加性, 可得

$$\mu(B) \geqslant \mu(B\cap(A_1\cup A_2)) + \mu(B\cap(A_1\cup A_2)^c).$$

结合注 1.1.2 可知 $A_1\cup A_2$ 是可测集. 一般情形下用归纳法即可, 这留给读者自行练习.

第 2 步. 再证测度的有限可加性.

断言: 如果 $\{A_i\}_{i=1}^k$ 是有限个互不相交的可测集, 则

$$\mu\left(\bigcup_{i=1}^{k} A_i\right) = \sum_{i=1}^{k}\mu(A_i).$$

断言的证明: 当 $k=1$ 时, 显然成立. 假设上式对 $k-1$ 成立. 下面证明对 k 也成立. 因 A_1 可测且 $\{A_i\}_{i=1}^k$ 互不相交, 故

$$\begin{aligned}\mu\left(\bigcup_{i=1}^{k} A_i\right) &= \mu\left(\left(\bigcup_{i=1}^{k} A_i\right)\cap A_1\right) + \mu\left(\left(\bigcup_{i=1}^{k} A_i\right)\cap A_1^c\right)\\ &= \mu(A_1) + \mu\left(\bigcup_{i=2}^{k} A_i\right).\end{aligned}$$

再由归纳假设可得有限可加性.

实际上, 由归纳法可知, 在上述断言的假定条件下, 对任意的集合 $E\subset X$ (E 不必可测), 有

$$\mu\left(E\cap\bigcup_{i=1}^{k} A_i\right) = \sum_{i=1}^{k}\mu(E\cap A_i).$$

第 3 步. 证可数可加性. 设 $\{A_i\}_{i=1}^\infty$ 是一族互不相交的可测集, 则对任意的 $k\geqslant 1$, 由次可加性、单调性以及上一步中的有限可加性, 可得

$$\sum_{i=1}^{\infty}\mu(A_i) \geqslant \mu\left(\bigcup_{i=1}^{\infty}A_i\right) \geqslant \mu\left(\bigcup_{i=1}^{k}A_i\right) = \sum_{i=1}^{k}\mu(A_i).$$

令 $k \to \infty$ 即得性质 (1).

第 4 步. 设 $\varnothing = A_0 \subset A_1 \subset A_2 \subset \cdots \subset A_k \subset \cdots$, 则 $\{B_k \equiv A_k - A_{k-1}\}_{k\geqslant 1}$ 是一族两两不交的可测集, 且

$$A_k = \bigcup_{i=1}^{k}B_i, \quad \bigcup_{i=1}^{\infty}A_i = \bigcup_{i=1}^{\infty}B_i.$$

从而由 μ 的可数可加性, 可得

$$\begin{aligned}\lim_{k\to\infty}\mu(A_k) &= \lim_{k\to\infty}\mu\left(\bigcup_{i=1}^{k}B_i\right) = \lim_{k\to\infty}\sum_{i=1}^{k}\mu(B_i)\\ &= \sum_{i=1}^{\infty}\mu(B_i) = \mu\left(\bigcup_{i=1}^{\infty}B_i\right) = \mu\left(\bigcup_{i=1}^{\infty}A_i\right).\end{aligned}$$

则性质 (2) 得证.

第 5 步. 为证明性质 (3), 令 $B_k = A_1 - A_k$, 则 B_k 单调递增, 从而由性质 (2), 得

$$\lim_{k\to\infty}\mu(A_1 - A_k) = \lim_{k\to\infty}\mu(B_k) = \mu\left(\bigcup_{i=1}^{\infty}B_i\right) = \mu\left(A_1 - \bigcap_{i=1}^{\infty}A_i\right).$$

因 $\mu(A_1) < \infty$, 且对任意子集 $C \subset A_1$, 总有 $\mu(A_1 - C) \geqslant \mu(A_1) - \mu(C)$, 故上式表示

$$\mu(A_1) - \lim_{k\to\infty}\mu(A_k) = \lim_{k\to\infty}\mu(A_1 - A_k) \geqslant \mu(A_1) - \mu\left(\bigcap_{i=1}^{\infty}A_i\right),$$

即

$$\lim_{k\to\infty}\mu(A_k) \leqslant \mu\left(\bigcap_{i=1}^{\infty}A_i\right).$$

此外, 由于 $\bigcap_{i=1}^{\infty}A_i \subset A_k\ (\forall k \geqslant 1)$, 所以外测度的单调性蕴含

$$\lim_{k\to\infty}\mu(A_k) \geqslant \mu\left(\bigcap_{i=1}^{\infty}A_i\right).$$

结合上两式即得性质 (3).

第 6 步. 证明任一列可测集 $\{A_i\}_{i=1}^{\infty}$ 的并可测. 如果这一结论成立, 则由

$$\bigcap_{i=1}^{\infty}A_i = \left(\bigcup_{i=1}^{\infty}A_i^c\right)^c$$

可知 $\bigcap_{i\geqslant 1}A_i$ 也可测. 用第 4 步中的方法, 我们可以假设 $\{A_i\}_{i=1}^{\infty}$ 两两互不相交. 又根据第 1 步, 对

任意的 $k \geqslant 1, \bigcup_{i=1}^{k} A_i$ 可测. 于是, 对任意集合 $B \subset X$, 有

$$\begin{aligned}\mu(B) &= \mu\left(B \cap \bigcup_{i=1}^{k} A_i\right) + \mu\left(B - \bigcup_{i=1}^{k} A_i\right) \\ &= \sum_{i=1}^{k} \mu(B \cap A_i) + \mu\left(B - \bigcup_{i=1}^{k} A_i\right) \\ &\geqslant \sum_{i=1}^{k} \mu(B \cap A_i) + \mu\left(B - \bigcup_{i=1}^{\infty} A_i\right).\end{aligned}$$

上式中用了定理 1.1.1 性质 (4), 这是因为 $B \cap A_i$ 未必是 μ-可测集, 但 A_i 是 $\mu \llcorner B$ 可测. 再令 $k \to \infty$, 得

$$\begin{aligned}\mu(B) &\geqslant \sum_{i=1}^{\infty} \mu(B \cap A_i) + \mu\left(B - \bigcup_{i=1}^{\infty} A_i\right) \\ &\geqslant \mu\left(B \cap \bigcup_{i=1}^{\infty} A_i\right) + \mu\left(B - \bigcup_{i=1}^{\infty} A_i\right).\end{aligned}$$

其中, B 是任一子集, 结合上式与注 1.1.2 可知 $\bigcup_{i \geqslant 1} A_i$ 可测. □

1.1.2 σ-代数, 正测度与 Borel 测度

定理 1.1.1 与定理 1.1.2 表明 X 上的可测集的全体 $\mathcal{M}(\mu)$ 满足如下性质:

(1) $X, \varnothing \in \mathcal{M}(\mu)$;

(2) 若 $A \in \mathcal{M}(\mu)$, 则 $A^c = X - A \in \mathcal{M}(\mu)$;

(3) 若 $\{A_k\}_{k=1}^{\infty} \subset \mathcal{M}(\mu)$, 则 $\bigcup_{k=1}^{\infty} A_k \in \mathcal{M}(\mu)$.

按照下面的定义, 上述性质表明 $\mathcal{M}(\mu)$ 是 X 上的一个 σ-代数.

定义 1.1.5

设 $\mathcal{A} \subset 2^X$ 是 X 的一个子集族. 如果 $\mathcal{A}$ 满足

(1) $X, \varnothing \in \mathcal{A}$;

(2) 若 $A \in \mathcal{A}$, 则 $A^c \in \mathcal{A}$;

(3) 若 $\{A_i\}_{i=1}^{\infty} \subset \mathcal{A}$, 则 $\bigcup_{i=1}^{\infty} A_i \in \mathcal{A}$;

则称 $\mathcal{A}$ 是 X 的一个 σ-代数, 并称 $(X, \mathcal{A})$ 是一个可测空间, $\mathcal{A}$ 中的集合成为 X 上的 $\mathcal{A}$-可测集.

注意 σ-代数的定义与测度无关, 并且通过给定 σ-代数的方式推广 "可测集" 概念. 容易验

证, $\{X, \varnothing\}$ 与 2^X 分别是 X 中最小和最大的两个 σ-代数, 称为 X 的平凡 σ-代数. 一般地, 如果 S 是 X 的一个子集族, 则将包含 S 的最小的 σ-代数称作由 S 生成的 σ-代数, 记作 $\langle S\rangle$ 或 $\sigma(S)$.

引理 1.1.1

设 S 是 X 的任一子集族, 则

$$\langle S\rangle = \bigcap_{\mathcal{A}\text{是}\sigma\text{-代数}, S\subset\mathcal{A}} \mathcal{A}.$$

证明 略. (分析: 只需证明任意一族 σ-代数的交还是 σ-代数即可, 具体留作读者练习)

已经知道 σ-代数的概念, 现在引入正测度[①] 的定义.

定义 1.1.6

设 $\mathcal{A}$ 是 X 的一个 σ-代数, $\mu\colon \mathcal{A} \to [0, \infty]$ 是 $\mathcal{A}$ 上的非负函数. 如果

(1) $\mu(\varnothing) = 0$;

(2) (可数可加性) 对任意一列互不相交的 $\{A_j\}_{j=1}^{\infty} \subset \mathcal{A}$, 总有

$$\mu\left(\bigcup_{j=1}^{\infty} A_j\right) = \sum_{j=1}^{\infty} \mu(A_j),$$

则称 μ 是可测空间 $(X, \mathcal{A})$ 上的一个正测度, 简称 X 上的正测度.

按照定义 1.1.1, 一方面, 如果 μ 是 X 上的外测度, 则 μ 是可测空间 $(X, \mathcal{M}(\mu))$ 上的一个正测度. 另一方面, 给定正测度后, 也可以通过覆盖的方式, 将一个正测度推广定义到所有子集中, 使之成为一个外测度. 这个过程我们在此不深入讨论, 有兴趣的同学可以阅读文献 [7] 中的内容.

下面介绍 $\mathbb{R}^n$ 中常用的 Borel (博雷尔) σ-代数以及与之相关的测度.

定义 1.1.7

(1) 由 $\mathbb{R}^n$ 中所有开集生成的 σ-代数称为 Borel σ-代数, 记作

$$\mathcal{B}(\mathbb{R}^n),$$

其中的集合称作 $\mathbb{R}^n$ 中的 Borel 集;

(2) 设 μ 是 $\mathbb{R}^n$ 上的一个外测度. 如果 $\mathcal{B}(\mathbb{R}^n) \subset \mathcal{M}(\mu)$, 即 Borel 集都是 μ-可测集, 则称 μ 是 $\mathbb{R}^n$ 上的 Borel 测度.

由定义 1.1.7 可知, $\mathcal{B}(\mathbb{R}^n)$ 是包含 $\mathbb{R}^n$ 中所有开集的最小 σ-代数. 又因开集与闭集是互补的, 故 $\mathcal{B}(\mathbb{R}^n)$ 也是包含 $\mathbb{R}^n$ 中所有闭集的最小 σ-代数. 另外, 我们指出, 上述定义只需要用到 $\mathbb{R}^n$ 中“开集”的概念, 而不需要涉及任何的测度. 因而 Borel σ-代数与 Borel 测度的定义可以直接推广到所有的度量空间, 甚至是拓扑空间.

① 在本书中, 我们绝大多数时候仍然使用的是外测度. 这是因为外测度可以定义在任意集合上, 比较方便使用. 在本书第 2 章还会进一步定义实测度.

希腊数学家 Caratheodory(卡拉西奥多里) 给出了判断一个测度是 Borel 测度的方法.

定理 1.1.3 (Caratheodory 准则)

设 μ 是 $\mathbb{R}^n$ 上的外测度. 如果对任意的集合 $A, B \subset \mathbb{R}^n$, 只要 $\mathrm{dist}(A, B) > 0$, 就有

$$\mu(A \cup B) = \mu(A) + \mu(B),$$

则 μ 是 Borel 测度.

证明 因 $\mathcal{B}(\mathbb{R}^n)$ 是包含 $\mathbb{R}^n$ 中所有闭集的最小 σ-代数, 故只需证明所有的闭集都是 μ-可测集即可.

第 1 步. 设 C 是 $\mathbb{R}^n$ 的一个闭集. 由注 1.1.2 知, 要证明 $C \in \mathcal{M}(\mu)$, 只需要证明对任意的集合 $E \subset \mathbb{R}^n$, 都有

$$\mu(E) \geqslant \mu(E \cap C) + \mu(E \cap C^c). \tag{1.1.1}$$

当 $\mu(E) = \infty$ 时, 式 (1.1.1) 显然成立. 下面设 $\mu(E) < \infty$, 令

$$C_k = \{x \in \mathbb{R}^n : \mathrm{dist}(x, C) > \frac{1}{k}\}, \quad k \geqslant 1,$$

使得 $C^c = \bigcup\limits_{k \geqslant 1} C_k$, 则 $\mathrm{dist}(E \cap C, E \cap C_k) \geqslant \dfrac{1}{k} > 0$. 从而由假设可得

$$\mu(E) \geqslant \mu\left((E \cap C) \cup (E \cap C_k)\right) = \mu(E \cap C) + \mu(E \cap C_k).$$

因此证明式 (1.1.1), 只需证明

$$\lim_{k \to \infty} \mu(E \cap C_k) = \mu(E \cap C^c).$$

又由次可加性, $\mu(E \cap C^c) - \mu(E \cap C_k) \leqslant \mu(E \cap (C^c - C_k))$, 故只需证明

$$\lim_{k \to \infty} \mu(E \cap (C^c - C_k)) = 0. \tag{1.1.2}$$

第 2 步. 记

$$R_k = E \cap \left\{x \in \mathbb{R}^n : \frac{1}{k+1} < \mathrm{dist}(x, C) \leqslant \frac{1}{k}\right\}, \quad k \geqslant 1,$$

使得

$$E \cap (C^c - C_k) = \left(\bigcup_{l=0}^{\infty} R_{k+2l}\right) \cup \left(\bigcup_{l=0}^{\infty} R_{k+2l+1}\right).$$

注意, 当 $l > j + 1$ 时, $\mathrm{dist}(R_j, R_l) > 0$. 故由归纳法易证, 对任意的 $m \geqslant 1$, 都有

$$\infty > \mu(E) \geqslant \mu\left(\bigcup_{l=0}^{\infty} R_{1+2l}\right) \geqslant \mu\left(\bigcup_{l=0}^{m} R_{1+2l}\right) = \sum_{l=0}^{m} \mu(R_{1+2l}).$$

因此, 令 $m \to \infty$ 得 $\sum\limits_{l=1}^{\infty} \mu(R_{2l-1}) < \infty$. 同理可得 $\sum\limits_{l=1}^{\infty} \mu(R_{2l}) < \infty$. 这意味

$$\mu(E\cap(C^c-C_k))\leqslant\sum_{l=0}^{\infty}\mu(R_{k+2l})+\sum_{l=0}^{\infty}\mu(R_{k+2l+1})\to 0$$

当 $k\to\infty$ 时, 即式 (1.1.2) 成立. □

作为上述定理的应用, 我们给出如下结论, 证明可参考文献 [9] 的第 2 章.

定理 1.1.4

Hausdorff 测度 $\mathcal{H}^s$ $(0\leqslant s\leqslant n)$ 是 $\mathbb{R}^n$ 上的 Borel 测度.

1.1.3 π-系统与 λ-系统

π-系统与 λ-系统是比 σ-代数更大的两种集合类, 在应用中容易验证, 方便使用.

定义 1.1.8

(1) 称集合族 $\mathcal{P}\subset 2^X$ 是一个 π-系统, 如果

$$A\cap B\in\mathcal{P},\quad \forall\, A,B\in\mathcal{P}.$$

即 $\mathcal{P}$ 关于有限交运算封闭.

(2) 称集合族 $\mathcal{L}\subset 2^X$ 是一个 λ-系统, 如果

① $X\in\mathcal{L}$;

② $A,B\in\mathcal{L}$ 且 $B\subset A$, 则 $A-B\in\mathcal{L}$;

③ $A_k\in\mathcal{L}$ 且 $A_k\subset A_{k+1}$ $(k=1,2,\cdots)$, 则

$$\bigcup_{k=1}^{\infty}A_k\in\mathcal{L}.$$

由定义 1.1.8 可知

$$\left\{\sigma\text{-代数全体}\right\}\subset\left\{\pi\text{-系统全体}\right\}\cap\left\{\lambda\text{- 系统全体}\right\}. \tag{1.1.3}$$

我们给出下面结论, 证明见参考文献 [9] 中的定理 1.4.

定理 1.1.5 (π-λ 定理)

如果 $\mathcal{P}$ 是 π-系统, $\mathcal{L}$ 是 λ-系统, 且

$$\mathcal{P}\subset\mathcal{L},$$

则

$$\sigma(\mathcal{P})\subset\mathcal{L}.$$

因对任意的集合 S 都有 $S\subset\sigma(S)$, 故由上述定理, 有以下推论.

推论 1.1.1

如果 $\mathcal{P}$ 既是 π-系统, 又是 λ-系统, 则 $\mathcal{P}$ 是 σ-代数.

推论 1.1.1 表明式 (1.1.3) 中的包含关系实际上是等式. 作为上述定理的应用, 有以下定理.

定理 1.1.6 (Borel 测度与长方体)

设 μ、ν 是 $\mathbb{R}^n$ 上的两个有限 Borel 测度. 如果对所有的闭长方体

$$R = \prod_{i=1}^{n}[a_i, b_i] = \{x \in \mathbb{R}^n:\ -\infty \leqslant a_i \leqslant x_i \leqslant b_i \leqslant \infty, 1 \leqslant i \leqslant n\}$$

都有 $\mu(R) = \nu(R)$, 则 $\mu(B) = \nu(B), \forall\, B \in \mathcal{B}(\mathbb{R}^n)$.

证明 令

$$\mathcal{P} = \left\{R \subset \mathbb{R}^n: R\text{是闭长方体}\right\},$$

$$\mathcal{L} = \{B \in \mathcal{B}(\mathbb{R}^n) : \mu(B) = \nu(B)\}.$$

则由假设可知 $\mathcal{P} \subset \mathcal{L}$, 且 $\mathcal{P}$ 是 π-系统, $\mathcal{L}$ 是 λ-系统 (此处成立需要 μ, ν 的有限性). 于是由 π- λ 定理 $\sigma(\mathcal{P}) \subset \mathcal{L}$. 另外, 所有的开集都可以写成至多可数个闭长方体之并, 故 $\sigma(\mathcal{P})$ 包含了所有的开集. 从而

$$\mathcal{B}(\mathbb{R}^n) \subset \sigma(\mathcal{P}) \subset \mathcal{L} \subset \mathcal{B}(\mathbb{R}^n).$$

这表明 $\mathcal{L} = \mathcal{B}(\mathbb{R}^n)$. □

1.2 Radon 测度

Radon(拉东) 测度作为现代测度理论的核心研究对象, 在欧几里得空间及更广泛的局部紧 Hausdorff 空间中展现出独特的理论深度与应用价值.

定义 1.2.1

设 μ 是 X 上的外测度.

(1) 如果对任意的集合 $A \subset X$, 都存在 μ-可测集 B 使得 $A \subset B$ 且 $\mu(A) = \mu(B)$, 则称 μ 是正则测度;

(2) 如果 μ 是 Borel 测度, 并且对任意的集合 $A \subset \mathbb{R}^n$, 都存在 Borel 集 B 使得 $A \subset B$ 且 $\mu(A) = \mu(B)$, 则称 μ 是 $\mathbb{R}^n$ 上的 Borel 正则测度;

(3) 如果 μ 是 $\mathbb{R}^n$ 上的 Borel 正则测度, 且对所有的紧集 $K \subset \mathbb{R}^n$ 都有 $\mu(K) < \infty$, 则称 μ 是 $\mathbb{R}^n$ 上的 Radon 测度.

在此注意, 对正则测度可以做更细的划分. 有同类书中称上述正则测度为外正则测度; 类似可以定义内正则测度, 只需在上述定义中把 $A \subset B$ 换成 $B \subset A$ 即可; 再把既外正则又内正则的测度称作正则测度. 类似地可以定义 Borel 外/内正则测度.

在定理 1.2.4 中我们将证明 Lebesgue 测度是 Radon 测度. 正则测度的优点在于允许在某些情况下把 X 中所有的集合都视作可测集, 比如以下定理.

定理 1.2.1

设 μ 是 X 上的正则测度, 则对任意一列集合 $A_1 \subset A_2 \subset \cdots \subset A_k \subset \cdots$, 都有

$$\lim_{k\to\infty} \mu(A_k) = \mu\left(\bigcup_{i=1}^{\infty} A_i\right).$$

证明 由题可知, μ 是 X 上的正则测度, 对每一个 k 都存在 μ-可测集 B_k, 使得 $A_k \subset B_k$ 且 $\mu(A_k) = \mu(B_k)$. 令 $C_k = \bigcap_{j\geqslant k} B_j$, 则 $\{C_k\}$ 是一列单调递增的可测集, 且由 $A_k \subset C_k \subset B_k$ 可知 $\mu(A_k) = \mu(C_k)$. 从而

$$\mu\left(\bigcup_{k=1}^{\infty} A_k\right) \geqslant \lim_{k\to\infty} \mu(A_k) = \lim_{k\to\infty} \mu(C_k) = \mu\left(\bigcup_{k=1}^{\infty} C_k\right) \geqslant \mu\left(\bigcup_{k=1}^{\infty} A_k\right),$$

式中第二个等号用到定理 1.1.2 的性质 (2). □

定理 1.2.1 的结论可以看作是在测度正则的假定下对定理 1.1.2 性质 (2) 的改进. 欧几里得空间中还有很多测度是 Borel 正则测度, 但不是 Radon 测度, 例如 $\mathbb{R}^n$ 中的低维 Hausdorff 测度 $\mathcal{H}^s$ $(0 \leqslant s < n)$. 下述定理提供了一个有用的方法构造 Radon 测度.

定理 1.2.2

设 μ 是 $\mathbb{R}^n$ 上的 Borel 正则测度. 如果 A 是 μ-可测集且 $\mu(A) < \infty$, 则 $\mu \llcorner A$ 是 $\mathbb{R}^n$ 上的 Radon 测度.

证明 第 1 步. 因 $\mu(A) < \infty$, 对任意的紧集 $K \subset \mathbb{R}^n$, 有

$$\mu \llcorner A(K) = \mu(K \cap A) \leqslant \mu(A) < \infty.$$

故按照 Radon 测度的定义, 只需证明 $\mu \llcorner A$ 是 $\mathbb{R}^n$ 上的 Borel 正则测度.

第 2 步. 由于 μ 是 Borel 正则的测度, 我们可以进一步假设 $A \in \mathcal{B}(\mathbb{R}^n)$. 事实上, 按照定义 1.2.1, 存在 $B \in \mathcal{B}(\mathbb{R}^n)$, $B \supset A$ 且 $\mu(A) = \mu(B)$. 从而由 $\mu(A) < \infty$ 可知 $\mu(B - A) = 0$. 于是对任意的集合 $C \subset \mathbb{R}^n$, 有

$$\begin{aligned}\mu \llcorner A(C) &= \mu(A \cap C) \leqslant \mu(B \cap C) = \mu \llcorner B(C)\\ &\leqslant \mu(A \cap C) + \mu((B - A) \cap C)\\ &= \mu(A \cap C) = \mu \llcorner A(C).\end{aligned}$$

这意味 $\mu \llcorner B(C) = \mu \llcorner A(C)$. 故可以假设 $A \in \mathcal{B}(\mathbb{R}^n)$.

第 3 步. 假设 $A \in \mathcal{B}(\mathbb{R}^n)$. 需要证明对任意的集合 $C \subset \mathbb{R}^n$, 都存在 $B \in \mathcal{B}(\mathbb{R}^n)$, $B \supset C$ 且 $\mu \llcorner A(C) = \mu \llcorner A(B)$. 注意到

$$\mu \llcorner A(C) = \mu(A \cap C) = \mu \llcorner A(C \cap A).$$

先将 C 分成两部分: 令 $C_1 = C \cap A$, $C_2 = C \cap A^c$. 对 C_2, 由于 $A^c \in \mathcal{B}(\mathbb{R}^n)$, $A^c \supset C_2$, 且 $\mu \llcorner A(C_2) = \mu \llcorner A(A^c) = 0$, 所以只需取 A^c 即可覆盖 C_2. 对 C_1, 由于 $\mu(C_1) = \mu(A \cap C) < \infty$, 从而存在 $D \in \mathcal{B}(\mathbb{R}^n)$, $D \supset C_1$ 且 $\mu(D) = \mu(C_1)$. 但 $D \cap A \in \mathcal{B}(\mathbb{R}^n)$ 且 $D \cap A \supset C_1$, 这使得

$$\mu \llcorner A(C_1) = \mu(C_1) \leqslant \mu(D \cap A) \leqslant \mu(D) = \mu(C_1).$$

于是 $\mu \llcorner A(C_1) = \mu \llcorner A(D)$. 最后, 取 $B = (D \cap A) \cup A^c$ 即可. □

1.2.1 Radon 测度的逼近性质

Radon 测度在局部紧 Hausdorff 空间中的核心地位, 源于其兼具强逼近性质与严格的正则性特征. 以下定理表明 Radon 测度具有很好的内外正则性.

定理 1.2.3

假设 μ 是 $\mathbb{R}^n$ 上的 Radon 测度, A 是 $\mathbb{R}^n$ 中的任一子集, 则

(1) 外正则性.

$$\mu(A) = \inf\left\{\mu(U) : U\text{是}\mathbb{R}^n\text{中的开集且}A \subset U\right\}.$$

(2) 内正则性. 如果 A 还是 μ-可测集, 则

$$\mu(A) = \sup\left\{\mu(K) : K\text{是}\mathbb{R}^n\text{中的紧集且}K \subset A\right\}.$$

在证明上述性质之前, 首先注意到, 如果 $\mu(A) = \infty$, 则定理 1.2.3 性质 (1) 自动成立, 从而总是可以假设 $\mu(A) < \infty$. 其次, 既然 μ 是 Radon 测度, 我们可以将 $\mathbb{R}^n$ 分解成可数个互不相交的有界集合 $\{E_i\}_{i=1}^{\infty}$ (如环或者半开半闭的立方体等), 使得 $\mathbb{R}^n = \bigcup\limits_{i=1}^{\infty} E_i$ 且 $\mu(E_i) < \infty$ $(i = 1, 2, \cdots)$. 从而 A 可以分解为可数个互不相交的测度有限的集合 $A_i \equiv A \cap E_i$ 之并. 只要证明定理 1.2.3 性质 (1) 对每一个 A_i 成立, 则很容易知道定理 1.2.3 性质 (1) 对 A 也成立. 这一观察启发我们引入如下概念.

定义 1.2.2

设 μ 是 X 上的外测度. 如果存在 $\{E_i\}_{i=1}^{\infty} \subset \mathcal{M}(X, \mu)$ 使得 $X = \bigcup\limits_{i=1}^{\infty} E_i$ 且 $\mu(E_i) < \infty$ $(i = 1, 2, \cdots)$, 则称 μ 是 X 上的 σ-有限测度.

由前面的分析可知, $\mathbb{R}^n$ 上的 Radon 测度都是 σ-有限的. 这是 $\mathbb{R}^n$ 上的 Radon 测度一个非常有用的性质, 可以帮助我们将一般 Radon 测度的研究转化为对有限测度的研究. 回到定理 1.2.3, 注意到测度 μ 与集合 A 的任意性, 想要通过构造的方法证明定理 1.2.3 是很困难的. 为此我们先证明如下的引理, 其中的 "集合类" 方法尤其值得学习.

引理 1.2.1

设 μ 是 $\mathbb{R}^n$ 上的 Borel 测度, A 是 $\mathbb{R}^n$ 中的 Borel 集.

(1) 如果 $\mu(A) < \infty$, 则任给 $\varepsilon > 0$, 都存在闭集 $C \subset A$ 使得 $\mu(A - C) < \varepsilon$, 即

$$\mu(A) = \sup\left\{\mu(C) : C \subset A, C\text{是闭集}\right\}.$$

(2) 如果 μ 是 Radon 测度, 则任给 $\varepsilon > 0$, 总存在开集 $U \supset A$ 使得 $\mu(U - A) < \varepsilon$.

引理 1.2.1 性质 (1) 说明, 对于 Borel 测度, Borel 集都可以用闭集从内部逼近. 引理 1.2.1 性质 (2) 表明, 如果 μ 还是 Radon 测度, 则 Borel 集还可以用开集从外部逼近.

证明 首先说明引理 1.2.1 中 (1) 蕴含 (2).

固定 $\varepsilon > 0$ 并假设 (1) 成立. 注意到 $U - A = A^c - U^c$. 如果 $\mu(A^c) < \infty$, 则由性质 (1) 得一闭集 $C \subset A^c$, 使得 $\mu(A^c - C) < \varepsilon$. 从而取 $U = C^c$ 即可. 如果 $\mu(A^c) = \infty$, 则可以利用 μ 的 σ-有限性化归为第一种情况. 为此, 将 $\mathbb{R}^n$ 分解为互不相交的半开半闭的立方体 $\{Q_i\}_{i\geqslant 1}$ 之并, 再令 $A_i^c = A^c \cap Q_i$, 则 $\mu(A_i^c) < \infty$. 由性质 (1), 存在闭集 $C_i \subset A_i^c \subset Q_i$ 使得 $\mu(A_i^c - C_i) < 2^{-i}\varepsilon$. 注意到, $\{C_i\}_{i\geqslant 1}$ 是一族互不相交的紧集, 且每一个 C_i 与至多 2^n 个其他 C_j 相邻, 从而 $C \equiv \bigcup\limits_{i\geqslant 1} C_i$ 是 $\mathbb{R}^n$ 中的闭集 (留作习题) 且

$$\mu(A^c - C) \leqslant \sum_{i=1}^{\infty} \mu(A_i^c - C_i) < \varepsilon.$$

最后, 取 $U = C^c$, 性质 (2) 得证.

下面证明性质 (1). 此处只知道 A 是测度有限的 Borel 集, 而没有任何关于 A 更具体的结构信息, 所以无法通过构造闭集 C 的办法证明. 下面的证明方法具有普遍性: 先证明特定情形下结论总是成立, 再证明满足所需性质的集合全体是某种集合类, 从而得到该类型集合的存在性. 我们可以称为 "集合类方法".

显然, 如果 A 是闭集, 则取 $C = A$ 即可. 一般地, 令 $\nu = \mu \llcorner A$, 则 ν 是有限的 Borel 测度, 且对任意的集合 $C \subset A$, 都有 $\nu(C) = \mu(C)$. 引进集合族 $\mathcal{F}$ 如下: $B \in \mathcal{F}$ 当且仅当 $B \in \mathcal{M}(\mu)$, 且对任意的 $\varepsilon > 0$ 都存在闭集 $C \subset B$, 使得 $\nu(B - C) < \varepsilon$. 显然 $\mathcal{F}$ 包含了所有的闭集. 再令

$$\mathcal{G} = \{B \in \mathcal{F} : B^c \in \mathcal{F}\}.$$

我们将证明 $\mathcal{G}$ 是包含所有闭集的 σ-代数. 从而 $\mathcal{G} \supset \mathcal{B}(\mathbb{R}^n)$, 进而 $A \in \mathcal{G} \subset \mathcal{F}$, 即可完成证明.

断言 1: 如果 $\{A_i\}_{i\geqslant 1} \subset \mathcal{F}$, 则 $\bigcap\limits_{i=1}^{\infty} A_i \in \mathcal{F}$.

断言 1 的证明: 由 $\mathcal{F}$ 的定义, 对任意的 $\varepsilon > 0$, 存在闭集 $C_i \subset A_i$ 使得 $\nu(A_i - C_i) < 2^{-i}\varepsilon$. 令 $C = \bigcap\limits_{i=1}^{\infty} C_i$, 则 C 是闭集且

$$\nu\left(\bigcap_{i=1}^{\infty} A_i - \bigcap_{i=1}^{\infty} C_i\right) \leqslant \nu\left(\bigcup_{i=1}^{\infty} (A_i - C_i)\right) \leqslant \sum_{i=1}^{\infty} \nu(A_i - C_i) < \varepsilon.$$

从而 $\bigcap\limits_{i=1}^{\infty} A_i \in \mathcal{F}$.

断言 2: 如果 $\{A_i\}_{i\geqslant 1}\subset\mathcal{F}$, 则 $\bigcup_{i=1}^{\infty}A_i\in\mathcal{F}$.

断言 2 的证明: 由 $\mathcal{F}$ 的定义, 对任意的 $\varepsilon>0$, 存在闭集 $C_i\subset A_i$ 使得 $\nu(A_i-C_i)<2^{-i}\varepsilon$. 因为 $\nu(\mathbb{R}^n)<\infty$, 所以

$$\lim_{m\to\infty}\nu\left(\bigcup_{i=1}^{\infty}A_i-\bigcup_{i=1}^{m}C_i\right)=\nu\left(\bigcup_{i=1}^{\infty}A_i-\bigcup_{i=1}^{\infty}C_i\right)\leqslant\nu\left(\bigcup_{i=1}^{\infty}(A_i-C_i)\right)<\varepsilon.$$

从而存在足够大的 m, 使得

$$\nu\left(\bigcup_{i=1}^{\infty}A_i-\bigcup_{i=1}^{m}C_i\right)<\varepsilon.$$

取 $C=\bigcup_{i=1}^{m}C_i$ 即可.

作为断言 2 的应用, 可知 $\mathcal{F}$ 包含所有的开集, 因为 $\mathbb{R}^n$ 中的每个开集都可表示为一列闭集之并, 从而 $\mathcal{G}$ 包含所有的开集和闭集. 进一步知, 如果 $\{A_i\}_{i\geqslant 1}\subset\mathcal{G}$, 则 $\{A_i^c\}_{i\geqslant 1}\subset\mathcal{F}$. 由断言 1、断言 2 可知 $\bigcup_{i=1}^{\infty}A_i\in\mathcal{F}$, 且

$$\left(\bigcup_{i=1}^{\infty}A_i\right)^c=\bigcap_{i=1}^{\infty}A_i^c\in\mathcal{F}.$$

于是 $\bigcup_{i=1}^{\infty}A_i\in\mathcal{G}$. 这表明 $\mathcal{G}$ 是 σ-代数, 从而 $\mathcal{G}\supset\mathcal{B}(\mathbb{R}^n)$. □

有了上述准备, 现在可以证明定理 1.2.3.

证明 第 1 步. 先证定理 1.2.3 性质 (1). 不妨设 $\mu(A)<\infty$. 由正测度的单调性, 有

$$\mu(A)\leqslant\inf\left\{\mu(U):U\text{ 是 }\mathbb{R}^n\text{中的开集且}U\supset A\right\}.$$

任给 $\varepsilon>0$, 由于 μ 是 Borel 正则的, 存在 $B\in\mathcal{B}(\mathbb{R}^n)$, $B\supset A$ 且 $\mu(B)=\mu(A)$. 由引理 1.2.1 的性质 (2), 存在开集 $U\supset B$ 使得 $\mu(U-B)<\varepsilon$. 从而

$$\mu(U)<\mu(B)+\varepsilon=\mu(A)+\varepsilon.$$

由 ε 的任意性, 上述不等式表明定理 1.2.3 中性质 (1) 成立.

第 2 步. 注意内外逼近在很大程度上是等价的, 这是因为 $A-K=K^c-A^c$, 所以可以利用定理 1.2.3 性质 (1) 证明定理 1.2.3 性质 (2).

先设 $\mu(A)<\infty$. 令 $\nu=\mu\llcorner A$, 则由定理 1.2.2 可知, ν 是测度有限的 Radon 测度 (此处需要 A 可测) 且 $\nu(A^c)=0$. 于是由定理 1.2.3 性质 (1), 对任意的 $\varepsilon>0$, 存在开集 $U\supset A^c$, 使得

$$\mu(A-U^c)=\nu(A-U^c)=\nu(U-A^c)<\frac{\varepsilon}{2}.$$

从而 $\mu(A)\leqslant\mu(U^c)+\dfrac{\varepsilon}{2}$ 且注意到 U^c 是包含于 A 的闭集. 但这还不能保证 U^c 是紧的. 为此将 U^c 做截断, 对所有的 $R>0$, 闭球 $B_R(0)$ 都是紧集. 故 $U^c\cap B_R(0)$ 也是紧集, 且

$$\mu(U^c) = \lim_{k\to\infty} \mu(U^c \cap B_k(0)).$$

从而存在足够大的 k, 使得 $\mu(U^c) < \mu(U^c \cap B_k(0)) + \frac{\varepsilon}{2}$. 取紧集 $K = U^c \cap B_k(0) \subset A$, 得

$$\mu(K) \leqslant \mu(A) \leqslant \mu(U^c) + \frac{\varepsilon}{2} \leqslant \mu(K) + \varepsilon.$$

这表明当 $\mu(A) < \infty$ 时, 定理 1.2.3 性质 (2) 成立.

一般地, 如果 $\mu(A) = \infty$, 令 $A_1 = A \cap B_1(0)$, $A_k = A \cap (B_k(0) \backslash B_{k-1}(0))$ ($k \geqslant 2$), 则 $\{A_k\}_{k\geqslant 1}$ 为互不相交且测度有限的可测集. 从而对任意的 $\varepsilon > 0$, 存在紧集 $K_k \subset A_k$ 使得 $\mu(A_k - K_k) \leqslant 2^{-k}\varepsilon$. 所以

$$\lim_{m\to\infty} \mu\left(\bigcup_{k=1}^{m} K_k\right) = \mu\left(\bigcup_{k=1}^{\infty} K_k\right) = \sum_{k=1}^{\infty} \mu(K_k) \geqslant \mu(A) - \varepsilon = \infty.$$

这表明存在一列包含于 A 的紧集, 其测度趋于 $\mu(A)$. 因此定理 1.2.3 性质 (2) 仍成立. □

由上述证明可见, 如果 μ 是 Radon 测度, 则对任意的 μ-可测集 A 以及任意的 $k > 0$, 存在一列紧集 $K_{kl} \subset A$ ($l \geqslant 1$), 使得

$$\mu\left(A - \bigcup_{l=1}^{\infty} K_{kl}\right) < \frac{1}{k}.$$

令

$$B = \bigcup_{k,l=1}^{\infty} K_{kl} \in \mathcal{B}(\mathbb{R}^n),$$

则 $\mu(A - B) = 0$. 因此有下面推论.

推论 1.2.1 (可测集的结构)

设 μ 是 $\mathbb{R}^n$ 上的 Radon 测度, 则对任意的 μ-可测集 A, 都存在 Borel 集 $B \subset A$ 与 μ-可测集 $Z \subset A$, 使得

$$A = B \cup Z, \quad B \cap Z = \varnothing$$

且

$$\mu(Z) = 0.$$

鉴于 Radon 测度多种性质, 人们把 Radon 测度的概念推广到一般的 Hausdorff 空间 X 上, 感兴趣的读者可以参考文献 [3] 中的第 1.4 节.

1.2.2 Lebesgue 测度是 Radon 测度

定理 1.2.4

Lebesgue 测度 $\mathcal{L}^n$ ($n \geqslant 1$) 是 Radon 测度.

证明 第 1 步. 先用 Caratheodory 准则证明 Lebesgue 测度是 Borel 测度. 任给 $A, B \subset \mathbb{R}^n$ 满

足 $\text{dist}(A, B) = \delta > 0$, 证

$$\mathcal{L}^n(A \cup B) \geqslant \mathcal{L}^n(A) + \mathcal{L}^n(B). \tag{1.2.1}$$

不妨设 $\mathcal{L}^n(A \cup B) < \infty$, 否则无须证明. 对任意的 $\varepsilon > 0$, 由 Lebesgue 测度的定义 1.1.2, 存在一列开长方体 $\{Q_i\}_{i=1}^{\infty} \subset \mathbb{R}^n$, 使得 $A \cup B \subset \bigcup_{i=1}^{\infty} Q_i$, 且

$$\sum_{i=1}^{\infty} \text{Vol}(Q_i) \leqslant \mathcal{L}^n(A \cup B) + \varepsilon.$$

下面对 $\{Q_i\}_{i=1}^{\infty}$ 做一些不改变上述性质的修改. 由于闭长方体的体积与开长方体一样, 所以可以假设所有的 Q_i 都是闭长方体. 其次, 不妨假设所有的 $Q_i \cap (A \cup B) \neq \varnothing$, 否则可以从覆盖中去掉与 $A \cup B$ 不相交的长方体, 使得上述覆盖与不等式照样成立. 再次, 任意两个长方体的差都可以写成有限个 (或开或闭的) 内部不相交的长方体, 因而还可以进一步假设 $\{Q_i\}_{i \geqslant 1}$ 内部互不相交. 最后, 可以假设每个 Q_i 的直径都不超过 $\delta/4$, 否则将这样的 Q_i 分解成更小的彼此内部不相交的闭长方体.

经过上述修改, $\{Q_i\}_{i \geqslant 1}$ 彼此内部互不相交, 且每个闭长方体直径不超过 $\delta/4$. 由于 $\text{dist}(A, B) = \delta$, 这意味着每个 Q_i 只与 A 或 B 相交. 令 $\{Q_i'\}_{i=1}^{\infty}$ 与 $\{Q_i''\}_{i=1}^{\infty}$ 分别表示 $\{Q_i\}_{i \geqslant 1}$ 中与 A, B 相交不空的长方体, 则必有 $A \subset \bigcup_i Q_i'$, $B \subset \bigcup_i Q_i''$. 从而

$$\mathcal{L}^n(A) + \mathcal{L}^n(B) \leqslant \sum_{i=1}^{\infty} \text{Vol}(Q_i') + \sum_{i=1}^{\infty} \text{Vol}(Q_i'') = \sum_{i=1}^{\infty} \text{Vol}(Q_i) \leqslant \mathcal{L}^n(A \cup B) + \varepsilon.$$

令

$$\varepsilon \to 0,$$

即得式 (1.2.1). 这样就证明了 $\mathcal{L}^n$ 满足 Caratheodory 准则, 从而是 Borel 测度.

第 2 步. 再证 $\mathcal{L}^n$ 是 Borel 正则测度. 任给 $A \subset \mathbb{R}^n$, 要找到 Borel 集 $B \supset A$, 使得 $\mathcal{L}^n(A) = \mathcal{L}^n(B)$.

如果 $\mathcal{L}^n(A) = \infty$, 直接取 $B = \mathbb{R}^n$ 即可. 设 $\mathcal{L}^n(A) < \infty$, 则对每个 $j \geqslant 1$, 存在一列开长方体 $\{Q_i^j\}_{i=1}^{\infty} \subset \mathbb{R}^n$, 使得 $A \subset \bigcup_{i=1}^{\infty} Q_i^j$, 且

$$\mathcal{L}^n(A) \leqslant \sum_{i=1}^{\infty} \text{Vol}(Q_i^j) \leqslant \mathcal{L}^n(A) + \frac{1}{j}.$$

取 $B = \bigcap_{j=1}^{\infty} \bigcup_{i=1}^{\infty} Q_i^j$. 由 σ-代数的性质可知, B 是 Borel 集且 $A \subset B$,

$$\mathcal{L}^n(A) \leqslant \mathcal{L}^n(B) \leqslant \sum_{i=1}^{\infty} \text{Vol}(Q_i^j) \leqslant \mathcal{L}^n(A) + \frac{1}{j}, \quad \forall j \geqslant 1.$$

这表明 $\mathcal{L}^n(A) = \mathcal{L}^n(B)$. 因此 $\mathcal{L}^n$ 是 Borel 正则测度.

第 3 步. 任给紧集 $K \subset \mathbb{R}^n$. 由于 K 是有界的, 所以存在有限的开立方体 $Q \supset K$, 使得

$$\mathcal{L}^n(K) \leqslant \mathrm{Vol}(Q) < \infty.$$

综上三步可知 Lebesgue 测度 $\mathcal{L}^n$ 是 Radon 测度. □

注意, 类似证明可见文献 [9] 中的第 2 章.

定理 1.2.5

Hausdorff 测度 $\mathcal{H}^s$ $(0 \leqslant s \leqslant n)$ 是 $\mathbb{R}^n$ 上的 Borel 正则测度.

定理 1.2.2 则给出了由 Hausdorff 测度构造 Radon 测度的简单方法.

1.3 可测函数

可测函数是测度论的核心对象, 本节主要介绍可测函数及其性质.

1.3.1 定义与基本性质

我们首先回忆拓扑空间 [10] 及其上的连续映射等概念, 以便与可测函数类比.

(1) 设 $\mathcal{T}$ 是 Y 中的一个集族, 如果 $\mathcal{T}$ 满足如下 3 条性质:

① $Y, \varnothing \in \mathcal{T}$;

② 对任意的 $U, V \in \mathcal{T}$, 都有 $U \cap V \in \mathcal{T}$;

③ 对任意的一族子集 $\{U_\alpha\}_{\alpha\in\Lambda} \subset \mathcal{T}$, 都有 $\bigcup\limits_{\alpha\in\Lambda} U_\alpha \in \mathcal{T}$,

则称 $\mathcal{T}$ 是 Y 上的一个拓扑, 称 $\mathcal{T}$ 中的集合为 Y 的开集, 称 $(Y, \mathcal{T})$ 是一个拓扑空间.

例如, 任意集合 Y 上都存在两个平凡的拓扑空间: $\mathcal{T}_1 = \{Y, \varnothing\}$, $\mathcal{T}_2 = 2^Y$. 对任意的子集 $A \subset Y$, 令 $\mathcal{T} = \{\varnothing, A, Y\}$. 直接验证可知 $\mathcal{T}$ 是一个拓扑空间, 且是包含集合 A 的最小的拓扑空间.

(2) 假定 $(Y, \mathcal{T})$ 是一个拓扑空间. 类似于 $\mathbb{R}^n$ 中的定义, 称由 $\mathcal{T}$ (即 Y 中的开集全体) 生成的 σ-代数 $\langle\mathcal{T}\rangle$ 为拓扑空间 $(Y, \mathcal{T})$ 上的 Borel σ-代数, 记作

$$\mathcal{B}(Y, \mathcal{T}) \quad 或 \quad \mathcal{B}(Y).$$

(3) 给定两个拓扑空间 Y, Z 及映射 $f: Y \to Z$. 如果对 Z 中的任意开集 U,

$$f^{-1}(U) = \{x \in Y : f(x) \in U\} \tag{1.3.1}$$

都是 Y 的开集, 则称 f 是从 Y 到 Z 的连续映射. 当 $Z = \mathbb{R}$ 时, 称 f 是 Y 上的连续函数.

特别地, 如果 (Y, d) 是一个度量空间, 则度量 d 可以自然地诱导出 Y 上的一个拓扑. 首先定义 Y 中的开集, 称 $U \subset Y$ 是一个开集, 如果对每一点 $x \in U$, 都存在 $r > 0$ 使得开球 $B_r(x) \equiv \{y \in Y : d(y, x) < r\}$ 包含于 U; 然后令 $\mathcal{T}_Y$ 表示上述定义的开集全体, 则 $\mathcal{T}_Y$ 是 Y 上的一个拓扑, 称由 d 诱导的自然拓扑. 在本书中, 我们用 $\mathbb{R}^n$ 表示标准的欧几里得空间, 则 $\mathbb{R}^n$ 自然成为一个拓扑空间.

定义 1.3.1

设 μ 是 X 上的外测度, Y 是拓扑空间, $f: X \to Y$ 是一个映射.

(1) 如果对任意的开集 $U \subset Y$, 都有

$$f^{-1}(U) \equiv \{x \in X : f(x) \in U\} \in \mathcal{M}(X, \mu),$$

则称 $f: X \to Y$ 是 μ-可测映射. 特别地, 当 $Y = \mathbb{R}$ 时, 称 f 是 X 上的 μ-可测函数.

(2) 任给映射 $f: \mathbb{R}^n \to Y$. 如果对任意的开集 $U \subset Y$, 都有

$$f^{-1}(U) \in \mathcal{B}(\mathbb{R}^n),$$

则称 $f: \mathbb{R}^n \to Y$ 是从 $\mathbb{R}^n$ 到 Y 的 Borel 映射或 Borel 可测映射. 当 $Y = \mathbb{R}$ 时, 称 f 是 Borel 可测函数.

按照连续函数的定义(1.3.1), $\mathbb{R}^n$ 上所有连续函数都是 Borel 可测函数. 我们指出, 定义 Borel 可测映射只需要 $\mathbb{R}^n$ 是拓扑空间即可, 不需要指定 $\mathbb{R}^n$ 上的测度. 因此, 如果 μ 是 $\mathbb{R}^n$ 上的任意 Borel 测度 (如 μ 是 Radon 测度), 则 Borel 可测映射都是 μ-可测映射. 当 X 也是拓扑空间时, 可以类似定义 X 到 Y 的 Borel 映射.

定理 1.3.1 (可测映射基本性质)

设 μ 是 X 上的外测度, Y 是拓扑空间.

(1) 如果 $f: X \to Y$ 是 μ-可测映射, 则对任意的 Borel 集 $B \in \mathcal{B}(Y)$, 都有

$$f^{-1}(B) \in \mathcal{M}(X, \mu).$$

(2) 函数 $f: X \to [-\infty, \infty]$ 是 μ-可测的, 当且仅当对所有的 $a \in \mathbb{R}$, 都有

$$f^{-1}([-\infty, a)) \in \mathcal{M}(X, \mu);$$

当且仅当对所有的 $a \in \mathbb{R}$, 都有 $f^{-1}([-\infty, a]) \in \mathcal{M}(X, \mu)$.

(3) 如果 $f: X \to \mathbb{R}^n, g: X \to \mathbb{R}^m$ 是 μ-可测的, 则 $(f, g): X \to \mathbb{R}^{n+m}$ 也是可测的.

(4) 设 A 是 X 的子集, 则 A 是 μ-可测集当且仅当 A 的特征函数

$$\chi_A(x) \equiv \begin{cases} 1, & x \in A, \\ 0, & x \in A^c \end{cases}$$

是 μ-可测函数.

(5) 如果 Φ 是 $[-\infty, \infty]$ 上的连续函数或 Borel 可测函数, $f: X \to [-\infty, \infty]$ 是 μ-可测函数, 则 $\Phi \circ f$ 也是 X 上的 μ-可测函数. 特别地, 常见的 $f^2, |f|, |f|^p$ $(p \geqslant 0)$, 以及

$$f^+(x) \equiv \begin{cases} f(x), & \text{如果} f(x) \geqslant 0, \\ 0, & \text{如果} f(x) < 0, \end{cases} \quad f^-(x) = (-f)^+(x) \tag{1.3.2}$$

都是可测函数.

证明 这里, 我们只给出相应证明, 细节留给读者作为习题.

(1) 已经知道定理 1.3.1 性质 (1) 对 Y 中的所有开集成立, 证明性质 (1) 只需证明集合族

$$\{B \subset Y : f^{-1}(B) \in \mathcal{M}(X, \mu)\}$$

是 σ-代数即可, 从而必包含整个 Borel σ-代数, 即得结论.

(2) 定理 1.3.1 性质 (2) 与《实变函数论》[4-5] 常用的可测函数定义完全一样.

(3) 设 U, V 分别是 $\mathbb{R}^n, \mathbb{R}^m$ 中的开集, 则 $U \times V$ 是 $\mathbb{R}^{n+m}$ 中的开集, 且

$$(f, g)^{-1}(U \times V) = f^{-1}(U) \cap g^{-1}(V).$$

由可测集的 σ-代数性质可知 $(f, g)^{-1}(U \times V) \in \mathcal{M}(X, \mu)$. 因乘积空间 $\mathbb{R}^{n+m}$ 中的所有开集都可表示为可数个形如 $U \times V$ 的开集之并, 故定理 1.3.1 性质 (3) 成立.

(4) 定理 1.3.1 性质 (4) 和性质 (5) 按定义证明即可. □

定义 1.3.2

定理 1.3.1 性质 (5) 中的 f^+ 与 f^- 分别是 f 的正部和负部.

显然有

$$f = f^+ - f^-, \quad |f| = f^+ + f^-.$$

这个分解在很多情况下帮助我们把可测函数的问题转化为非负可测函数的问题.

可测函数类具有很好的分析性质, 尤其是关于极限运算封闭的性质, 这是连续函数通常不具备的 (例如, 连续函数的逐点极限可能不连续).

定理 1.3.2

(1) 设 $f, g : X \to [-\infty, \infty]$ 是 μ-可测函数, $\alpha, \beta \in \mathbb{R}$, 则下列函数均是可测的

$$\alpha f + \beta g, \quad fg, \quad \max(f, g), \quad \min(f, g).$$

当 $g \neq 0$ 时, 函数 f/g 也是可测的.

(2) 设 $f_k : X \to [-\infty, \infty]$ $(k \geqslant 1)$ 是一列 μ-可测函数, 则

$$\inf_{k \geqslant 1} f_k, \quad \sup_{k \geqslant 1} f_k, \quad \limsup_{k \to \infty} f_k, \quad \liminf_{k \to \infty} f_k$$

均为 μ-可测函数.

证明 (1) αf 的可测性由定理 1.3.1 性质 (2) 即可得证. 类似地, $f + g$ 可测当且仅当对任意的 $a \in \mathbb{R}$, 集合 $(f+g)^{-1}([-\infty, a))$ 都可测. 这可以从分解

$$(f+g)^{-1}([-\infty, a)) = \bigcup_{p,q \in Q, p+q<a} (\{f < p\} \cap \{g < q\})$$

知其可测性, 故 $f + g$ 可测.

由 $\max(f, g) = (f + g + |f - g|)/2$ 知 $\max(f, g)$ 可测; 类似可证 $\min(f, g)$ 可测.

(2) 对任意的 $a \in \mathbb{R}$, 由

$$\left\{x \in X : \inf_{k \geqslant 1} f_k(x) < a\right\} = \bigcup_{k=1}^{\infty} \{x \in X : f_k(x) < a\}$$

可知 $\{f_k\}$ 可测蕴含 $\inf_k f_k$ 可测.

由

$$\sup_{k\geqslant 1} f_k = -\inf_{k\geqslant 1}(-f_k)$$

可知 $\sup_{k\geqslant 1} f_k$ 可测.

由

$$\limsup_{k\to\infty} f_k = \inf_{k\geqslant 1}\left(\sup_{l\geqslant k} f_l\right), \quad \liminf_{k\to\infty} f_k = \sup_{k\geqslant 1}\left(\inf_{l\geqslant k} f_l\right)$$

可知 $\limsup_{k\to\infty} f_k, \liminf_{k\to\infty} f_k$ 均可测. □

在所有的可测函数中, 最简单的可测函数自然是可测集的特征函数, 稍微复杂的是简单函数.

定义 1.3.3

我们称 $s: X\to\mathbb{R}$ 是简单函数, 如果 s 的取值只包含有限个数, 即

$$s=\sum_{i=1}^{m} c_i\chi_{A_i},$$

其中 $m\in\mathbb{N}$, $\{A_i\}_{i=1}^m\subset X$ 互不相交, $c_i\in\mathbb{R}$ 互不相等.

设 μ 是 X 上的外测度. 如果简单函数 s 可测, 则称 s 是 μ-可测简单函数.

每一个可测函数都可以用可测简单函数逼近. 下述命题允许我们将很多关于可测函数的问题化归为关于简单函数的问题.

命题 1.3.1

设 f 是 X 上的非负有界可测函数, 则存在可测简单函数列 $\{s_k\}_{k\geqslant 1}$, 使得

(1) $s_1\leqslant s_2\leqslant\cdots\leqslant s_k\leqslant\cdots$;

(2) s_k 在 X 上一致收敛到 f.

证明 设 $0\leqslant f<M$. 通过划分 $[0,M]$ 来构造 s_k.

先将 $[0,M]$ 两等分, 则 $A_{11}=f^{-1}\left(\left[0,\dfrac{M}{2}\right)\right)$, $A_{12}=f^{-1}\left(\left[\dfrac{M}{2},M\right)\right)$ 均可测, 令

$$s_1=0\cdot\chi_{A_{11}}+\frac{M}{2}\chi_{A_{12}}.$$

则 s_1 可测且在 X 上 $0\leqslant f-s_1\leqslant\dfrac{M}{2}$.

再将 $[0,M]$ 做 2^2 等分. 令 $A_{2i}=f^{-1}\left(\left[(i-1)\dfrac{M}{2^2}, i\dfrac{M}{2^2}\right)\right)$, $i=1,\cdots,2^2$; 再令

$$s_2 = \sum_{i=1}^{2^2} \frac{(i-1)M}{2^2} \chi_{A_{2i}}.$$

显然 $s_1 \leqslant s_2$ 且 $0 \leqslant f - s_2 \leqslant \dfrac{M}{2^2}$.

如此继续, 得到一列单调递增的简单函数 $\{s_k\}_{k\geqslant 1}$ 且满足

$$0 \leqslant f - s_k \leqslant \frac{M}{2^k}.$$

最后这个估计意味着 s_k 在 X 上一致收敛到 f. □

由上述引理可得

$$f = \lim_{k\to\infty} s_k = s_1 + \sum_{k=2}^{\infty}(s_k - s_{k-1}) = \sum_{i=1}^{\infty} c_i \chi_{A_i}, \tag{1.3.3}$$

其中, $c_i > 0$, A_i 是一族可测集. 这可以看作简单函数的推广. 类似于上述命题 1.3.1, 可以证明:

命题 1.3.2

(1) 设 f 是 X 上的非负可测函数, 则存在一列单调递增的可测简单函数列 $\{s_k\}_{k\geqslant 1}$ 收敛到 f;

(2) 设 f 是 X 上的可测函数, 则存在一列可测简单函数列 $\{s_k\}_{k\geqslant 1}$ 收敛到 f.

证明 命题 1.3.2 (1) 的证明留给读者自行解决, 可以参阅文献 [4] 中第 3 章定理 3.9 的证明. 结论 (2) 是 (1) 的推论, 方法是将函数分解为正负部, 从而可以应用 (1) 的结论. □

1.3.2 Egoroff 定理与 Lusin 定理

在给出 Egoroff (叶戈罗夫) 定理与 Lusin(卢津) 定理之前, 我们先介绍 "几乎处处" 的概念. 给定 X 上的一个外测度 μ, 称 X 上的一列函数 f_k 关于测度 μ 几乎处处收敛到函数 f, 记作

$$\lim_{k\to\infty} f_k(x) = f(x), \quad \mu\text{-a.e. } x \in X,$$

如果 $f_k(x)$ 不收敛到 $f(x)$ 的点 x 的全体是 μ-零测集, 即

$$\mu\left(\{x \in X : f_k(x) \not\to f(x)\}\right) = 0.$$

类似地, 称一个函数 $f: X \to [-\infty, \infty]$ 是 μ-几乎处处有限的, 则

$$\mu\left(\{x \in X : |f(x)| = \infty\}\right) = 0.$$

本书中凡是涉及 "几乎处处" 的概念, 后面不再一一解释.

定理 1.3.3 (Egoroff 定理)

设 μ 是 X 上的一个外测度且 $\mu(X) < \infty$, $f_k: X \to [-\infty, \infty]$ 是一列 μ-可测函数, 且几乎处处收敛到一个几乎处处有限的函数 f, 则对任意 $\varepsilon > 0$, 总存在可测集 $E \subset X$, 使得

(1) f_k 在 E 上一致收敛到 f;

(2) $\mu(E^c) < \varepsilon$.

证明 证明的方法是将所有的结论表示成集合的语言. 由逐点收敛性可知 f 也是可测函数. f_k 在集合 E 上一致收敛到 f, 等价于对任意的 $i \geqslant 1$, 都存在自然数 $N_i \geqslant 1$, 使得当 $k \geqslant N_i$ 时, $|f_k(x) - f(x)| < \dfrac{1}{i}$ 对所有的 $x \in E$ 成立, 即

$$E = \bigcap_{i=1}^{\infty} \bigcap_{k=N_i}^{\infty} \left\{ x \in X : |f_k(x) - f(x)| < \frac{1}{i} \right\}.$$

因此, 如果用 E 表示 f_k 一致收敛到 f 的点集, 则

$$E^c = \bigcup_{i=1}^{\infty} \bigcup_{k=N_i}^{\infty} \left\{ x \in X : |f_k(x) - f(x)| \geqslant \frac{1}{i} \right\}.$$

我们的目标是, 对任意给定的 $\varepsilon > 0$, 找到 N_i 使得 $\mu(E^c) < \varepsilon$.

注意到,

$$\mu(E^c) \leqslant \sum_{i=1}^{\infty} \mu \left(\bigcup_{k=N_i}^{\infty} \left\{ x \in X : |f_k(x) - f(x)| \geqslant \frac{1}{i} \right\} \right).$$

故只须对每一个 $i \geqslant 1$, 找到 N_i 使得

$$\mu \left(\bigcup_{k=N_i}^{\infty} \left\{ x \in X : |f_k(x) - f(x)| \geqslant \frac{1}{i} \right\} \right) < 2^{-i}\varepsilon. \tag{1.3.4}$$

由极限的定义, $f_k(x) \not\to f(x)$ 等价于存在 $i \geqslant 1$, 使得对任意的 $N \geqslant 1$, 都存在 $k \geqslant N$, $|f_k(x) - f(x)| \geqslant \dfrac{1}{i}$, 即

$$\{x \in X : f_k(x) \not\to f(x)\} = \bigcup_{i=1}^{\infty} \bigcap_{N=1}^{\infty} \bigcup_{k=N}^{\infty} \left\{ x \in X : |f_k(x) - f(x)| \geqslant \frac{1}{i} \right\}.$$

由本定理假设, 上述集合是零测集. 从而对每个 $i \geqslant 1$, 都有

$$\mu \left(\bigcap_{N=1}^{\infty} \bigcup_{k=N}^{\infty} \left\{ x \in X : |f_k(x) - f(x)| \geqslant \frac{1}{i} \right\} \right) = 0.$$

因为 $\mu(X) < \infty$ 且集合列 $A_N \equiv \bigcup\limits_{k=N}^{\infty} \left\{ x \in X : |f_k(x) - f(x)| \geqslant \dfrac{1}{i} \right\}$ 关于 N 单调递减, 所以利用测度的连续性 [定理 1.1.2 性质 (3)] 可知,

$$\lim_{N \to \infty} \mu \left(\bigcup_{k=N}^{\infty} \left\{ x \in X : |f_k(x) - f(x)| \geqslant \frac{1}{i} \right\} \right) = 0.$$

这意味着存在 $N_i \geqslant 1$, 使得式 (1.3.4) 成立. □

为介绍 Lusin 定理, 我们首先给出在任意集合上连续函数的严格定义, 这个定义常被忽视而导致困惑.

定义 1.3.4

设 A 是 $\mathbb{R}^n$ 的任一子集, $f: A \to \mathbb{R}^m$ 是一个映射.

(1) 称 f 在点 $x \in A$ 连续, 如果对任意的 $\varepsilon > 0$, 都存在 $\delta > 0$, 使得当 $y \in A$ 且 $|y - x| < \delta$ 时, 都有 $|f(y) - f(x)| < \varepsilon$.

(2) 如果 f 在 A 上的每一点都连续, 则称 f 在 A 上连续. A 上连续映射的全体记作 $C(A; \mathbb{R}^m)$; 当 $m = 1$ 时, 简记为 $C(A)$.

这里的定义与数学分析中的定义一样, 只需要注意在极限过程中限制 $y \in A$ 即可. 由于 A 是任意的, 所以上述定义不需要 x 是 A 的内点. 特别地, 当 x 是 A 的边界点时, f 在 x 的连续性也是如上定义.

习题 1.3.1 (1) A 上的常值函数总是连续的.

(2) 设 $A = [0, 2]$, $f = \chi_{[0,1]} + 2\chi_{(1,2]}$, 则 f 在 $x = 1$ 处不连续.

(3) 给定 $\mathbb{R}^n$ 中有限个互不相交的紧集 $\{K_i\}_{i=1}^m$, $f = \sum\limits_{i=1}^{m} c_i \chi_{K_i}$, 则 $f \in C(\bigcup\limits_{i=1}^{m} K_i)$.

(4) 设 $\{K_i\}_{i=1}^\infty$ 是一列互不相交的紧集. 如果对每个 K_i, 都存在 $\delta_i > 0$, 使得当 $j \neq i$ 时, $\operatorname{dist}(K_i, K_j) \geqslant \delta_i$, 则

$$f = \sum_{i=1}^{\infty} c_i \chi_{K_i} \in C\left(\bigcup_{i=1}^{\infty} K_i\right).$$

注意, 习题 1.3.1(3) 的证明只需要注意紧集之间具有正的距离即可. 紧集上的连续函数总可以连续延拓到全空间, 即有下面相关定理等.

定理 1.3.4 (延拓定理)

设 K 是 $\mathbb{R}^n$ 中的紧集, V 是包含 K 的任一开集. 对任意的 $f \in C(K)$, 都存在 $\mathbb{R}^n$ 上的连续函数 $\bar{f}$, 使得

(1) 在 K 上 $\bar{f} = f$;

(2) (有界延拓性)

$$\sup_{x \in \mathbb{R}^n} |\bar{f}(x)| \leqslant \sup_{x \in K} |f(x)|;$$

(3) $\bar{f}$ 具有紧支集且 $\operatorname{supp}(\bar{f}) \subset V$.

有兴趣的读者可以参看文献 [9] 中定理 1.3.3 的证明. 更一般的延拓定理可以参阅文献 [10] 第 2 章的 Tietze (蒂策) 延拓定理. 下面叙述 Lusin 定理及其推论. Lusin 定理表明可测函数可以用连续函数逼近.

1.3.1 Evans–Gariepy[9] 定理 1.3.3

定理 1.3.5 (Lusin 定理)

设 μ 是 $\mathbb{R}^n$ 上的 Borel 正则测度, A 是 μ-可测集且 $\mu(A) < \infty$, $f: A \to \mathbb{R}^m$ 是 μ-可测映射, 则对任意的 $\varepsilon > 0$, 都存在紧集 $K \subset A$, 使得

(1) $\mu(A - K) < \varepsilon$;

(2) f 是 K 上的连续映射.

证明 第 1 步. 证明的想法是构造一列连续映射, 使之在某个紧集上一致逼近 f. 任意给出 $i \in \mathbb{N}$, 划分 f 的值域: 将 $\mathbb{R}^m$ 分解成一列互不相交的 Borel 集 $\{B_{ij}\}_{j=1}^{\infty}$, 且 $\operatorname{diam}(B_{ij}) < 1/i$. 再令 $A_{ij} = A \cap f^{-1}(B_{ij})$, 则 A_{ij} 是互不相交的 μ-可测集且 $A = \bigcup_{j=1}^{\infty} A_{ij}$. 任取 $b_{ij} \in B_{ij}$, 定义简单函数

$$f_i(x) = \sum_{j=1}^{\infty} b_{ij} \chi_{A_{ij}},$$

则

$$\sup_{x \in A} |f_i(x) - f(x)| \leqslant \sup_{j \geqslant 1} \sup_{x \in A_{ij}} |b_{ij} - f(x)| \leqslant 1/i,$$

即 f_i 在集合 A 上一致收敛到 f.

第 2 步. 虽然 f_i 是一列互不相交的可测集上的特征函数之和, 但由于 A_{ij} 与 A_{ik} 彼此之间未必具有正的距离, 从而无法保证 f_i 是 A 上的一列连续映射 (回顾习题 1.3.1). 事实上这也是不可能证明的, 否则就会得到 f 在 A 上连续的结论. 我们需要在 A 中找到一个足够大紧集 K, 使得所有的 f_i 在 K 上连续, 从而 f 也在 K 上连续.

令 $\nu = \mu \llcorner A$, 由定理 1.2.2 可知 ν 是 Radon 测度. 从而对每一个 A_{ij}, 都存在紧集 $K_{ij} \subset A_{ij}$, 使得 $\nu(A_{ij} - K_{ij}) < 2^{-(i+j)}\varepsilon$. 令 $\tilde{K}_i = \bigcup_{j=1}^{\infty} K_{ij}$, 则 $\tilde{K}_i$ 可测, 且

$$\mu(A - \tilde{K}_i) = \nu(A - \tilde{K}_i) \leqslant \sum_{j=1}^{\infty} \nu(A_{ij} - K_{ij}) < 2^{-i}\varepsilon.$$

注意到 $\mu(A - \tilde{K}_i) = \lim_{N \to \infty} \mu(A - \bigcup_{j=1}^{N} K_{ij})$, 因此存在 $N(i)$, 使得

$$\mu\left(A - \bigcup_{j=1}^{N(i)} K_{ij}\right) < 2^{-i}\varepsilon.$$

令 $K_i = \bigcup_{j=1}^{N(i)} K_{ij}$, 则 K_i 是紧集且 $\mu(A - K_i) < 2^{-i}\varepsilon$, $f_i \in C(K_i)$.

第 3 步. 令

$$K = \bigcap_{i=1}^{\infty} K_i.$$

则 K 是紧集, $\mu(A - K) < \varepsilon$, 且所有的 f_i 均在 K 上连续, 从而 $f \in C(K)$. □

在 Lusin 定理中, 如果取 $\varepsilon = \varepsilon_k \to 0$, 则可以期望得到一列连续映射几乎处处逼近 f. 这就是下面的推论.

推论 1.3.1 (连续函数逼近定理)

设 μ 是 $\mathbb{R}^n$ 上的 Borel 正则测度, A 是 μ-可测集且 $\mu(A) < \infty$, $f: A \to \mathbb{R}^m$ 是 μ-可测映射, 则

(1) 对任意的 $\varepsilon > 0$, 都存在连续函数 $\bar{f}: \mathbb{R}^n \to \mathbb{R}^m$, 使得

$$\mu\left(\left\{x \in A : \bar{f}(x) \neq f(x)\right\}\right) < \varepsilon;$$

(2) 存在一列具有紧支集的连续函数 $f_k: \mathbb{R}^n \to \mathbb{R}^m$, 使得

$$\lim_{k\to\infty} f_k(x) = f(x) \quad \mu\text{-a.e. } x \in A,$$

且

$$\sup_{k\geqslant 1}\sup_{x\in\mathbb{R}^n} |f_k(x)| \leqslant \sup_{x\in A} |f(x)|.$$

证明 (1) 结合 Lusin 定理与定理 1.3.4 即可.

(2) 取 $\varepsilon = 1$, 由 Lusin 定理, 存在紧集 $K_1 \subset A$ 使得 $\mu(A - K_1) < 1$, 且 $f \in C(K_1)$. 由定理 1.3.4, 存在具有紧支集的连续函数 $f_1: \mathbb{R}^n \to \mathbb{R}^m$, 使得 $f_1|_{K_1} = f|_{K_1}$, 且有

$$\sup_{x\in\mathbb{R}^n} |f_1(x)| \leqslant \sup_{x\in K_1} |f(x)| \leqslant \sup_{x\in A} |f(x)|.$$

再取 $\varepsilon = \dfrac{1}{2}$, 对 $f: A - K_1 \to \mathbb{R}^m$ 用 Lusin 定理, 得到紧集 $B_2 \subset A - K_1$, 使得 $f \in C(B_2)$. 从而 $f \in C(K_1 \cup B_2)$ 且 $\mu(A - K_1 - B_2) < \dfrac{1}{2}$. 令 $K_2 = K_1 \cup B_2$, 由定理 1.3.4, 存在具有紧支集的连续函数 $f_2: \mathbb{R}^n \to \mathbb{R}^m$, 使得 $f_2|_{K_2} = f|_{K_2}$, 且有

$$\sup_{x\in\mathbb{R}^n} |f_2(x)| \leqslant \sup_{x\in K_2} |f(x)| \leqslant \sup_{x\in A} |f(x)|.$$

如此继续, 得到一列单调递增的紧集 $K_1 \subset \cdots \subset K_k \subset \cdots \subset A$ 以及一列具有紧支集的连续函数 $f_k: \mathbb{R}^n \to \mathbb{R}^m$, 使得对任意的 $k \geqslant 1$ 都有

$$f_k|_{K_k} = f|_{K_k}, \quad \mu(A - K_k) < \frac{1}{k},$$

$$\sup_{x\in\mathbb{R}^n} |f_k(x)| \leqslant \sup_{x\in K_k} |f(x)| \leqslant \sup_{x\in A} |f(x)|.$$ □

1.3.3 依测度收敛

函数列的收敛性多种多样. “一致收敛” 是与测度无关的概念, 而 “几乎处处收敛” 则依赖于

选取的测度. 本小节介绍另一个依赖于测度的收敛性, 即定义的 "依测度收敛", 概率论[7-8]中称为 "依概率收敛".

定义 1.3.5

设 μ 是 X 上的外测度, $f_n\ (n=1,2,\cdots)$ 与 f 都是 X 上几乎处处有限的 μ-可测函数. 如果对任意的 $\sigma>0$, 都有

$$\lim_{n\to\infty}\mu\left(\{x\in X:|f_n(x)-f(x)|\geqslant\sigma\}\right)=0,$$

则称函数列 $\{f_n\}$ 依测度 μ 收敛到 f, 记作 $f_n\Rightarrow f$ 或 $f_n\overset{\mu}{\Rightarrow}f$.

等价的 $\varepsilon-N$ 语言描述为对任意的 $\sigma,\varepsilon>0$ 都存在 $N=N(\varepsilon,\sigma)>1$, 使得当 $n\geqslant N$ 时,

$$\mu\left(\{x\in X:|f_n(x)-f(x)|\geqslant\sigma\}\right)<\varepsilon.$$

容易证明 (留作习题), 依测度收敛的极限在几乎处处的意义下是唯一的, 即

引理 1.3.1

如果 $\{f_n\}$ 依测度 μ 收敛到 f 与 g, 则 $f=g$ a.e. 在 X 上.

下面讨论依测度收敛与其他收敛性的强弱关系. 首先容易证明 (留作习题): 一致收敛的函数列显然依测度收敛. 事实上, 我们有下面相关定理等.

定理 1.3.6

设 $\mu(X)<\infty$, $f_n\ (n=1,2,\cdots)$ 与 f 都是 X 上几乎处处有限的 μ-可测函数. 若 f_n 几乎处处收敛到 f, 则有 f_n 依测度 μ 收敛到 f.

证明 用 Egoroff 定理化归到一致收敛的情况. 任给 $\varepsilon,\sigma>0$, 由 Egoroff 定理, 存在可测子集 $A\subset X$, 使得 $\mu(A)<\varepsilon$ 且 f_n 在 $X-A$ 上一致收敛到 f. 从而存在 $N\geqslant 1$, 使得当 $n\geqslant N$ 时,

$$\sup_{x\in X-A}|f_n(x)-f(x)|<\sigma.$$

于是, 当 $n\geqslant N$ 时,

$$\mu\left(\{x\in X:|f_n(x)-f(x)|\geqslant\sigma\}\right)\leqslant\mu(A)<\varepsilon. \qquad \square$$

上述定理在一定程度上反过来也是正确的. 即下面的 Riesz (里斯) 定理.

定理 1.3.7 (Riesz 定理)

如果 $\{f_n\}$ 在 X 上依测度 μ 收敛到 f, 则存在子列 f_{n_k} 在 X 上 μ-几乎处处收敛到 f.

证明 在依测度收敛的 ε-N 语言中, 依次选取 $\varepsilon=\sigma=2^{-1},2^{-2},2^{-3},\cdots$. 由依测度收敛的定义, 存在 $1\leqslant n_1<n_2<\cdots<n_k<\cdots$, 使得

$$\mu\left(\left\{x\in X:|f_n(x)-f(x)|\geqslant\frac{1}{2^k}\right\}\right)<\frac{1}{2^k},\quad\forall n\geqslant n_k.$$

下面证明子列 $\{f_{n_k}\}$ 就是我们要找的子列. 为此只需要证明 (参考 Egoroff 定理的证明): 对任意的 $i \geqslant 1$,

$$\mu\left(\bigcap_{K=1}^{\infty}\bigcup_{k=K}^{\infty}\left\{x \in X : |f_{n_k}(x) - f(x)| \geqslant \frac{1}{2^i}\right\}\right) = 0.$$

由 f_{n_k} 的选取可知, 当 $k \geqslant i$ 时,

$$\left\{x \in X : |f_{n_k}(x) - f(x)| \geqslant \frac{1}{2^i}\right\} \subset \left\{x \in X : |f_{n_k}(x) - f(x)| \geqslant \frac{1}{2^k}\right\}.$$

因此,

$$\mu\left(\bigcup_{k=i}^{\infty}\left\{x \in X : |f_{n_k}(x) - f(x)| \geqslant \frac{1}{2^i}\right\}\right) \leqslant \sum_{k=i}^{\infty}\frac{1}{2^k} < \infty.$$

从而利用测度的连续性与次可数可加性有

$$\begin{aligned}
&\mu\left(\bigcap_{K=1}^{\infty}\bigcup_{k=K}^{\infty}\left\{x \in X : |f_{n_k}(x) - f(x)| \geqslant \frac{1}{2^i}\right\}\right)\\
={}& \lim_{K\to\infty}\mu\left(\bigcup_{k=K}^{\infty}\left\{x \in X : |f_{n_k}(x) - f(x)| \geqslant \frac{1}{2^i}\right\}\right)\\
\leqslant{}& \lim_{K\to\infty}\sum_{k=K}^{\infty}\mu\left(\left\{x \in X : |f_{n_k}(x) - f(x)| \geqslant \frac{1}{2^i}\right\}\right)\\
\leqslant{}& \lim_{K\to\infty}\sum_{k=K}^{\infty}\mu\left(\left\{x \in X : |f_{n_k}(x) - f(x)| \geqslant \frac{1}{2^k}\right\}\right)\\
\leqslant{}& \lim_{K\to\infty}\sum_{k=K}^{\infty}\frac{1}{2^k} = 0.
\end{aligned}$$

这就完成了定理证明. □

作为上述定理的一个应用, 让我们再次考虑推论 1.3.1. 设 $X \subset \mathbb{R}^n$, μ 是 X 上的 Borel 正则测度且 $\mu(X) < \infty$, f 是 X 上的几乎处处有限 μ-可测函数. 由 Lusin 定理, 对任意的 $k > 1$, 都存在闭集 $A_k \subset X$, 使得

$$\mu(X \setminus A_k) < \frac{1}{k},$$

且存在全空间 $\mathbb{R}^n$ 上的连续函数 f_k, 使得 $\{x \in X : f_k \neq f\} \subset X \setminus A_k$. 于是, 对任意的 $\sigma > 0$, 都有

$$\{x \in X : |f_k - f| \geqslant \sigma\} \subset X \setminus A_k.$$

这意味着 f_k 在 X 上依测度 μ 收敛到 f. 因此, 利用上述的 Riesz 定理可知, 存在连续函数列 f_{n_k} 在 X 上 μ-几乎处处收敛到 f.

1.4 积分与极限

本节介绍 (X,μ) 上的抽象积分及其性质, 其中 μ 是 X 上的外测度.

1.4.1 积分的定义与基本性质

函数在区域上积分的几何意义是其下方图形的体积, 所以对任意的可测特征函数 χ_A, 我们自然定义其在 X 上相对于测度 μ 的积分是

$$底面积 \times 高 = \mu(A) \times 1 = \mu(A).$$

由此可见积分总是与测度相关的, 同样的函数在不同的测度下积分不同.

定义 1.4.1

(1) 设 $s = \sum_{i=1}^{m} c_i\chi_{A_i}$ 是 X 上的简单 μ-可测函数. 定义 s 在 X 上相对于测度 μ 的积分为

$$\int_X s\mathrm{d}\mu = \sum_{i=1}^{m} c_i\mu(A_i).$$

(2) 设 $f: X \to [0,\infty]$ 是非负 μ-可测函数. 定义 f 在 X 上相对于测度 μ 的积分为

$$\int_X f\mathrm{d}\mu = \sup_{0\leqslant s\leqslant f} \int_X s\mathrm{d}\mu,$$

其中 s 是满足 $0 \leqslant s \leqslant f$ 的简单 μ-可测函数.

(3) 设 $f: X \to [-\infty,\infty]$ 是 μ-可测函数. 如果 $\int_X f^+\mathrm{d}\mu < \infty$ 或者 $\int_X f^-\mathrm{d}\mu < \infty$, 则称 f 是 μ-可积函数, 并定义 f 在 X 上相对于测度 μ 的积分为

$$\int_X f\mathrm{d}\mu = \int_X f^+\mathrm{d}\mu - \int_X f^-\mathrm{d}\mu.$$

(4) 对任意的可测子集 $A \subset X$ 及 A 上的可测函数 f, 定义

$$\int_A f\mathrm{d}\mu = \int_X f\chi_A\mathrm{d}\mu.$$

注意, μ-可积函数的积分可以等于正或负无穷; 按照定义 1.4.1 (3), 所有的非负可测函数都是 μ-可积函数. 在实际应用中, 很多结论需要进一步假设 $\int_X |f|\mathrm{d}\mu < \infty$. 为此引入下面定义.

定义 1.4.2

设 $f: X \to [-\infty,\infty]$ 是 μ-可测函数.

(1) 称 f 是 μ-可和函数, 如果

$$\|f\|_{L^1(X,\mu)} \equiv \int_X |f|\mathrm{d}\mu < \infty.$$

将 X 上 μ-可和函数的全体记作

$$L^1(X,\mu).$$

在不引起混淆的情况下，简单地记作 $L^1(X)$ 或 $L^1(\mu)$.

(2) 当 $X=\mathbb{R}^n$ 时，称 f 是 $\mathbb{R}^n$ 上的局部 μ-可积函数，如果对任意的紧集 $K\subset\mathbb{R}^n$，都有

$$\int_K |f|\mathrm{d}\mu<\infty.$$

$\mathbb{R}^n$ 上全体局部可积函数记作

$$L^1_{\mathrm{loc}}(\mathbb{R}^n,\mu)\quad \text{或}\quad L^1_{\mathrm{loc}}(\mu).$$

我们列出积分的如下性质，将证明留作习题.

定理 1.4.1 (积分的基本性质)

设 f,g 是 X 上的 μ-可积函数.

(1) (正定性) 如果 $f\colon X\to[0,\infty]$ 是非负 μ-可测函数，则 $\int_X f\mathrm{d}\mu\geqslant 0$，并且 $\int_X f\mathrm{d}\mu=0$ 当且仅当在 X 上 $f=0$ μ-a.e..

(2) (单调性) 设 $0\leqslant f\leqslant g$，则

$$\int_X f\mathrm{d}\mu\leqslant\int_X g\mathrm{d}\mu.$$

(3) (齐次性) 任给 $k\in\mathbb{R}$，$\int_X kf\mathrm{d}\mu=k\int_X f\mathrm{d}\mu$.

(4) (绝对值不等式)

$$\left|\int_X f\mathrm{d}\mu\right|\leqslant\int_X|f|\mathrm{d}\mu.$$

(5) 如果 $A\subset X$ 是零测集，则 $\int_A |f|\mathrm{d}\mu=0$.

(6) 如果 $f\in L^1(X,\mu)$，则 f 在 X 上关于测度 μ 几乎处处有限，即

$$\mu(\{x\in X:|f(x)|=\infty\})=0.$$

积分的可加性将在 1.5 节中证明，从而与定理 1.4.1 性质 (3) 一起构成积分的线性性.

1.4.2 极限与积分交换次序定理

在理论分析与实际应用中，有一个重要的问题，设函数列 f_n 以某种方式收敛到极限函数 f，问下列极限是否成立：

$$\lim_{n\to\infty}\int_X f_n\mathrm{d}\mu\overset{?}{=}\int_X f\mathrm{d}\mu.$$

或在什么条件下这一等式成立？如果成立，我们便说该极限与积分可以交换次序. 在黎曼积分

中, 要使上述极限成立, 一个非常强的充分条件是 f_n 一致收敛到 f. 而在定义 1.4.1 下, 上述等式成立的条件可以得到极大的减弱, 这就是接下来将要介绍的相关定理. 同时, 这也是新积分一个极为突出的优点, 也是其在现代分析中得到应用的基础.

定理 1.4.2 [Fatou(法图) 引理]

设 $f_k: X \to [0,\infty]$ $(k=1,2,\cdots)$ 是一列非负 μ-可测函数, 则

$$\int_X \liminf_{k\to\infty} f_k \mathrm{d}\mu \leqslant \liminf_{k\to\infty} \int_X f_k \mathrm{d}\mu.$$

证明 不妨设 $\liminf\limits_{k\to\infty} \int_X f_k \mathrm{d}\mu < \infty$. 按照积分定义, 只需证明对任意的非负简单可测函数

$$0 \leqslant s = \sum_{i=1}^{m} c_i \chi_{A_i} \leqslant \liminf_{k\to\infty} f_k = \lim_{k\to\infty} \inf_{l\geqslant k} f_l, \tag{1.4.1}$$

都有

$$\int_X s\mathrm{d}\mu = \sum_{i=1}^{m} c_i \mu(A_i) \leqslant \liminf_{k\to\infty} \int_X f_k \mathrm{d}\mu.$$

不妨设 $\{A_i\}$ 互不相交且 $c_i > 0$. 固定 $\varepsilon > 0$, 由式 (1.4.1) 可知,

$$c_i - \varepsilon < \lim_{k\to\infty} \inf_{l\geqslant k} f_l(x), \quad \forall\, x \in A_i.$$

故对任意的 $x \in A_i$, 存在 $k \geqslant 1$, 使得 $\inf\limits_{l\geqslant k} f_l(x) \geqslant c_i - \varepsilon$. 令

$$B_{ik} = \left\{ x \in A_i:\ \inf_{l\geqslant k} f_l(x) \geqslant c_i - \varepsilon \right\}.$$

则 $\{B_{ik}\}_{k\geqslant 1}$ 关于 k 单调递增且 $A_i = \bigcup\limits_{k=1}^{\infty} B_{ik}$. 从而对任意的 $k \geqslant 1$, 有

$$\inf_{l\geqslant k} \int_X f_l \mathrm{d}\mu \geqslant \sum_{i=1}^{m} \inf_{l\geqslant k} \int_{A_i} f_l \mathrm{d}\mu \geqslant \sum_{i=1}^{m} \inf_{l\geqslant k} \int_{B_{ik}} f_l \mathrm{d}\mu \geqslant \sum_{i=1}^{m} (c_i - \varepsilon)\mu(B_{ik}).$$

再令 $k \to \infty$, 可得

$$\liminf_{k\to\infty} \int_X f_k \mathrm{d}\mu = \lim_{k\to\infty} \inf_{l\geqslant k} \int_X f_l \mathrm{d}\mu \geqslant \sum_{i=1}^{m} (c_i - \varepsilon)\mu(A_i).$$

最后只需令 $\varepsilon \to 0$. □

Fatou 引理的方便之处在于只需要函数列非负可测, 不需要任何额外条件. 一般来说, Fatou 引理中的严格不等号可以成立. 比如, 令 $X = \mathbb{R}$, μ 为 Lebesgue 测度, $f_k = \chi_{[k,\infty)}$, 则 $f_k \to 0$ 但 $\int_X f_k \mathrm{d}\mu = +\infty$ $(\forall k \geqslant 1)$. 从而

$$\int_X \liminf_{k\to\infty} f_k \mathrm{d}\mu = 0 < \liminf_{k\to\infty} \int_X f_k \mathrm{d}\mu.$$

对于一类常见的情形, Brézis 与 Lieb 能够将 Fatou 定理中的不等式补充为等式, 并在变分法中得到很好的应用. 有兴趣的读者可以阅读文献 [11-12].

定理 1.4.3 [Levi (莱维) 单调收敛定理]

设 $f_k: X \to [0,\infty]$ 是一列单调递增的非负可测函数, 则

$$\lim_{k\to\infty}\int_X f_k \mathrm{d}\mu = \int_X \lim_{k\to\infty} f_k \mathrm{d}\mu.$$

证明 由 $\{f_k\}$ 的单调递增性可知 $f_l \leqslant \lim\limits_{k\to\infty} f_k$ 对所有的 l 成立, 从而由积分的单调性, 可知

$$\lim_{k\to\infty}\int_X f_k \mathrm{d}\mu \leqslant \int_X \lim_{k\to\infty} f_k \mathrm{d}\mu.$$

另外, 由单调性可知 $\lim\limits_{k\to\infty} f_k = \liminf\limits_{k\to\infty} f_k$. 因此, 用 Fatou 引理可得

$$\int_X \lim_{k\to\infty} f_k \mathrm{d}\mu \leqslant \liminf_{k\to\infty}\int_X f_k \mathrm{d}\mu = \lim_{k\to\infty}\int_X f_k \mathrm{d}\mu.$$

综合上述两个不等式即可得到想要的结论. □

推论 1.4.1

设 $f_1 \geqslant f_2 \geqslant \cdots \geqslant f_k \geqslant \cdots \geqslant 0$ 且 $f_1 \in L^1(X,\mu)$, 则

$$\int_X \lim_k f_k \mathrm{d}\mu = \lim_k \int_X f_k \mathrm{d}\mu.$$

对序列 $\{g_k = f_1 - f_k\}$ 应用 Levi 单调收敛定理即可.

注 1.4.1 (1) Levi 单调收敛定理与 Fatou 引理是等价的: 假设 Levi 单调收敛定理成立, $\{f_k\}$ 是任一列非负可测函数, 则 $g_k = \inf\limits_{l\geqslant k} f_l\ (k \geqslant 1)$ 是一列单调递增的非负可测函数且

$$\liminf_{k\to\infty} f_k = \lim_{k\to\infty} g_k.$$

对 $\{g_k\}$ 用 Levi 单调收敛定理即可得 Fatou 引理.

(2) 对于单调递减的非负可测函数列 $\{f_k\}$, 一般来说只有不等式

$$\int_X \lim_k f_k \mathrm{d}\mu \leqslant \lim_k \int_X f_k \mathrm{d}\mu$$

成立, 且在某些情况下严格不等式也可以成立. 比如, 取 $X = \mathbb{R}$, $\mu = \mathcal{L}^1$, $f_k = \chi_{(k,\infty)}$, 则

$$\int_X \lim_k f_k \mathrm{d}\mu = 0 < \lim_k \int_X f_k \mathrm{d}\mu = \infty.$$

这表明推论 1.4.1 中的条件 $f_1 \in L^1(X,\mu)$ 不可去掉.

(3) Levi 单调收敛定理与上述推论可以视作定理 1.1.2 中性质 (2)、性质 (3) 的推广.

推论 1.4.2 (积分可加性)

设 f,g 是非负可测函数或者属于 $L^1(X,\mu)$, 则

$$\int_X (f+g)\mathrm{d}\mu = \int_X f\mathrm{d}\mu + \int_X g\mathrm{d}\mu.$$

证明 第 1 步. 易证上述结论对简单可测函数成立. 若 f,g 是非负可测且有界的函数, 则选取单调递增的非负简单函数列 s_k,t_k 使得 $s_k \nearrow f, t_k \nearrow g$. 由单调收敛定理, 可得

$$\begin{aligned}\int_X (f+g)\mathrm{d}\mu &= \lim_{k\to\infty}\int_X (s_k+t_k)\mathrm{d}\mu \\ &= \lim_{k\to\infty}\int_X s_k\mathrm{d}\mu + \lim_{k\to\infty}\int_X t_k\mathrm{d}\mu \\ &= \int_X f\mathrm{d}\mu + \int_X g\mathrm{d}\mu.\end{aligned}$$

第 2 步. 若 f,g 是一般的非负可测函数, 令 $f_k = f\chi_{\{f\leqslant k\}}, g_k = g\chi_{\{g\leqslant k\}}$. 利用第 1 步的结论与单调收敛定理, 可得

$$\begin{aligned}\int_X (f+g)\mathrm{d}\mu &= \lim_{k\to\infty}\int_X (f_k+g_k)\mathrm{d}\mu \\ &= \lim_{k\to\infty}\int_X f_k\mathrm{d}\mu + \lim_{k\to\infty}\int_X g_k\mathrm{d}\mu \\ &= \int_X f\mathrm{d}\mu + \int_X g\mathrm{d}\mu.\end{aligned}$$

对于一般的 $f,g \in L^1(X,\mu)$, 先分解为正部与负部 [见式(1.3.2)], 再利用第 2 步的结论证明. □

作为 Levi 单调收敛定理的另一个应用, 我们证明可和函数的一个基本性质:

定理 1.4.4 (绝对连续性)

设 $f \in L^1(X,\mu)$, 则对任意的 $\varepsilon > 0$, 存在 $\delta > 0$, 使得对任意的可测集 $A \subset X$, 只要 $\mu(A) < \delta$, 就有

$$\int_A |f|\mathrm{d}\mu < \varepsilon.$$

证明 如果存在 $M > 0$, 使得 $|f| \leqslant M$ μ-a.e., 则只需要取 $\delta < \dfrac{\varepsilon}{M}$ 即可.

对于一般的情形, 我们用常见的截断技巧: 对任意的 $k \geqslant 1$, 令

$$f_k \equiv \begin{cases} |f|, & |f| \leqslant k, \\ k, & |f| > k, \end{cases}$$

使得 $\{f_k\}$ 是一列单调递增到 $|f|$ 的非负可测函数. 由 Levi 定理, 可知

$$\lim_k \int_X f_k \mathrm{d}\mu = \int_X |f| \mathrm{d}\mu < \infty.$$

从而对任意的 $\varepsilon > 0$, 存在 $K > 0$, 使得 $\int_X (|f| - f_K) \mathrm{d}\mu < \frac{\varepsilon}{2}$. 现在取 $\delta < \frac{\varepsilon}{2K}$, 则对任意的可测集 $A \subset X$, 如果 $|A| < \delta$, 则

$$\int_A |f| \mathrm{d}\mu \leqslant \int_A (|f| - f_K) \mathrm{d}\mu + \int_A f_K \mathrm{d}\mu < \varepsilon.$$

□

下面给出 Levi 单调收敛定理一个非常有用的等价定理, 证明留给读者.

定理 1.4.5 (逐项可积定理)

设 $f_k : X \to [0, \infty]$ $(k \geqslant 1)$ 是一族非负可测函数, 则

$$\int_X \sum_{k=1}^{\infty} f_k \mathrm{d}\mu = \sum_{k=1}^{\infty} \int_X f_k \mathrm{d}\mu.$$

这个定理与数学分析中关于函数项级数的逐项可积定理形成了鲜明的对照, 望读者自作比较. 下面给出另一个非常著名的收敛定理.

定理 1.4.6 (Lebesgue 控制收敛定理 I)

设 $\{f_k\} \subset L^1(X, \mu)$ 且

$$\lim_{k \to \infty} f_k(x) = f(x), \quad \mu\text{-a.e. } x \in X.$$

如果存在 $F \in L^1(X, \mu)$ 使得对所有的 $k \geqslant 1$, 都有

$$|f_k(x)| \leqslant F(x), \quad \mu\text{-a.e. } x \in X, \tag{1.4.2}$$

则 $f \in L^1(X, \mu)$, 且

$$\lim_{k \to \infty} \int_X |f_k - f| \mathrm{d}\mu = 0,$$

从而

$$\lim_{k \to \infty} \int_X f_k \mathrm{d}\mu = \int_X f \mathrm{d}\mu.$$

称式 (1.4.2) 是 Lebesgue 控制收敛定理中的控制条件, 其中 F 是控制函数. 应用上述定理的关键就是找到控制函数.

证明 由式 (1.4.2) 可知 $|f| \leqslant F$ μ-a.e., 从而 $\int_X |f| \mathrm{d}\mu \leqslant \int_X F \mathrm{d}\mu < \infty$, 即 $f \in L^1(X, \mu)$. 再令 $g_k = 2F - |f_k - f|$, 则 g_k 是 X 上的非负可测函数列且几乎处处收敛到 $2F$. 由 Fatou 引理, 可知

$$\int_X 2F \mathrm{d}\mu = \int \liminf_{k \to \infty} g_k \mathrm{d}\mu \leqslant \liminf_{k \to \infty} \int g_k \mathrm{d}\mu = \int_X 2F \mathrm{d}\mu - \limsup_{k \to \infty} \int_X |f_k - f| \mathrm{d}\mu.$$

这表明

$$\limsup_{k\to\infty}\int_X |f_k - f|\mathrm{d}\mu = 0.$$ □

作为一个很好的练习, 我们强烈建议读者尝试应用 Egoroff 定理给出 Lebesgue 控制收敛定理的不同证明 (提示: 结合可知函数的绝对连续性, 即定理 1.4.4). 这个方法在证明下面的推论 1.4.3 尤其好用.

事实上, Lebesgue 控制收敛定理的 "逐点收敛" 还可弱化为 "依测度收敛" 条件.

定理 1.4.7 (Lebesgue 控制收敛定理 II)

设 $\{f_k\}\subset L^1(X,\mu)$ 且

$$f_k \Rightarrow f, \quad 在\ X\ 上.$$

如果存在 $F\in L^1(X,\mu)$ 使得对所有的 $k\geqslant 1$, 都有

$$|f_k(x)|\leqslant F(x), \quad \mu\text{-a.e. } x\in X,$$

则 $f\in L^1(X,\mu)$, 且

$$\lim_{k\to\infty}\int_X |f_k - f|\mathrm{d}\mu = 0,$$

从而

$$\lim_{k\to\infty}\int_X f_k\mathrm{d}\mu = \int_X f\mathrm{d}\mu.$$

证明 用反证法, 设上述结论不成立, 则存在常数 $\varepsilon_0>0$ 与子列 $\{f_{n_k}\}$, 使得

$$\int_X |f_{n_k} - f|\mathrm{d}\mu \geqslant \varepsilon_0, \quad \forall k\geqslant 1. \tag{1.4.3}$$

由于 f_n 依测度收敛到 f, 所以 f_{n_k} 也依测度收敛到 f. 于是, 根据 Riesz 定理 1.3.7, 存在 $\{f_{n_k}\}$ 的子列, 不妨记作 g_k, 逐点收敛到 f. 再根据控制条件可知 $|g_k|\leqslant F$a.e.. 因此, 由 Lebesgue 控制收敛定理 1.4.6 可得 $\int_X |g_k - f|\mathrm{d}\mu\to 0$ (当 $k\to\infty$ 时). 这与式 (1.4.3) 矛盾. □

这里的证明方法也是常见的, 可以称为 "从子列中抽取子列" 的方法. 作为一个简单应用 (留做习题), 我们有以下推论.

推论 1.4.3

设 $\mu(X)<\infty$, $\{f_k\}\subset L^1(X,\mu)$ 且 f_k 几乎处处或者依测度收敛到 f. 如果存在常数 M, 使得

$$|f_k(x)|\leqslant M, \quad \mu\text{-a.e. } x\in X,$$

则 $f\in L^1(X,\mu)$, 且

$$\lim_{k\to\infty}\int_X |f_k - f|\mathrm{d}\mu = 0,$$

从而

$$\lim_{k\to\infty}\int_X f_k \mathrm{d}\mu = \int_X f \mathrm{d}\mu.$$

前面我们给出的都是保证极限与积分可交换的充分条件. 下面的定理将给出在某些情形下的充分必要条件.

定理 1.4.8 [Vitali(维塔利) 收敛定理]

设 $\mu(X)<\infty$, $\{f_k\}\subset L^1(X,\mu)$ 且

$$\lim_{k\to\infty} f_k(x) = f(x), \quad \mu\text{-a.e. } x\in X.$$

则

$$\lim_{k\to\infty}\int_X |f_k - f|\mathrm{d}\mu = 0$$

成立的充分必要条件:

(1) f 在 X 上几乎处处有限;

(2) $\{f_k\}_{k\geqslant 1}$ 在 X 上一致可积, 即对任意的 $\varepsilon>0$, 都存在 $\delta=\delta(\varepsilon)>0$, 使得对所有的可测集 $A\subset X$, 只要 $\mu(A)<\delta$, 就有

$$\int_A |f_k|\mathrm{d}\mu < \varepsilon, \quad \forall k\geqslant 1.$$

证明 (必要性) 若 $\lim\limits_{k\to\infty}\int_X |f_k - f|\mathrm{d}\mu = 0$, 则由绝对值不等式, 可知

$$\int_X |f|\mathrm{d}\mu \leqslant \int_X |f_k|\mathrm{d}\mu + \int_X |f_k - f|\mathrm{d}\mu < \infty,$$

即 $f\in L^1(\mu)$. 故 f 必定几乎处处有限且在 X 上关于 μ 绝对连续 (即定理 1.4.4). 从而对任意的 $\varepsilon>0$, 都存在 $\delta_0=\delta_0(f,\varepsilon)>0$, 使得对任意的可测集 $A\subset X$, 只要 $\mu(A)<\delta_0$, 就有

$$\int_A |f|\mathrm{d}\mu < \frac{\varepsilon}{2}.$$

进而存在足够大的 N, 使得对所有的 $k>N$, 有

$$\int_A |f_k|\mathrm{d}\mu \leqslant \int_A |f|\mathrm{d}\mu + \int_X |f_k - f|\mathrm{d}\mu < \varepsilon.$$

另外, 由于每个 f_i 都是绝对连续的, 因而存在 $\delta_i=\delta_i(f_i,\varepsilon)>0$, 使得对任意的可测集 $A\subset X$, 只要 $\mu(A)<\delta_i$, 就有 $\int_A |f_i|\mathrm{d}\mu<\varepsilon$. 故最终取 $\delta=\min\{\delta_0,\delta_1,\cdots,\delta_N\}$, 使得当 $\mu(A)<\delta$ 时, 对一切的 $k\geqslant 1$, 都有 $\int_A |f_k|\mathrm{d}\mu<\varepsilon$.

(充分性) 固定 $\varepsilon>0$. 令 δ 是由一致可积条件 (2) 所确定的常数. 由 Egoroff 定理 1.3.3, 存在可测集 $A\subset X$, 使得 $\mu(A)<\delta$ 且 f_k 在 A^c 上一致收敛到 f. 从而在 A^c 上有

$$\int_{A^c} |f_k - f| \mathrm{d}\mu \leqslant \mu(A^c) \sup_{x \in A^c} |f_k(x) - f(x)| \to 0, \quad \text{当 } k \to \infty \text{ 时}.$$

这里用到假设 $\mu(X) < \infty$. 再由一致可积条件 (2) 与 Fatou 引理, 可得

$$\int_A |f| \mathrm{d}\mu \leqslant \liminf_{k \to \infty} \int_A |f_k| \mathrm{d}\mu \leqslant \varepsilon.$$

故

$$\limsup_{k \to \infty} \int_X |f_k - f| \mathrm{d}\mu \leqslant \limsup_{k \to \infty} \int_{A^c} |f_k - f| \mathrm{d}\mu + \int_A |f| \mathrm{d}\mu + \sup_{k \geqslant 1} \int_A |f_k| \mathrm{d}\mu \leqslant 2\varepsilon.$$

最后令 $\varepsilon \to 0$. □

注意必要性的证明不需要假设 $\mu(X) < \infty$ 也成立.

1.5 正测度表示定理

由 1.4 节可知, 如果 μ 是 X 上的一个外测度, 则对应的积分

$$\int : L^1(X, \mu) \to \mathbb{R}, \quad f \mapsto \int_X f \mathrm{d}\mu$$

是 $L^1(X, \mu)$ 上的一个线性泛函, 且具有非负性:

$$f \geqslant 0 \quad \Rightarrow \quad \int_X f \mathrm{d}\mu \geqslant 0.$$

这种类型的线性泛函称为正线性泛函.

本节深入研究 $\mathbb{R}^n$ 上的一类正线性泛函. 首先引入如下函数空间:

$$C_c(\mathbb{R}^n) = \left\{ f \in C(\mathbb{R}^n) : f \text{具有紧支集} \right\}.$$

为了叙述简洁, 对任意的紧集 $K \subset \mathbb{R}^n$ 与开集 $V \subset \mathbb{R}^n$, 记

$$f \prec V \quad \Leftrightarrow \quad f \in C_c(\mathbb{R}^n), 0 \leqslant f \leqslant 1, \mathrm{supp}(f) \subset V, \tag{1.5.1}$$

$$K \prec f \quad \Leftrightarrow \quad f \in C_c(\mathbb{R}^n), 0 \leqslant f \leqslant 1 \text{ 且} f|_K \equiv 1. \tag{1.5.2}$$

接下来证明 $C_c(\mathbb{R}^n)$ 上的所有正线性泛函都是某个 Radon 测度生成的积分泛函, 即下面相关定理等.

定理 1.5.1 (Riesz 正线性泛函表示定理)

设 $L: C_c(\mathbb{R}^n) \to \mathbb{R}$ 是正线性泛函, 则存在唯一的 Radon 测度 μ, 使得

$$L(f) = \int_{\mathbb{R}^n} f \mathrm{d}\mu, \quad \forall\, f \in C_c(\mathbb{R}^n). \tag{1.5.3}$$

并且, μ 满足如下性质:

(1) 对所有开集 V, 有

$$\mu(V) = \sup \{ L(f) : f \prec V \};$$

(2) 对所有紧集 K, 有

$$\mu(K) = \inf\{L(f) : K \prec f\}.$$

上述表示定理是测度论的核心定理之一, 第 2 章中将要介绍的多个函数空间上的表示定理都是本定理的推论或者应用. 除开欧几里得空间, 定理 1.5.1 还可以在更广泛的拓扑空间上成立, 比如, 局部紧的 Hausdorff 空间 (包含所有的拓扑流形) 等, 感兴趣的读者可以参考文献 [13] 的第 2 章与文献 [3] 的第 1 章. 为增加读者的直观理解, 我们不加证明地给出上述定理的几个简单应用.

例 1.5.1　(1) 设 $L\colon C_c(\mathbb{R}^n) \to \mathbb{R}$ 的定义为

$$L(f) = f(x_0),$$

其中, $x_0 \in \mathbb{R}^n$ 是某个固定的点, 则得到 Dirac 测度 $\mu = \delta_{x_0}$, 使得

$$L(f) = \int_{\mathbb{R}^n} f \mathrm{d}\delta_{x_0}.$$

(2) 设 $L\colon C_c(\mathbb{R}^n) \to \mathbb{R}$ 的定义为 $L(f) = f$ 在 $\mathbb{R}^n$ 上的黎曼积分, 则对应得到的测度是 $\mathbb{R}^n$ 上的 Lebesgue 测度. 证明可见文献 [13] 第 2 章.

(3) 设 $\gamma : [0,1] \to \mathbb{R}^n$ 是一条光滑曲线, $L\colon C_c(\mathbb{R}^n) \to \mathbb{R}$ 的定义为

$$L(f) = \int_\gamma f \mathrm{d}s \text{ (第一型曲线积分)}.$$

则对应的测度是限制在曲线像集 $\gamma([0,1])$ 上的 Hausdorff 测度 $\mathcal{H}^1$.

(4) 对 $\mathbb{R}^n$ 中的 k-维光滑曲面, 可以通过第一型曲面积分定义正线性泛函. 对应的测度是限制在曲面上的 Hausdorff 测度 $\mathcal{H}^k$.

证明定理之前先做相关分析: 如果 μ 存在, 那么对任意的可测集 E, 都有

$$\mu(E) = \int_{\mathbb{R}^n} \chi_E \mathrm{d}\mu \approx L(\chi_E),$$

即如果 L 的定义域可以扩充到可测函数的话, 则可以通过上式直接定义 μ. 由此可见, 证明的困难在于 L 的定义域过窄. 为克服这一困难, 一个自然的办法是逼近: 用具有紧支集的连续函数逼近特征函数. 对任意的开集 V, 我们希望通过用满足 $f \prec V$ 的函数去逼近 χ_V, 从而得到 $\mu(V)$ 的定义. 然后, 根据 Radon 测度的外正则性［见定理 1.2.3 性质 (1)］, 再用开集去定义任意集合的测度.

在证明定理 1.5.1 之前, 我们还需要介绍一种常用的技术性工具.

引理 1.5.1 (单位分解)

设开集族 $\{U_i\}_{i=1}^m$ 是紧集 $K \subset \mathbb{R}^n$ 的一个有限开覆盖, 则对每一个 i, 都存在函数 $\varphi_i \prec U_i$, 使得

$$\sum_{i=1}^m \varphi_i \equiv 1, \quad \text{在} K \text{上}.$$

称 $\{\varphi_i\}_{i=1}^m$ 是集合 K 上从属于覆盖 $\{U_i\}_{i=1}^m$ 的 (连续) 单位分解.

证明 不妨设每一个 U_i 均与 K 相交非空, 否则取相应的 $\varphi_i \equiv 0$.

对每一点 $x \in K$, 存在 $i \geqslant 1$ 及 $r_x > 0$ 使得闭球 $\bar{B}_{r_x}(x) \subset U_i$. 于是 $\{B_{r_x}(x) : x \in K\}$ 是 K 的一族开覆盖. 根据 K 的紧性, 存在有限子覆盖 $\{B_{r_j}(x_j) : x_j \in K\}_{j=1}^k$. 对每个 $1 \leqslant i \leqslant m$, 令

$$W_i = \bigcup_{\bar{B}_{r_j}(x_j) \subset U_i} B_{r_j}(x_j).$$

则 $W_i \subset\subset U_i$ (即 $\bar{W}_i$ 是紧集且包含于 U_i), 且有

$$K \subset \bigcup_{i=1}^m W_i \subset\subset \bigcup_{i=1}^m U_i.$$

既然 $\bigcup_{i=1}^m \bar{W}_i$ 也是包含于 $\bigcup_i U_i$ 的紧集, 可如上类似构造一族开集 V_i 使得 $W_i \subset\subset V_i \subset\subset U_i$, 从而

$$K \subset \bigcup_{i=1}^m W_i \subset\subset \bigcup_{i=1}^m V_i \subset\subset \bigcup_{i=1}^m U_i.$$

构造函数 $\bar{W}_i \prec \psi_i \prec U_i$ 为

$$\psi_i(x) = \frac{\operatorname{dist}(x, \mathbb{R}^n \backslash \bar{V}_i)}{\operatorname{dist}(x, \mathbb{R}^n \backslash \bar{V}_i) + \operatorname{dist}(x, \bar{W}_i)}, \quad x \in \mathbb{R}^n. \tag{1.5.4}$$

再令 $\varphi_1 = \psi_1$,

$$\varphi_i = \psi_i(1 - \psi_{i-1}) \cdots (1 - \psi_1), \quad i \geqslant 2.$$

则 $\varphi_i \prec U_i$, 且有

$$0 \leqslant \sum_{i=1}^m \varphi_i = 1 - \prod_{i=1}^m (1 - \psi_i) \leqslant 1.$$

当 $x \in K$ 时, x 必属于某个 W_i, 使得 $\psi_i(x) = 1$, 从而 $\sum_{i=1}^m \varphi_i(x) = 1$. □

这里指出, 式 (1.5.4) 给出了一个构造函数的方法: 任给紧集 K 与包含 K 的开集 U, 可以用式 (1.5.4) 构造连续函数 f, 使之满足

$$K \prec f \prec U.$$

下面证明定理 1.5.1.

证明 第 1 步. 构造测度 μ: 对任意的开集 $V \subset \mathbb{R}^n$, 定义

$$\mu(V) = \sup\{L(f) : f \prec V\}. \tag{1.5.5}$$

再对任意的子集 $E \subset \mathbb{R}^n$, 定义

$$\mu(E) = \inf\left\{\mu(V) : V \text{ 是包含 } E \text{ 的开集}\right\}. \tag{1.5.6}$$

我们要证明 μ 是 Radon 测度且满足定理中的积分表达式.

第 2 步. **断言 1**: μ 是一个外测度.

断言 1 的证明: 只需证明对任意的集合 E 及其覆盖 $\{E_i\}_{i=1}^\infty$, 有

$$\mu(E) \leqslant \sum_{i=1}^{\infty} \mu(E_i). \tag{1.5.7}$$

先设 E 与 $\{E_i\}$ 均为开集. 由 $\mu(E)$ 的定义, 只需证明: 对任意的 $f \prec E$, 都有 $L(f) \leqslant \sum\limits_{i=1}^{\infty} \mu(E_i)$. 记 $K = \mathrm{supp}(f)$, 则 K 是紧集且 $K \subset \bigcup\limits_{i=1}^{\infty} E_i$. 从而存在 $1 \leqslant m < \infty$ 使得 $K \subset \bigcup\limits_{i=1}^{m} E_i$. 令 $\{\varphi_i\}_{i=1}^m$ 是 K 上属于 $\{E_i\}_{i=1}^m$ 的一个单位分解, 使得 $f = \sum\limits_{i=1}^{m} \varphi_i f$, 且对每个 i 都有 $\varphi_i f \prec E_i$. 从而由定义式 (1.5.5) 知 $L(\varphi_i f) \leqslant \mu(E_i)$. 再由 L 的线性性得

$$L(f) = \sum_{i=1}^{m} L(\varphi_i f) \leqslant \sum_{i=1}^{m} \mu(E_i) \leqslant \sum_{i=1}^{\infty} \mu(E_i).$$

对 $f \prec E$ 取上确界就证明了 E 与 $\{E_i\}$ 均为开集时式 (1.5.7) 成立.

对于一般情形, 不妨设 $\mu(E_i) < \infty$ $(\forall i \geqslant 1)$. 任取 $\varepsilon > 0$, 存在开集 $V_i \supset E_i$, 使得

$$\mu(E_i) \leqslant \mu(V_i) \leqslant \mu(E_i) + 2^{-i}\varepsilon.$$

由于 $\bigcup\limits_{i=1}^{\infty} V_i$ 是包含 E 的开集, 由定义式 (1.5.6) 与第一种情形, 可得

$$\mu(E) \leqslant \mu\left(\bigcup_{i=1}^{\infty} V_i\right) \leqslant \sum_{i=1}^{\infty} \mu(V_i) \leqslant \sum_{i=1}^{\infty} \mu(E_i) + \varepsilon.$$

再令 $\varepsilon \to 0$, 即证明断言 1. □

第 3 步. **断言 2**: μ 是 Borel 测度.

断言 2 的证明: 验证 μ 满足 Caratheodory 条件: 任给集合 E_1, E_2, 如果它们之间的距离 $\mathrm{dist}(E_1, E_2) > 0$, 则

$$\mu(E_1 \cup E_2) \geqslant \mu(E_1) + \mu(E_2). \tag{1.5.8}$$

如同上一步, 先设 E_1, E_2 是开集. 任给 $f_i \prec E_i$ $(i = 1, 2)$. 因 $E_1 \cap E_2 = \varnothing$, 故 $f_1 + f_2 \prec E_1 \cup E_2$. 从而由定义式 (1.5.5), 可知

$$\mu(E_1 \cup E_2) \geqslant L(f_1) + L(f_2).$$

对式中右端关于 f_1, f_2 取上确界, 即得式 (1.5.8). 这就证明 E_1, E_2 是开集的情形.

对于一般情形, 令 $U_i = \{x \in \mathbb{R}^n : \mathrm{dist}(x, E_i) < \mathrm{dist}(E_1, E_2)/4\}$ $(i = 1, 2)$, 则 U_i 是包含 E_i 的开集且 $\mathrm{dist}(U_1, U_2) \geqslant \mathrm{dist}(E_1, E_2)/2 > 0$. 从而对任意开集 $V \supset E_1 \cup E_2$, 都有

$$V \supset (V \cap U_1) \cup (V \cap U_2) \supset E_1 \cup E_2$$

且 $\mathrm{dist}(V \cap U_1, V \cap U_2) > 0$. 因此, 由第一种情形的结论, 可知

$$\mu(V) \geqslant \mu((V \cap U_1) \cup (V \cap U_2)) \geqslant \sum_{i=1}^{2} \mu(V \cap U_i) \geqslant \sum_{i=1}^{2} \mu(E_i).$$

再由 V 的任意性可知式 (1.5.8) 成立. □

第 4 步. **断言 3**: 对任意的紧集 $K \subset \mathbb{R}^n$, 都有

$$\mu(K) = \inf\{L(f) : K \prec f\}. \tag{1.5.9}$$

从而任选 f 使得 $K \prec f$, 我们有 $\mu(K) \leqslant L(f) < \infty$.

断言 3 的证明: 对任意的 $K \prec f$, 令 $V_t = \{f > t\}$, $t \in (0,1)$, 则 V_t 是开集且 $V_t \supset K$, 从而 $\mu(K) \leqslant \mu(V_t)$. 下证

$$\mu(V_t) = \sup\{L(g) : g \prec V_t\} \leqslant L(f)/t. \tag{1.5.10}$$

为此, 任取 $g \prec V_t$. 因在 V_t 上有 $f/t \geqslant 1$, 故 $g \leqslant f/t$. 从而由泛函 L 的非负性与线性性可知 $L(f/t) - L(g) = L(f/t - g) \geqslant 0$. 这表明式 (1.5.10) 成立, 从而 $\mu(K) \leqslant L(f)/t$. 令 $t \to 1$ 得到 $\mu(K) \leqslant L(f)$. 再对这样的 f 取下确界, 可得

$$\mu(K) \leqslant \inf\{L(f) : K \prec f\}.$$

为进一步证明等号成立, 只需要注意对任意的开集 $V \supset K$, 总存在 f 满足 $K \prec f \prec V$, 从而有 $\mu(K) \leqslant L(f) \leqslant \mu(V)$. 因而对所有的开集 $V \supset K$ 取下确界即得

$$\mu(K) \leqslant \inf\{L(f) : K \prec f\} \leqslant \inf\left\{\mu(V) : V\text{是开集}, K \subset V\right\} = \mu(K).$$ □

第 5 步. 综合断言 1、断言 2、断言 3, 可知 μ 是 Radon 测度.

第 6 步. 下证式 (1.5.3). 根据式 (1.5.3) 的线性性及分解 $f = f^+ - f^-$, 只需证明式 (1.5.3) 对所有 $f \in C_c(\mathbb{R}^n)$ 且满足 $0 \leqslant f \leqslant 1$ 的函数成立即可.

下设 $f \in C_c(\mathbb{R}^n)$ 且 $0 \leqslant f \leqslant 1$. 任给 $\varepsilon > 0$. 因 $\mathrm{supp}(f)$ 是紧集, 故 $\mu(\mathrm{supp}(f)) < \infty$. 因此所有满足 $\mu(\{f = t\}) > 0$ 的值 $t \in [0,\infty)$ 至多可数. 于是可以选取 $t_0 = 0 < t_1 < \cdots < t_N = 2$, 使得 $t_i - t_{i-1} < \varepsilon$ 且 $\mu(\{f = t_i\}) = 0$ $(0 \leqslant i \leqslant N)$. 记开集 $U_i = \{t_i < f < t_{i+1}\}$, $0 \leqslant i \leqslant N-1$. 因 $\mu(U_i) \leqslant \mu(\mathrm{supp}(f)) < \infty$, 故存在紧集 $K_i \subset U_i$ 使得 $\mu(U_i - K_i) \leqslant \varepsilon/N$. 令函数 $h_i \in C_c(\mathbb{R}^n)$ 满足 $K_i \prec h_i \prec U_i$. 于是, 对任意的 $0 \leqslant i \leqslant N$, 则有

$$t_i\mu(K_i) \leqslant t_iL(h_i) = L(t_ih_i) \leqslant L(fh_i),$$

上述第二个不等式成立是因为在 U_i 上 $t_i < f < t_{i+1}$. 所以

$$\begin{aligned}
\int_X f\mathrm{d}\mu &= \int_{U_0} f\mathrm{d}\mu + \sum_{i=1}^{N-1}\int_{U_i} f\mathrm{d}\mu \\
&\leqslant t_1\mu(U_0) + \sum_{i=1}^{N-1} t_{i+1}\mu(U_i) \\
&\leqslant \varepsilon\left(\sum_{i=0}^{N-1}\mu(U_i)\right) + \sum_{i=1}^{N-1} t_i\mu(U_i) \\
&\leqslant \mu(\mathrm{supp}(f))\varepsilon + \sum_{i=1}^{N-1} t_i\mu(K_i) + \frac{\varepsilon}{N}\sum_{i=1}^{N-1} t_i \\
&\leqslant (\mu(\mathrm{supp}(f)) + 2)\,\varepsilon + \sum_{i=1}^{N-1} L(fh_i)
\end{aligned}$$

$$\leqslant (\mu(\mathrm{supp}(f))+2)\,\varepsilon + L\left(\sum_{i=1}^{N-1} f h_i\right)$$
$$\leqslant (\mu(\mathrm{supp}(f))+2)\,\varepsilon + L(f).$$

最后一个不等号成立是因为 $\sum_{i=1}^{N-1} f h_i \leqslant f$. 令 $\varepsilon \to 0$, 即得

$$\int_X f \mathrm{d}\mu \leqslant L(f).$$

另一侧不等式的证明是类似的, 留作习题. 这样式 (1.5.3) 得证.

第 7 步. 最后证明测度 μ 具有唯一性. 设 μ_1, μ_2 是两个满足定理结论的 Radon 测度, 则对任意的 $f \in C_c(\mathbb{R}^n)$, 都有

$$\int_{\mathbb{R}^n} f \mathrm{d}\mu_1 = \int_{\mathbb{R}^n} f \mathrm{d}\mu_2.$$

任给紧集 $K \subset \mathbb{R}^n$ 与开集 $V \supset K$, 取 $f \in C_c(\mathbb{R}^n)$ 使得 $K \prec f \prec V$. 于是

$$\mu_1(K) \leqslant \int f \mathrm{d}\mu_1 = \int f \mathrm{d}\mu_2 \leqslant \mu_2(V).$$

固定 V, 由 K 的任意性可知, $\mu_1(V) \leqslant \mu_2(V)$. 类似可得 $\mu_1(V) \geqslant \mu_2(V)$. 这意味

$$\mu_1(V) = \mu_2(V)$$

对所有开集 $V \subset \mathbb{R}^n$ 成立. 从而由 Radon 测度的外正则性, 可知

$$\mu_1(E) = \mu_2(E), \quad \forall E \subset \mathbb{R}^n,$$

即 $\mu_1 = \mu_2$. □

1.6 Fubini 定 理

Fubini (富比尼) 定理是测度论中一个非常重要的定理, 在应用中也是一种非常有力的工具, 同时还是构造新测度的重要方法.

设 μ, ν 分别是 X, Y 上的外测度, $\mathcal{M}(X,\mu), \mathcal{M}(Y,\nu)$ 表示 X, Y 中的 μ-可测集和 ν-可测集全体.

定义 1.6.1

(1) 如果 $A \in \mathcal{M}(X,\mu)$, $B \in \mathcal{M}(Y,\nu)$, 则称 $A \times B$ 是 $X \times Y$ 中的可测矩形.

(2) 任给 $S \subset X \times Y$, 定义

$$(\mu \times \nu)(S) = \inf\left\{\sum_{i=1}^{\infty} \mu(A_i)\nu(B_i) : S \subset \bigcup_{i=1}^{\infty} A_i \times B_i, \right\},$$

其中, $\{A_i \times B_i\}_{i=1}^{\infty}$ 均为可测矩形, 称 $\mu \times \nu$: $2^{X\times Y} \to [0,\infty]$ 是由 μ 和 ν 生成的乘积测度, $(X \times Y, \mu \times \nu)$ 是乘积测度空间.

习题 1.6.1 验证 $\mu\times\nu$ 是 $X\times Y$ 上的外测度.

定义 1.6.2

(1) 称 $A\subset X$ 关于测度 μ 是 σ-有限的, 如果存在 $\{B_i\}_{i=1}^{\infty}\subset\mathcal{M}(X,\mu)$ 使得

$$A=\bigcup_{i=1}^{\infty}B_i,$$

且 $\mu(B_i)<\infty\ (i=1,2,\cdots)$.

(2) 称函数 $f\colon X\to[-\infty,\infty]$ 关于测度 μ 是 σ-有限的, 如果 f 是 μ-可测函数且 $\{x\in X: f(x)\neq 0\}$ 关于测度 μ 是 σ-有限的.

读者可回顾定义 1.2.2 中的 σ-有限测度作为比较.

定理 1.6.1 (Fubini 定理)

设 μ,ν 分别是 X,Y 上的外测度, 则

(1) $\mu\times\nu$ 是正则测度, 即使 μ,ν 不是正则的;

(2) 所有可测矩形 $A\times B$ 是 $\mu\times\nu$-可测的, 且有

$$(\mu\times\nu)(A\times B)=\mu(A)\nu(B);$$

(3) 如果 $S\subset X\times Y$ 关于测度 $\mu\times\nu$ 是 σ-有限的, 则对 ν-a.e. $y\in Y$, 截面

$$S_y\equiv\{x\in X:(x,y)\in S\}\in\mathcal{M}(X,\mu);$$

对 μ-a.e. $x\in X$, 截面

$$S_x=\{y\in Y:(x,y)\in S\}\in\mathcal{M}(Y,\nu).$$

并且有

$$(\mu\times\nu)(S)=\int_X\nu(S_x)\mathrm{d}\mu(x)=\int_Y\mu(S_y)\mathrm{d}\nu(y);\tag{1.6.1}$$

(4) 如果 $f\colon X\times Y\to[-\infty,\infty]$ 关于乘积测度 $\mu\times\nu$ 可积且 σ-有限, 则函数

$$y\mapsto\int_X f(x,y)\mathrm{d}\mu(x)\quad 与\quad x\mapsto\int_Y f(x,y)\mathrm{d}\nu(y)$$

分别是 ν-可积的与 μ-可积的, 且有如下累次积分公式成立:

$$\begin{aligned}\int_{X\times Y}f\mathrm{d}(\mu\times\nu)&=\int_X\left(\int_Y f(x,y)\mathrm{d}\nu(y)\right)\mathrm{d}\mu(x)\\&=\int_Y\left(\int_X f(x,y)\mathrm{d}\mu(x)\right)\mathrm{d}\nu(y).\end{aligned}\tag{1.6.2}$$

注 1.6.1 在应用定理 1.6.1 结论 (4) 时, 要验证 f 关于乘积测度 $\mu\times\nu$-可积的条件, 只需要 f 是非负 $\mu\times\nu$-可测的, 或者 $f^{\pm}$ 是非负 $\mu\times\nu$-可测的且两者积分不同时为 $+\infty$. 特别地, 如果 $f\in L^1(X\times Y,\mu\times\nu)$, 则 f 既是 $\mu\times\nu$-可积的, 也是 σ-有限的. 这是因为, 如果 $g\in L^1(X,\mu)$ 是任意可和函数, 则对任意的 $t>0$, 都有

$$\mu(\{x \in X : |g| > t\}) \leqslant \int_{\{|g|>t\}} \frac{|g|}{t} \mathrm{d}\mu \leqslant \frac{1}{t} \int_X |g| \mathrm{d}\mu < \infty.$$

从而 $\mu(\{x \in X : |g| = +\infty\}) = 0$, 并且具有 σ-有限的分解

$$\{x \in X : g \neq 0\} = \bigcup_{i=-\infty}^{\infty} \{x \in X : 2^i \leqslant |g| < 2^{i+1}\}.$$

因 Fubini 定理的证明较长, 现做一些简单的观察有助于理解后面的证明. 首先注意, 在 $\mu\times\nu$ 的定义中, 如果 $S = A \times B$ 是可测矩形, 则由定义可得

$$(\mu \times \nu)(A \times B) \leqslant \mu(A)\nu(B).$$

所以定理 1.6.1 结论 (2) 的关键是证明 $A \times B$ 是 $\mu \times \nu$-可测的, 且上述等号成立. 在定理 1.6.1 结论 (3) 中, 如果 $S = A \times B$ 是可测矩形, 则

$$S_x = \begin{cases} B, & x \in A, \\ \varnothing, & x \in A^c, \end{cases} \qquad S_y = \begin{cases} A, & y \in B, \\ \varnothing, & y \in B^c. \end{cases}$$

显然此时对所有的 $x \in X, y \in Y$, 截面 S_x 与 S_y 都是可测的, 且 $\nu(S_x) = \nu(B)\chi_A(x)$, $\mu(S_y) = \mu(A)\chi_B(y)$. 从而马上可知定理 1.6.1 结论 (3) 对所有可测矩形成立. 因此, 对于一般的 S, 一个自然的想法是将 S 分解为可测矩形, 再进行证明.

其次注意到, 对任意的 $x \in X$, $y \in S_x$ 等价于 $(x, y) \in S$, 也等价于 $x \in S_y$, 即

$$\chi_{S_x}(y) = \chi_S(x, y) = \chi_{S_y}(x).$$

从而

$$\nu(S_x) = \int_Y \chi_{S_x}(y) \mathrm{d}\nu(y) = \int_Y \chi_S(x, y) \mathrm{d}\nu(y).$$

这意味式 (1.6.1) 的第一个等式等价于

$$\int_{X\times Y} \chi_S \mathrm{d}(\mu \times \nu) = \int_X \left(\int_Y \chi_S(x, y) \mathrm{d}\nu(y) \right) \mathrm{d}\mu(x).$$

所以式 (1.6.1) 第一个等式相当于在式 (1.6.2) 的第一个等式中取特征函数 χ_S. 这启发我们想要证明式 (1.6.2), 只需将一般的可积函数化归为特征函数, 这是测度论的常用方法.

下面证明定理 1.6.1.

证明 第 1 步. 采用集合类的方法. 引进集合类 $\mathcal{F} \subset 2^{X\times Y}$: $S \in \mathcal{F}$ 当且仅当函数

$$x \mapsto \chi_S(x, y)$$

对每一个 $y \in Y$ 都是 X 上的 μ-可积函数, 并且函数

$$y \mapsto \int_X \chi_S(x, y) \mathrm{d}\mu(x)$$

是 Y 上的 ν-可积函数.

再定义 $\mathcal{F}$ 上的函数 $\rho : \mathcal{F} \to [0, \infty]$ 为

$$\rho(S) = \int_Y \left(\int_X \chi_S(x, y) \mathrm{d}\mu(x) \right) \mathrm{d}\nu(y).$$

即式 (1.6.1) 的第三项. 这里的想法是证明乘积测度 $\mu \times \nu$ 与用累次积分定义的测度 ρ 相等. 用积分定义的好处是可以直接对 ρ 应用各种积分与极限交换次序的定理.

显然 $\mathcal{F}$ 包含所有的可测矩形, 且对任意的一列可测矩形 $\{A_i \times B_i\}_{i=1}^{\infty}$, 有

$$\rho\left(\bigcup_{i=1}^{\infty} (A_i \times B_i) \right) \leqslant \sum_{i=1}^{\infty} \rho(A_i \times B_i).$$

第 2 步. 定义

$$\mathcal{P}_0 = \{X \times Y \text{的所有可测矩形}\};$$

$$\mathcal{P}_1 = \left\{ \bigcup_{i=1}^{\infty} S_i : S_i \in \mathcal{P}_0 \ (i = 1, 2, \cdots) \right\};$$

$$\mathcal{P}_2 = \left\{ \bigcap_{i=1}^{\infty} S_i : S_i \in \mathcal{P}_1 \ (i = 1, 2, \cdots) \right\}.$$

则 $\mathcal{P}_0 \subset \mathcal{F}$ 且

$$\rho(A \times B) = \mu(A)\nu(B), \quad \forall\, A \times B \in \mathcal{P}_0.$$

如果 $\{S_i\}_{i=1}^{\infty} \subset \mathcal{P}_0$ 是一族互不相交的可测矩形, 则容易验证知 $\bigcup\limits_{i=1}^{\infty} S_i \in \mathcal{F}$, 且有

$$\chi_{\bigcup\limits_{i=1}^{\infty} S_i}(x, y) = \sum_{i=1}^{\infty} \chi_{S_i}(x, y).$$

应用两次逐项积分定理 1.4.5, 得

$$\rho\left(\bigcup_{i=1}^{\infty} S_i \right) = \sum_{i=1}^{\infty} \rho(S_i). \tag{1.6.3}$$

下证 $\mathcal{P}_1 \subset \mathcal{F}$ 以及 $\mathcal{P}_2$ 中的部分集合属于 $\mathcal{F}$. 注意到, 任给 $A_i \times B_i \in \mathcal{P}_0$ $(i = 1, 2)$, 都有

$$(A_1 \times B_1) \cap (A_2 \times B_2) = (A_1 \cap A_2) \times (B_1 \cap B_2) \in \mathcal{P}_0,$$

以及

$$(A_1 \times B_1) - (A_2 \times B_2) = ((A_1 - A_2) \times B_1) \cup ((A_1 \cap A_2) \times (B_1 - B_2))$$

是两个互不相交的可测矩形之并. 从而 $(A_1 \times B_1) \cup (A_2 \times B_2)$ 可写成互不相交的可测矩形之并, 进而 $\mathcal{P}_1$ 中的每一个集合都可以写成一列互不相交的可测矩形之并. 这意味着 $\mathcal{P}_1 \subset \mathcal{F}$, 并且由

$$\chi_{\bigcup\limits_{i=1}^{\infty} S_i} \leqslant \sum_{i=1}^{\infty} \chi_{S_i}$$

可知

$$\rho\left(\bigcup_{i=1}^{\infty} S_i\right) \leqslant \sum_{i=1}^{\infty} \rho(S_i), \quad \forall S = \bigcup_{i=1}^{\infty} S_i \in \mathcal{P}_1. \tag{1.6.4}$$

再设 $S = \bigcap_{i=1}^{m} S_i \in \mathcal{P}_2$, 其中 $m < \infty$, $S_i \in \mathcal{P}_1$ $(i = 1, 2, \cdots, m)$. 由 $\mathcal{P}_1$ 的定义, $S_i = \bigcup_{j=1}^{\infty} S_{ij}$, 其中 $S_{ij} \in \mathcal{P}_0$, 故

$$S = \bigcup_{j=1}^{\infty}\left(\bigcap_{i=1}^{m} S_{ij}\right) \in \mathcal{P}_1 \subset \mathcal{F}.$$

这一结论对 $m = \infty$ 不一定正确. 但当 $m = \infty$ 时, 如果再假设 $\rho(S_1) < \infty$, 则上述结论仍然成立. 这是因为

$$\chi_{\bigcap_{j=1}^{\infty} S_j} = \prod_{j=1}^{\infty} \chi_{S_j} = \lim_{k\to\infty} \prod_{j=1}^{k} \chi_{S_j}$$

给出 $x \mapsto \chi_{\bigcap_{j=1}^{\infty} S_j}(x, y)$ 的可测性 (对所有的 y 都成立); 再由 $\rho(S_1) < \infty$ 得知函数 $y \mapsto \int_X \chi_{S_1}(x, y)$ $\mathrm{d}\mu(x)$ 属于 $L^1(Y, \nu)$; 从而由序列

$$\left\{y \mapsto \int_X \prod_{j=1}^{k} \chi_{S_j}(x, y)\mathrm{d}\mu(x)\right\}_{k=1}^{\infty}$$

的单调递减性与 Lebesgue 控制收敛定理, 可知函数

$$y \mapsto \int_X \prod_{j=1}^{\infty} \chi_{S_j}(x, y)\mathrm{d}\mu(x)$$

属于 $L^1(Y, \nu)$. 这表明 $\bigcap_{j=1}^{\infty} S_j \in \mathcal{F}$.

第 3 步. **断言 1**: 对任意的 $S \subset X \times Y$, 有

$$(\mu \times \nu)(S) = \inf\{\rho(R) : S \subset R \in \mathcal{P}_1\}.$$

从而可以用 ρ 来等价刻画 $\mu \times \nu$.

断言 1 的证明: 任取 S 的可测矩形覆盖 $\{A_i \times B_i\}_{i=1}^{\infty} \subset \mathcal{P}_0$. 令 $R = \bigcup_{i=1}^{\infty} A_i \times B_i \in \mathcal{P}_1$. 由式 (1.6.4), 可知

$$\rho(R) \leqslant \sum_{i=1}^{\infty} \mu(A_i)\nu(B_i).$$

从而 $\inf\{\rho(R) : S \subset R \in \mathcal{P}_1\} \leqslant (\mu \times \nu)(S)$. 反之, 对任意的 $R = \bigcup_{i=1}^{\infty} A_i \times B_i \in \mathcal{P}_1$, 由第 2 步, 可以

设 $\{A_i \times B_i\}_{i=1}^{\infty}$ 互不相交. 因此应用式 (1.6.3), 可得

$$\rho(R) = \sum_{i=1}^{\infty} \mu(A_i)\nu(B_i) \geqslant (\mu \times \nu)(S).$$

这表明 $\inf\{\rho(R) : S \subset R \in \mathcal{P}_1\} \geqslant (\mu \times \nu)(S)$. 断言 1 得证. □

第 4 步. 注意, 对任意的可测矩形 $A \times B$, 直接计算可知

$$\inf\{\rho(R) : A \times B \subset R \in \mathcal{P}_1\} = \rho(A \times B) = \mu(A)\nu(B).$$

这里用到 ρ 的单调性: 若 $S_1, S_2 \in \mathcal{F}$ 且 $S_1 \subset S_2$, 则 $\rho(S_1) \leqslant \rho(S_2)$. 从而在断言 1 中取 $S = A \times B \in \mathcal{P}_0$, 即得

$$(\mu \times \nu)(A \times B) = \mu(A)\nu(B).$$

故定理 1.6.1 结论 (2) 中的等式成立.

下证 $A \times B$ 是 $(\mu \times \nu)$-可测的. 任给集合 $T \subset X \times Y$ 及 $R \in \mathcal{P}_1$ 使得 $T \subset R$, 则 $R - (A \times B)$ 与 $R \cap (A \times B)$ 互不相交且属于 $\mathcal{P}_1$. 从而由断言 1, 可知

$$\begin{aligned}
&(\mu \times \nu)(T - (A \times B)) + (\mu \times \nu)(T \cap (A \times B)) \\
\leqslant\ &\rho(R - (A \times B)) + \rho(R \cap (A \times B)) \\
=\ &\rho(R).
\end{aligned}$$

再对 R 取下确界, 由断言 1, 可知

$$(\mu \times \nu)(T - (A \times B)) + (\mu \times \nu)(T \cap (A \times B)) \leqslant (\mu \times \nu)(T).$$

这就证明了 $A \times B \in \mathcal{M}(X \times Y, \mu \times \nu)$, 从而定理 1.6.1 结论 (2) 得证. □

作为定理 1.6.1 结论 (2) 的推论, 可知

$$\mathcal{P}_0, \mathcal{P}_1, \mathcal{P}_2 \subset \mathcal{M}(X \times Y, \mu \times \nu),$$

且

$$(\mu \times \nu)(S) = \rho(S), \quad \forall\, S \in \mathcal{P}_1.$$

又若 $S = \bigcap_{j=1}^{\infty} S_j \in \mathcal{P}_2$ 且 $\rho(S_1) < \infty$, 则根据第 2 步的证法可得 $(\mu \times \nu)(S) = \rho(S)$.

第 5 步. 下证定理 1.6.1 结论 (1). 为此我们只需证明如下断言.

断言 2: 对每个 $S \subset X \times Y$, 都存在 $S \subset R \in \mathcal{P}_2$, 使得

$$(\mu \times \nu)(S) = (\mu \times \nu)(R) = \rho(R).$$

断言 2 的证明: 若 $(\mu \times \nu)(S) = \infty$, 取 $R = X \times Y$ 即可. 若 $(\mu \times \nu)(S) < \infty$, 由断言 1 可知, 存在序列 $S_j \in \mathcal{P}_1$, 使得

$$(\mu \times \nu)(S) \leqslant \rho(S_j) \leqslant (\mu \times \nu)(S) + \frac{1}{j} < \infty, \quad \forall\, j \geqslant 1.$$

从而 $S \subset R = \bigcap_{j=1}^{\infty} S_j \in \mathcal{P}_2$, 且由第 2 步的讨论知 $R \in \mathcal{F}$. 于是

$$\rho(R) = (\mu \times \nu)(S).$$

再由第 4 步的讨论可知 $\rho(R) = (\mu \times \nu)(R)$. □

第 6 步. 下证定理 1.6.1 结论 (3).

如果 $(\mu \times \nu)(S) = 0$, 由上一步可知, 存在 $S \subset R \in \mathcal{P}_2$, 使得

$$\rho(R) = (\mu \times \nu)(R) = (\mu \times \nu)(S) = 0,$$

由 ρ 的定义, 这意味着存在 ν-零测集 $A \subset Y$, 使得

$$\int_X \chi_R(x, y) \mathrm{d}\mu(x) = 0, \quad \forall y \in A^c.$$

从而对每一个 $y \in A^c$, $\chi_R(\cdot, y) = 0$ μ-a.e.. 因 $S \subset R$, 故对每一个 $y \in A^c$, $\chi_S(\cdot, y) = 0$ μ-a.e.. 这意味着对每一个 $y \in A^c$, 都有 $\mu(S_y) = 0$. 故对几乎所有的 $y \in Y$, $S_y \in \mathcal{M}(X, \mu)$, 且有

$$\mu(S_y) = \int_X \chi_S(x, y) \mathrm{d}\mu(x) = 0.$$

因 $\nu(A) = 0$, 故

$$\int_Y \mu(S_y) \mathrm{d}\nu(y) = 0 = (\mu \times \nu)(S).$$

此时扩展 ρ 的定义域到上述 S, 使得

$$\rho(S) \equiv \int_Y \left(\int_X \chi_S(x, y) \mathrm{d}\mu(x) \right) \mathrm{d}\nu(y) = 0. \tag{1.6.5}$$

这就对 $(\mu \times \nu)(S) = 0$ 的情形证明了定理 1.6.1 结论 (3).

再设 $S \subset X \times Y$ 是 $\mu \times \nu$-可测的且 $(\mu \times \nu)(S) < \infty$. 取 $S \subset R \in \mathcal{P}_2$, 使得

$$\rho(R) = (\mu \times \nu)(R) = (\mu \times \nu)(S) < \infty.$$

从而 $(\mu \times \nu)(R - S) = 0$, 且有

$$(\mu \times \nu)(S) = \rho(R) = \int_Y \mu(R_y) \mathrm{d}\nu(y). \tag{1.6.6}$$

于是由扩展后的式 (1.6.5), 可知

$$\rho(R - S) = 0.$$

从而由上一情形知道, 对 ν-a.e. $y \in Y$, $(R - S)_y = R_y - S_y$ 是 μ-零测集. 这就证明

$$S_y = R_y - (R - S)_y \in \mathcal{M}(X, \mu), \quad \nu\text{-a.e. } y \in Y,$$

再应用式 (1.6.6), 即得

$$(\mu \times \nu)(S) = \int_Y \mu(S_y) \mathrm{d}\nu(y).$$

类似得证

$$S_x = R_x - (R - S)_x \in \mathcal{M}(Y, \nu), \quad \mu\text{-a.e. } x \in X,$$

且

$$(\mu\times\nu)(S)=\int_X \mu(S_x)\mathrm{d}\mu(x).$$

一般地, 设 $S\subset X\times Y$ 是 $\mu\times\nu$-可测的且 σ-有限的. 只需将 S 分解成至多可数个测度有限的可测集之并, 即可化归为上一情形. 细节留给读者自行验证, 定理 1.6.1 结论 (3) 得证.

第 7 步. 定理 1.6.1 结论 (4) 对 $f=\chi_S$ 的情形已经证明, 即定理 1.6.1 结论 (3). 对一般的非负可测函数 f, 总是可以写成特征函数的线性组合

$$f=\sum_{i=1}^{\infty}c_i\chi_{S_i},$$

其中, $c_i>0$ 且 $c_i\neq c_j$ $(\forall i\neq j)$. 因 f 是 σ-有限的, 故每个 S_i 都是 σ-有限的. 从而可用定理 1.6.1 结论 (3) 证明此种情形.

对于一般的可测函数 f, 只需分解为 $f=f^+-f^-$ 即可, 定理 1.6.1 结论 (4) 得证. □

作为 Fubini 定理的应用之一, 我们给出 Lebesgue 测度的另一种等价刻画.

定理 1.6.2

对每个 $k\in\{1,2,\cdots,n-1\}$, 有

$$\mathcal{L}^n=\mathcal{L}^{n-k}\times\mathcal{L}^k.$$

证明 令 $Q=[-L,L]^n$ 是标准的边长 $2L<\infty$ 的闭正方体. 定义

$$\mu=\mathcal{L}^n\llcorner Q,\quad \nu=(\mathcal{L}^{n-k}\times\mathcal{L}^k)\llcorner Q.$$

则对任意的矩形 $R=\prod_{i=1}^{n}[a_i,b_i]$, 都有 $\mu(R)=\nu(R)$. 因此, 根据定理 1.1.6, μ 与 ν 在所有 Borel 集上都相等.

因 L 是任意的, 故 $\mathcal{L}^n$ 与 $\mathcal{L}^{n-k}\times\mathcal{L}^k$ 在所有 Borel 集上相等. 再注意这两个测度都是 Radon 测度, 所以由正则性可知其在所有集合上相等. □

下面应用 Fubini 定理研究非负可测函数积分的几何意义. 设 f 是 X 上的非负函数, 定义集合

$$G(f)=\{(x,z):x\in X,0\leqslant z<f(x)\},$$

称为 f 在 X 上的下方图形, 如图 1.6.1 所示. 它是乘积空间 $X\times\mathbb{R}$ 中的子集.

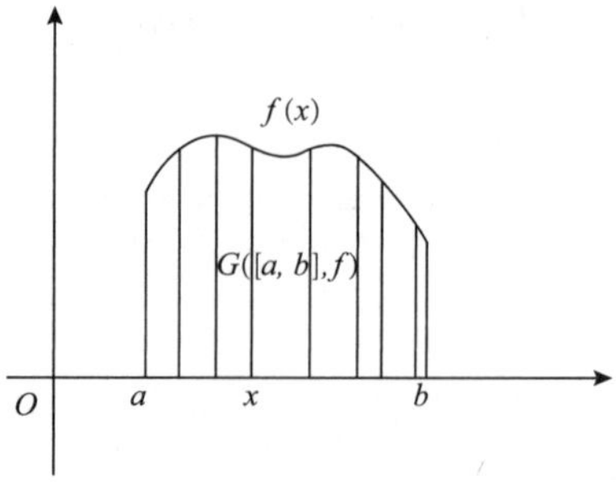

图 1.6.1 下方图形

定理 1.6.3 (非负可测函数积分的几何意义)

假定 f 是 X 上的非负函数,

(1) 若 f 是 μ-可测函数, 则 $G(f)$ 是乘积空间 $X\times\mathbb{R}$ 中的 $\mu\times\mathcal{L}^1$-可测集;

(2) 若 $G(f)$ 是乘积空间 $X\times\mathbb{R}$ 中的 $\mu\times\mathcal{L}^1$-可测集, 则 f 是 μ-可测函数, 且

$$\int_X f\mathrm{d}\mu=(\mu\times\mathcal{L}^1)(G(f)).$$

证明 (1) 先设 f 是 μ-可测函数, 若 $f\equiv c\geqslant 0$, 则

$$G(f)=X\times[0,c):=\begin{cases}X\times[0,c), & c>0,\\ \varnothing, & c=0.\end{cases}$$

其中, 当 $c=0$ 时表示空集. 此时 $G(f)$ 是可测矩形, 当然在乘积空间 $X\times\mathbb{R}$ 中可测; 若 $f=\sum_{i=1}^{k}c_i\chi_{E_i}$ 是 X 中的非负简单可测函数时, 易见

$$G(f)=\bigcup_{i=1}^{k}E_i\times[0,c_i)$$

是有限个可测矩形的并, 从而也在乘积空间 $X\times\mathbb{R}$ 中可测. 一般地, 对非负可测函数, 找一列单调递增的非负简单可测函数 s_k 收敛到 f, 则由 $G(f)$ 的定义, 可知

$$G(f)-\bigcup_{k=1}^{\infty}G(s_k).$$

这表明 $G(f)$ 在乘积空间 $X\times\mathbb{R}$ 中可测.

(2) 反之, 设 $G(f)$ 是 $\mu\times\mathcal{L}^1$-可测集. 由于对每个 $x\in X$, 都有

$$G(f)_x=[0,f(x)).$$

由 Fubini 定理, 对 μ-几乎所有的 $x\in X$, 截面 $G(f)_x$ 都是 $\mathcal{L}^1$ 可测的, 且函数

$$X\ni x\mapsto\mathcal{L}^1(G(f)_x)$$

是 μ-可测函数, 并且还满足

$$(\mu\times\mathcal{L}^1)(G(f))=\int_X\mathcal{L}^1(G(f)_x)\mathrm{d}\mu(x).$$

注意到 $f(x)=\mathcal{L}^1(G(f)_x)$. 这就完成了定理 1.6.1 结论 (2) 的证明. □

1.7 覆 盖 定 理

在前面几节中, 我们的侧重点是介绍测度论中关于积分的基本理论. 本节将介绍关于微分的基本理论. 要研究测度的微分, 一个重要的方法是覆盖. 这个方法是测度论中的基本方法. 在本节中, 所有的球都是半径有限的闭球. 我们从下面简单的观察开始.

设 $B_r(x_1)$ 与 $B_r(x_2)$ 相交, 则 $|x_1 - x_2| \leqslant 2r$, 从而

$$B_r(x_1) \subset B_{3r}(x_2).$$

为简便起见, 以下用 λB 表示与 B 同心但是半径扩大 λ 倍的球, 即

$$\lambda B_r(x) \equiv B_{\lambda r}(x).$$

上述观察给了我们下面相关结论.

引理 1.7.1 (3 球覆盖)

设 $\mathcal{F}$ 是 $\mathbb{R}^n$ 中的任一族直径相等的闭球, 则存在一列互不相交的闭球 $\mathcal{G} \subset \mathcal{F}$ 使得

$$\bigcup_{B\in\mathcal{F}} B \subset \bigcup_{B\in\mathcal{G}} 3B.$$

证明 在 $\mathcal{F}$ 中任取最大的一族互不相交的球即可.

一般地, 我们引进如下定义

定义 1.7.1

设 $\mathcal{F}$ 是 $\mathbb{R}^n$ 中的一族闭球, $A \subset \mathbb{R}^n$.

(1) 如果 $A \subset \bigcup_{B\in\mathcal{F}} B$, 则称 $\mathcal{F}$ 是 A 的一个覆盖.

(2) 如果 $\mathcal{F}$ 是 A 的一个覆盖, 且对每个 $x \in A$ 都有

$$\inf\{\operatorname{diam} B : x \in B, B \in \mathcal{F}\} = 0,$$

则称 $\mathcal{F}$ 是 A 的一个优覆盖.

1.7.1 Vitali 覆盖引理

我们首先做如下的观察: 设 $B_r(x_1) \cap B_s(x_2) \neq \varnothing$. 若 $r \leqslant 2s$, 则

$$B_r(x_1) \subset 5B_s(x_2).$$

定理 1.7.1 (Vitali 覆盖引理)

设 $\mathcal{F}$ 是 $\mathbb{R}^n$ 中的一族非退化的闭球, 且

$$D \equiv \sup\{\operatorname{diam} B : B \in \mathcal{F}\} < \infty.$$

则存在一族互不相交的闭球 $\mathcal{G} \subset \mathcal{F}$, 使得

$$\bigcup_{B\in\mathcal{F}} B \subset \bigcup_{B\in\mathcal{G}} 5B.$$

证明 首先将 $\mathcal{F}$ 分解为

$$\mathcal{F}_i = \left\{B_r(x) \in \mathcal{F}: 2^{-i}D < r \leqslant 2^{-i+1}D\right\}, \quad i \geqslant 1.$$

注意, $\mathcal{F}_i$ 与 $\mathcal{F}_j$ 中球是可以相交的.

然后在 $\mathcal{F}_1$ 中任取一族最大的互不相交的闭球 $\mathcal{G}_1$, 则对任意的球 $B \in \mathcal{F}_1$, 或者 $B \in \mathcal{G}_1$, 或者存在 $B' \in \mathcal{G}_1$, 使得 $B \cap B' \neq \varnothing$. 注意, $\operatorname{diam} B \leqslant D \leqslant 2 \operatorname{diam} B'$, 故 $B \subset 5B'$. 从而

$$\bigcup_{B \in \mathcal{F}_1} B \subset \bigcup_{B \in \mathcal{G}_1} 5B.$$

一般地, 设已经选出了 $\mathcal{G}_i \subset \mathcal{F}_i\ (i = 1, \cdots, k)$. 令 $\mathcal{G}_{k+1}$ 表示下列集合中最大的一族互不相交的球:

$$\left\{ B \in \mathcal{F}_{k+1} : B \cap B' = \varnothing, \quad \forall\, B' \in \bigcup_{i=1}^{k} \mathcal{G}_i \right\}.$$

则对每个 $B \in \mathcal{F}_{k+1}$, 或 $B \in \mathcal{G}_{k+1}$, 或存在 $B' \in \bigcup_{i=1}^{k+1} \mathcal{G}_i$ 使得 $B \cap B' \neq \varnothing$. 于是必有 $\operatorname{diam} B \leqslant 2^{-k} D < 2 \operatorname{diam} B'$, 从而 $B \subset 5B'$, 使得

$$\bigcup_{B \in \mathcal{F}_{k+1}} B \subset \bigcup_{i=1}^{k+1} \bigcup_{B \in \mathcal{G}_i} 5B.$$

如此继续下去, 最终令 $\mathcal{G} = \bigcup_{i=1}^{\infty} \mathcal{G}_i$. 显然 $\mathcal{G}$ 满足引理要求. □

观察: 由上述证明可见, 对任意的 $B \in \mathcal{F}$, 都存在 $B' \in \mathcal{G}$ 使得 $B \cap B' \neq \varnothing$ 且 $\operatorname{diam} B \leqslant 2 \operatorname{diam} B'$, 从而 $B \subset 5B'$. 这个观察帮助我们得到下述改进的覆盖引理.

命题 1.7.1 (改进的 Vitali 覆盖)

设闭球族 $\mathcal{F}$ 是集合 A 的一个优覆盖且

$$\sup\{\operatorname{diam} B : B \in \mathcal{F}\} < \infty.$$

则存在一族互不相交的闭球 $\mathcal{G} \subset \mathcal{F}$, 使得对任意的有限子集 $\{B_i\}_{i=1}^k \subset \mathcal{F}$, 都有

$$A - \bigcup_{i=1}^{k} B_i \subset \bigcup_{B \in \mathcal{G} - \{B_i\}_{i=1}^k} 5B.$$

证明 设 $x \in A - \bigcup_{i=1}^{k} B_i$. 因 $\bigcup_{i=1}^{k} B_i$ 是闭集且 $\mathcal{F}$ 是优覆盖, 故存在 $B \in \mathcal{F}$, 使得 $x \in B$ 且 $B \cap \bigcup_{i=1}^{k} B_i = \varnothing$. 由命题前的观察, 存在 $B' \in \mathcal{G}$ 使得 $B \cap B' \neq \varnothing$ 且 $B \subset 5B'$. 再由 $B \cap \bigcup_{i=1}^{k} B_i = \varnothing$ 可知 $B' \notin \{B_i\}_{i=1}^k$. 故 $B' \in \mathcal{G} - \{B_i\}_{i=1}^k$. □

作为覆盖引理的应用, 下面证明每个开集都可以 (在测度的意义上) 用互不相交的闭球填满.

定理 1.7.2

任给开集 $U \subset \mathbb{R}^n$ 与常数 $\delta > 0$, 都存在 U 中的一族互不相交的闭球 $\mathcal{G}$, 满足 $\operatorname{diam} B < \delta\ (\forall B \in \mathcal{G})$ 且

$$\mathcal{L}^n\left(U - \bigcup_{B \in \mathcal{G}} B\right) = 0.$$

证明 用逐次逼近法. 固定 $1 - 1/5^n < \theta < 1$. 先设 $\mathcal{L}^n(U) < \infty$.

第 1 步. **断言**: 存在包含于 U 中的有限个互不相交的直径小于 δ 的闭球 $\{B_i\}_{i=1}^{M_1}$ 使得

$$\mathcal{L}^n\left(U - \bigcup_{i=1}^{M_1} B_i\right) \leqslant \theta \mathcal{L}^n(U).$$

断言的证明: 令 $\mathcal{F} = \{B \subset U:\ \operatorname{diam} B < \delta\}$. 由 Vitali 覆盖引理, 存在一个互不相交的子族 $\mathcal{G} = \{B_i\}_{i=1}^{\infty} \subset \mathcal{F}$, 使得

$$U \subset \bigcup_{B \in \mathcal{F}} B \subset \bigcup_{B \in \mathcal{G}} 5B.$$

于是

$$\mathcal{L}^n(U) \leqslant \sum_{B \in \mathcal{G}} \mathcal{L}^n(5B) = 5^n \sum_{B \in \mathcal{G}} \mathcal{L}^n(B) = 5^n \mathcal{L}^n\left(\bigcup_{B \in \mathcal{G}} B\right).$$

这意味着

$$\lim_{m \to \infty} \mathcal{L}^n\left(U - \bigcup_{i=1}^{m} B_i\right) = \mathcal{L}^n\left(U - \bigcup_{B \in \mathcal{G}} B\right) \leqslant (1 - 5^{-n})\, \mathcal{L}^n(U).$$

从而存在一个 $M_1 > 1$, 使得

$$\mathcal{L}^n\left(U - \bigcup_{i=1}^{M_1} B_i\right) \leqslant \theta \mathcal{L}^n(U). \qquad \square$$

第 2 步. 在上述第 1 步的断言中取 $U_1 = U - \bigcup_{i=1}^{M_1} B_i$, 现重复断言的操作, 得到 U_1 中有限个互不相交且直径不超过 δ 的闭球 $\{B_i\}_{i=M_1+1}^{M_2}$, 使得

$$\mathcal{L}^n\left(U - \bigcup_{i=1}^{M_2} B_i\right) \leqslant \theta \mathcal{L}^n\left(U - \bigcup_{i=1}^{M_1} B_i\right) \leqslant \theta^2 \mathcal{L}^n(U).$$

如此继续下去, 即可证明在 $\mathcal{L}^n(U) < \infty$ 的情形定理成立.

第 3 步. 注意到 $\mathbb{R}^n$ 中的球面在 Lebesgue 测度下都是零测集. 故当 $\mathcal{L}^n(U) = \infty$ 时, 令

$$U_j = U \cap \{x \in \mathbb{R}^n:\ j - 1 < |x| < j\}, \quad j \geqslant 1,$$

即可划归为上一种情形. $\square$

注 1.7.1 (1) 在上述证明第 1 步中, 我们用到了 Lebesgue 测度的倍测度性质. 对于 $\mathbb{R}^n$ 上的一个外测度 μ, 如果存在常数 $C > 0$, 使得

$$\mu(B_{2r}(x)) \leqslant C\mu(B_r(x)), \quad \forall\, B_r(x) \subset \mathbb{R}^n,$$

则称 μ 是 $\mathbb{R}^n$ 上的一个倍测度.

(2) 第 1 步和第 2 步的证明表明, 上述定理中的 Lebesgue 测度可以换成任意的倍测度 μ, 只要假定 $\mu(U) < \infty$ 即可.

(3) 文献 [3] 中第 1 章将类似于上述定理中的填充性质称为 "对称 Vitali 性质". 这一性质对不具有倍测度性质的一般 Borel 正则测度也成立, 但是需要用 Besicovitch (贝西科维奇) 覆盖定理才能够证明, 具体见 1.7.2 节.

1.7.2 Besicovitch 覆盖定理

定理 1.7.3 (Besicovitch 覆盖)

存在一个只依赖于维数 n 的常数 $N_n > 0$, 使得下面的性质成立.

设 $\mathcal{F}$ 是 $\mathbb{R}^n$ 中的任意一族半径一致有界的非退化闭球, A 是由其中所有闭球的球心构成的集合, 则存在子集族 $\mathcal{G}_1, \cdots, \mathcal{G}_{N_n} \subset \mathcal{F}$, 使得

$$A \subset \bigcup_{i=1}^{N_n} \bigcup_{B \in \mathcal{G}_i} B$$

且每个 $\mathcal{G}_i$ $(1 \leqslant i \leqslant N_n)$ 中的球互不相交.

Besicovitch 覆盖的优点是不需要扩大球的半径, 为此付出的代价就是需要有多族互不相交的球才能够做到覆盖, 好在球族的数目 N_n 是一个只与维数相关的数. Besicovitch 覆盖定理的证明比较初等但是较长, 读者可以跳过而不影响本书的后续阅读, 对证明有兴趣的读者可以参阅文献 [9] 中定理 1.27. 利用这一覆盖定理, 我们可以将定理 1.7.2 推广到没有倍测度性质的情形.

定理 1.7.4

设 μ 是 $\mathbb{R}^n$ 上的 Borel 正则测度, $\mathcal{F}$ 是 $\mathbb{R}^n$ 中的任意一族半径一致有界的非退化闭球. 记 A 为 $\mathcal{F}$ 中所有闭球的球心构成的集合, 如果

$$\mu(A) < \infty$$

且

$$\inf\{r : B(a, r) \in \mathcal{F}\} = 0, \quad \forall\, a \in A,$$

则对任意的开集 $U \subset \mathbb{R}^n$, 都存在一族互不相交的闭球 $\mathcal{G} \subset \mathcal{F}$, 使得

$$\bigcup_{B \in \mathcal{G}} B \subset U$$

且

$$\mu\left(A \cap U - \bigcup_{B\in\mathcal{G}} B\right) = 0.$$

下述证明与定理 1.7.2 的证明类似, 继续用逐次逼近法. 只是因为 μ 不具有倍测度性质, 所以在证明过程中将 Vitali 覆盖引理替换为 Besicovitch 覆盖定理. 注意到 A 不必是 μ-可测集.

证明 用 N_n 表示 Besicovitch 覆盖定理中的常数. 固定 $1 - \frac{1}{N_n} < \theta < 1$.

第 1 步. **断言**: 存在包含于 U 中的有限个互不相交的闭球 $\{B_i\}_{i=1}^{M_1} \subset \mathcal{F}$, 使得

$$\mu\left(A \cap U - \bigcup_{i=1}^{M_1} B_i\right) \leqslant \theta\mu(A \cap U).$$

断言的证明: 令 $\mathcal{F}_1 = \{B(a,r) \in \mathcal{F}: a \in A, B \subset U\}$. 由 Besicovitch 覆盖定理, 存在 N_n 个互不相交的子族 $\mathcal{G}_1, \cdots, \mathcal{G}_{N_n} \subset \mathcal{F}$, 使得

$$A \cap U \subset \bigcup_{i=1}^{N_n} \bigcup_{B\in\mathcal{G}_i} B.$$

于是

$$\mu(A \cap U) \leqslant \sum_{i=1}^{N_n} \mu\left(A \cap U \cap \bigcup_{B\in\mathcal{G}_i} B\right).$$

从而存在 $1 \leqslant i \leqslant N_n$, 使得

$$\mu\left(A \cap U \cap \bigcup_{B\in\mathcal{G}_i} B\right) \geqslant \frac{1}{N_n}\mu(A \cap U).$$

记 $\mathcal{G}_i = \{B_k\}_{k=1}^{\infty}$. 由于 μ 是正则测度, 应用定理 1.2.1 得

$$\lim_{k\to\infty} \mu\left(A \cap U \cap \bigcup_{i=1}^{i} B_k\right) = \mu\left(A \cap U \cap \bigcup_{B\in\mathcal{G}_i} B\right).$$

从而存在一个足够大的 $M_1 > 1$, 使得

$$\mu\left(A \cap U \cap \bigcup_{i=1}^{M_1} B_i\right) \geqslant (1-\theta)\mu(A \cap U).$$

另外, 因 μ 是 Borel 测度, 故 $\bigcup_{i=1}^{M_1} B_i$ 是 μ-可测集. 从而利用 $\mu(A) < \infty$, 可得

$$\mu\left(A \cap U - \bigcup_{i=1}^{M_1} B_i\right) = \mu(A \cap U) - \mu\left(A \cap U \cap \bigcup_{i=1}^{M_1} B_i\right) \leqslant \theta\mu(A \cap U).$$ □

第 2 步. (迭代) 令 $U_1 = U - \bigcup_{i=1}^{M_1} B_i$, 并重复第 1 步的操作, 得到 U_1 中有限个互不相交的闭球 $\{B_i\}_{i=M_1+1}^{M_2}$, 使得

$$\mu\left(A \cap U - \bigcup_{i=1}^{M_2} B_i\right) \leqslant \theta\mu\left(A \cap U_1\right) \leqslant \theta^2\mu(A \cap U).$$

如此继续下去, 即可完成证明. □

1.8 Radon-Nikodym-Lebesgue 分解定理

本节介绍关于 Radon 测度的 "微积分基本定理": Radon-Nikodym-Lebesgue 定理. 首先引入 Radon 测度的微分, 然后介绍 Radon-Nikodym-Lebesgue 分解定理. 上一节介绍的覆盖方法是我们讨论微分的基本工具.

1.8.1 Radon 测度的导数

在本节中, 用 μ, ν 表示 $\mathbb{R}^n$ 中的任意两个 Radon 测度, $B_r(x)$ 表示以 x 为中心、以 r 为半径的闭球. 直接定义导数是不自然的, 然而上下极限总是存在. 所以先引进以下定义等.

定义 1.8.1

任给 $x \in \mathbb{R}^n$, 定义

$$\left(\bar{D}_\mu\nu\right)(x) = \begin{cases} \limsup\limits_{r\to0} \dfrac{\nu(B_r(x))}{\mu(B_r(x))}, & 若\ \mu(B_r(x)) > 0(\forall r > 0), \\ +\infty, & 若存在\ r > 0\ 使得\ \mu(B_r(x)) = 0, \end{cases}$$

$$\left(\underline{D}_\mu\nu\right)(x) = \begin{cases} \liminf\limits_{r\to0} \dfrac{\nu(B_r(x))}{\mu(B_r(x))}, & 若\ \mu(B_r(x)) > 0(\forall r > 0), \\ +\infty, & 若存在\ r > 0\ 使得\ \mu(B_r(x)) = 0. \end{cases}$$

分别称 $\bar{D}_\mu\nu(x)$、$\underline{D}_\mu\nu(x)$ 为 ν 在点 x 关于 μ 的上导数和下导数. 当 $\underline{D}_\mu\nu(x) = \bar{D}_\mu\nu(x) < \infty$ 时, 则称 ν 在点 x 关于 μ 可微, 并记作

$$D_\mu\nu(x) := \underline{D}_\mu\nu(x) = \bar{D}_\mu\nu(x),$$

称 $D_\mu\nu$ 是 ν 关于 μ 的导数, 有时也称为 ν 关于 μ 的密度.

显然 $\bar{D}_\mu\nu \geqslant \underline{D}_\mu\nu$ 总是成立且不必处处相等. 但是我们仍然有下述非常基本的结论.

定理 1.8.1

设 μ, ν 是 $\mathbb{R}^n$ 中的任意两个 Radon 测度, 则

(1) 导数 $D_\mu\nu(x)$ 对 μ-a.e. $x \in \mathbb{R}^n$ 存在;

(2) $x \mapsto D_\mu\nu(x)$ 是 $\mathbb{R}^n$ 上的 μ-可测函数.

为证明上述定理, 我们需要如下的比较原理.

引理 1.8.1 (比较原理)

任取 $0 < \alpha < \infty$, 有

(1) 对任意 $A \subset \left\{x \in \mathbb{R}^n : \underline{D}_\mu \nu(x) \leqslant \alpha\right\}$, 都有 $\nu(A) \leqslant \alpha\mu(A)$;

(2) 对任意 $B \subset \{x \in \mathbb{R}^n : \bar{D}_\mu \nu(x) \geqslant \alpha\}$, 都有 $\nu(B) \geqslant \alpha\mu(B)$.

注 1.8.1 A、B 不必是 μ-或 ν-可测集.

证明 只证 (1). (2) 的证明类似, 留读者自行证明.

不妨设 $\mu(A) < \infty$, 否则结论自动成立. 任取 $\varepsilon > 0$, 由 Radon 测度的外正则性, 存在开集 $U \supset A$ 使得 $\mu(U) \leqslant \mu(A) + \varepsilon$ (这是第一次覆盖). 由 $\underline{D}_\mu \nu$ 的定义, 对任意的 $x \in A$, 存在 $r_k \to 0$ 使得 $\nu(B_{r_k}(x)) \leqslant (\alpha + \varepsilon)\mu(B_{r_k}(x))$. 因此

$$\mathcal{F} = \{B : B = B_r(x), x \in A, B \subset U, \nu(B) \leqslant (\alpha + \varepsilon)\mu(B)\}$$

是 A 的一个优覆盖. 由定理 1.7.4 (这是第二次覆盖), 存在一族互不相交的闭球 $\mathcal{G} = \{B_i\}_{i=1}^\infty \subset \mathcal{F}$, $\bigcup_i B_i \subset U$, 使得

$$\nu\left(A \cap U - \bigcup_{i=1}^\infty B_i\right) = 0.$$

从而

$$\begin{aligned}\nu(A) = \nu(A \cap U) &\leqslant \nu\left(\bigcup_{i=1}^\infty B_i\right) = \sum_{i=1}^\infty \nu(B_i) \\ &\leqslant (\alpha + \varepsilon)\sum_{i=1}^\infty \mu(B_i) = (\alpha + \varepsilon)\mu\left(\bigcup_{i=1}^\infty B_i\right) \\ &\leqslant (\alpha + \varepsilon)\mu(U) \leqslant (\alpha + \varepsilon)(\mu(A) + \varepsilon).\end{aligned}$$

最后令 $\varepsilon \to 0$ 即可完成引理 1.8.1 的证明. □

有了上述引理, 下面证明定理 1.8.1.

证明 由于 μ, ν 是 Radon 测度, 不妨设 $\mu(\mathbb{R}^n) < \infty$, $\nu(\mathbb{R}^n) < \infty$. 否则可先将 μ, ν 限制在紧集上.

先证 $D_\mu \nu$ 几乎处处有限. 令 $I = \{x \in \mathbb{R}^n : \bar{D}_\mu \nu(x) = +\infty\}$, 则对任意的 $\alpha > 0$,

$$I \subset \{x \in \mathbb{R}^n : \bar{D}_\mu \nu(x) \geqslant \alpha\}.$$

由引理 1.8.1 知,

$$\mu(I) \leqslant \frac{1}{\alpha}\nu(I) \leqslant \frac{1}{\alpha}\nu(\mathbb{R}^n).$$

令 $\alpha \to \infty$ 得 $\mu(I) = 0$, 从而 $\bar{D}_\mu \nu < \infty$ μ-a.e..

再证 $\bar{D}_\mu \nu = \underline{D}_\mu \nu$ μ-a.e.. 令 $R_{a,b} = \left\{x \in \mathbb{R}^n : \bar{D}_\mu \nu \geqslant b > a \geqslant \underline{D}_\mu \nu\right\}$. 由引理 1.8.1 知,

$$\infty > \nu(R_{a,b}) \geqslant b\mu(R_{a,b}) \geqslant a\mu(R_{a,b}) \geqslant \nu(R_{a,b}).$$

这意味着上述不等式实际上是等式, 故 $\nu(R_{a,b}) = \mu(R_{a,b}) = 0$. 注意到

$$\{x \in \mathbb{R}^n : \bar{D}_\mu \nu > \underline{D}_\mu \nu\} = \bigcup_{a,b\in\mathbb{Q}} R_{a,b}$$

是可数并, 从而 $\mu\left(\{x \in \mathbb{R}^n : \bar{D}_\mu \nu > \underline{D}_\mu \nu\}\right) = 0$. 综上可知, $\bar{D}_\mu \nu = \underline{D}_\mu \nu < \infty$ μ-a.e.. 定理 1.8.1 性质 (1) 成立.

断言: 对任意的 $r > 0$, 函数 $x \mapsto \mu(B(x,r))$ 是 $\mathbb{R}^n$ 上的上半连续函数, 即

$$\limsup_{y\to x} \mu(B(y,r)) \leqslant \mu(B(x,r)).$$

从而 $\mu(B(\cdot,r))$ 是 $\mathbb{R}^n$ 上的 Borel 可测函数. 同理, $\nu(B(\cdot,r))$ 也是 Borel 可测函数.

断言的证明: 任取开集 $U \supset B(x,r)$, 则 $\mathrm{dist}(x,\partial U) > r$, 从而存在 $\delta > 0$, 使得当 $|y-x| < \delta$ 时有 $B(y,r) \subset U$. 因此

$$\limsup_{y\to x} \mu(B(y,r)) \leqslant \mu(U).$$

由于 U 是任意的, 由 Radon 测度的外正则性即得断言.

接下来, 对任意固定的 $r > 0$, 令

$$f_r(x) = \begin{cases} \dfrac{\nu(B_r(x))}{\mu(B_r(x))}, & \mu(B_r(x)) > 0, \\ \infty, & \mu(B_r(x)) = 0. \end{cases}$$

由断言可知 f_r 是 $\mathbb{R}^n$ 上的 Borel 可测函数, 从而是 μ-可测函数. 因而

$$D_\mu \nu(x) = \lim_{r\to 0} f_r(x) = \lim_{k\to\infty} f_{1/k}(x)$$

是 μ-可测函数. 定理 1.8.1 性质 (2) 成立. □

1.8.2 Radon–Nikodym–Lebesgue 定理

定义 1.8.2

设 μ, ν 是 $\mathbb{R}^n$ 上的 Borel 测度.

(1) 对任意的集合 $A \subset \mathbb{R}^n$, 如果 $\mu(A) = 0$ 蕴含着 $\nu(A) = 0$, 则称 ν 相对 μ 绝对连续, 记作

$$\nu \ll \mu.$$

(2) 如果存在 Borel 集 $B \subset \mathbb{R}^n$ 使得 $\mu(B) = \nu(\mathbb{R}^n - B) = 0$, 则称 μ 与 ν 相互奇异, 记作

$$\mu \perp \nu.$$

绝对连续的典型例子如下.

设 μ 是 $\mathbb{R}^n$ 上的 Radon 测度, $f \in L^1_{\mathrm{loc}}(\mathbb{R}^n, \mu)$. 定义

$$\nu(E) = \int_E f \mathrm{d}\mu, \quad E \in \mathcal{M}(\mu),$$

则 ν 也是 $\mathbb{R}^n$ 上的 Radon 测度, 且 $\nu \ll \mu$. 下面的定理表明, 上述条件也是 $\nu \ll \mu$ 成立的必要条件.

定理 1.8.2 (Radon–Nikodym 定理)

设 μ, ν 是 $\mathbb{R}^n$ 上的 Radon 测度且 $\nu \ll \mu$, 则 $D_\mu \nu \in L^1_{\text{loc}}(\mathbb{R}^n, \mu)$ 且

$$\nu(A) = \int_A D_\mu \nu \mathrm{d}\mu, \quad \forall A \in \mathcal{M}(\mu). \tag{1.8.1}$$

注 1.8.2 这一定理类似于微积分基本定理: 在绝对连续的情形下, 由测度的导函数可以还原测度本身. 特别地, 若 $\nu(\mathbb{R}^n) < \infty$, 则 $D_\mu \nu \in L^1(\mu)$ 且

$$\|D_\mu \nu\|_{L^1(\mu)} = \int_{\mathbb{R}^n} D_\mu \nu \mathrm{d}\mu = \nu(\mathbb{R}^n).$$

证明 第 1 步. 先证 μ-可测集一定是 ν-可测集.

任取 $A \in \mathcal{M}(\mu)$. 因 μ 是 Radon 测度, 故存在 Borel 集 B 使得 $\mu(A-B) = 0$, 从而 $\nu(A-B) = 0$. 这意味 $A - B \in \mathcal{M}(\nu)$, 从而 $A = (A - B) \cup B \in \mathcal{M}(\nu)$.

第 2 步. 令

$$Z = \{x \in \mathbb{R}^n : D_\mu \nu(x) = 0\}; \quad I = \{x \in \mathbb{R}^n : D_\mu \nu(x) = \infty\}.$$

则 Z, I 都是 μ-可测集, 且由定理 1.8.1 知 $\mu(I) = 0$, 从而 $\nu(I) = 0$. 另外, 对任意的 $\alpha > 0$ 和任意的紧集 $K \subset \mathbb{R}^n$, 由引理 1.8.1 可得

$$\nu(Z \cap K) \leqslant \alpha \mu(Z \cap K).$$

令 $\alpha \to 0$ 得, $\nu(Z \cap K) = 0$. 由 K 的任意性可知 $\nu(Z) = 0$, 于是

$$\nu(Z) = 0 = \int_Z D_\mu \nu \mathrm{d}\mu, \quad \nu(I) = 0 = \int_I D_\mu \nu \mathrm{d}\mu.$$

第 3 步. 对任意的 $A \in \mathcal{M}(\mu)$, 由第 2 步, 不妨设

$$0 < D_\mu \nu(x) < \infty, \quad \forall x \in A.$$

任给 $t > 1$, 令

$$A_k = \left\{x \in A : t^k \leqslant D_\mu \nu(x) < t^{k+1}\right\}, \quad k \in \mathbb{Z}.$$

由定理 1.8.1, 所有的 A_k 均是 μ-可测集, 也是 ν-可测集. 由引理 1.8.1 可得

$$\nu(A) = \sum_{k \in \mathbb{Z}} \nu(A_k) \leqslant \sum_{k \in \mathbb{Z}} t^{k+1} \mu(A_k) \leqslant t \sum_{k \in \mathbb{Z}} \int_{A_k} D_\mu \nu \mathrm{d}\mu = t \int_A D_\mu \nu \mathrm{d}\mu.$$

同理可得 $\nu(A) \geqslant t^{-1} \int_A D_\mu \nu \mathrm{d}\mu$. 再令 $t \to 1$ 得到式 (1.8.1).

第 4 步. 综上两步可知, 对任意的 $A \in \mathcal{M}(\mu)$, 都有式 (1.8.1) 成立. 对任意的紧集 $K \subset \mathbb{R}^n$, 应用式 (1.8.1), 可得

$$\int_K D_\mu \nu \mathrm{d}\mu = \nu(K) < \infty.$$

故 $D_\mu \nu \in L^1_{\text{loc}}(\mu)$. □

一般情况下, ν 不一定关于 μ 绝对连续. 比如, 对任意的非空 μ-零测集 A, 令 $\nu = \mu + \delta_a$, 其中 δ_a 表示集中在某个 $a \in A$ 的 Dirac 测度, 则 $\nu(A) = 1$, 这表明 ν 关于 μ 不绝对连续. 下面的定理考虑了这种一般的情形.

定理 1.8.3 (Lebesgue 分解定理)

设 μ, ν 是 $\mathbb{R}^n$ 上的 Radon 测度, 则存在 Radon 测度 ν_{ac} 与 ν_s, 使得

$$\nu = \nu_{ac} + \nu_s,$$

其中

$$\nu_{ac} \ll \mu, \quad \nu_s \perp \mu,$$

且 $D_\mu \nu_{ac} = D_\mu \nu$ μ-a.e., $D_\mu \nu_s = 0$ μ-a.e., 从而

$$\nu(A) = \int_A D_\mu \nu \mathrm{d}\mu + \nu_s(A), \quad \forall A \in \mathcal{M}(\mu).$$

定义 1.8.3

分别称 ν_{ac} 与 ν_s 是 ν 关于 μ 的绝对连续部分和奇异部分.

证明 不妨设 $\mu(\mathbb{R}^n), \nu(\mathbb{R}^n) < \infty$. 令

$$\varepsilon = \{A \subset \mathbb{R}^n : A \in \mathcal{B}(\mathbb{R}^n), \ \mu(\mathbb{R}^n - A) = 0\}.$$

先证存在 $B \in \varepsilon$ 使得 $\nu(B) = \inf\limits_{A \in \varepsilon} \nu(A)$. 为此选取 $B_k \in \varepsilon$, 使得

$$\nu(B_k) \leqslant \inf_{A \in \varepsilon} \nu(A) + \frac{1}{k}, \quad k \geqslant 1.$$

则 $B = \bigcap\limits_{k=1}^{\infty} B_k \in \mathcal{B}(\mathbb{R}^n)$, 且 $\mu(\mathbb{R}^n - B) \leqslant \sum\limits_{k=1}^{\infty} \mu(\mathbb{R}^n - B_k) = 0$. 这表明 $B \in \varepsilon$, 从而

$$\inf_{A \in \varepsilon} \nu(A) \leqslant \nu(B) \leqslant \nu(B_k) \leqslant \inf_{A \in \varepsilon} \nu(A) + \frac{1}{k}, \quad k \geqslant 1.$$

故 $\nu(B) = \inf\limits_{A \in \varepsilon} \nu(A)$.

下面令

$$\nu_{ac} := \nu \llcorner B, \quad \nu_s = \nu \llcorner (\mathbb{R}^n - B).$$

由定理 1.2.2 知, ν_{ac}, ν_s 都是 Radon 测度. 由 $B \in \varepsilon$ 可见 $\nu_s \perp \mu$.

由 Radon-Nikodym 定理, 只需证明 $\nu_{ac} \ll \mu$ 且 $D_\mu \nu_{ac} = D_\mu \nu$ 即可. 任取 μ-零测集 A. 由 Radon 测度的正则性, 存在 $C \in \mathcal{B}(\mathbb{R}^n)$, 使得 $C \supset A$ 且 $\mu(C) = \mu(A) = 0$. 于是 $\mu(C \cup B^c) = 0$, 从而 $B - C \in \varepsilon$. 由 B 的定义可知

$$\nu(B) \leqslant \nu(B-C) = \nu(B) - \nu(B\cap C) = \nu(B) - \nu_{ac}(C).$$

故 $\nu_{ac}(C)=0$. 从而 $\nu_{ac}(A)=0$, 即 $\nu_{ac} \ll \mu$.

最后, 对任意的 $\alpha>0$, 令 $C=\{x\in\mathbb{R}^n: D_\mu \nu_s \geqslant \alpha\}$. 注意到 $\mu(B^c)=0$. 因此, 由引理 1.8.1, 可得

$$\begin{aligned}\mu(C) &= \mu(C\cap B)+\mu(C-B) \leqslant \mu(C\cap B)+\mu(\mathbb{R}^n - B)\\ &= \mu\left(\left\{x\in B: D_\mu\nu_s \geqslant \alpha\right\}\right) \leqslant \frac{1}{\alpha}\nu_s(B)=0.\end{aligned}$$

由 α 的任意性可知 $D_\mu \nu_s = 0$ μ-a.e.. □

1.9 Lebesgue 微分定理与 Hardy-Littlewood 极大函数

1.9.1 Lebesgue 微分定理

应用 Radon-Nikodym 定理可以得到下面的定理.

定理 1.9.1 (Lebesgue 微分定理)

设 μ 是 $\mathbb{R}^n$ 上的 Radon 测度, $f\in L^1_{\text{loc}}(\mu)$, 则

$$\lim_{r\to 0}\frac{1}{\mu(B_r(x))}\int_{B_r(x)} f\mathrm{d}\mu = f(x), \quad \mu\text{-a.e. } x\in\mathbb{R}^n.$$

证明 应用分解 $f=f^+-f^-$, 我们可以假设 $f\geqslant 0$. 首先定义

$$\nu(B)=\int_B f\mathrm{d}\mu, \quad B\in\mathcal{M}(\mu).$$

这样得到 $(\mathbb{R}^n, \mathcal{M}(\mu))$ 上的一个正测度 (见定义 1.1.6). 然后对任意的集合 $A\subset\mathbb{R}^n$, 定义①

$$\nu(A)=\inf\left\{\nu(V): V\subset\mathbb{R}^n\text{是包含}A\text{的开集}\right\}.$$

由假设 $f\in L^1_{\text{loc}}(\mu)$ 易证: ν 是 $\mathbb{R}^n$ 上的 Radon 测度, 且 $\nu\ll\mu$ 蕴含着 $\mathcal{M}(\mu)\subset\mathcal{M}(\nu)$. 因此, 由 Radon-Nikodym 定理,

$$\int_E f\mathrm{d}\mu = \nu(E) = \int_E D_\mu \nu \mathrm{d}\mu, \quad \forall E\in\mathcal{M}(\mu).$$

这意味着 $f=D_\mu\nu$ μ-a.e., 即

$$f(x)=\lim_{r\to 0}\frac{\nu(B_r(x))}{\mu(B_r(x))}=\lim_{r\to 0}\frac{1}{\mu(B_r(x))}\int_{B_r(x)} f\mathrm{d}\mu, \quad \mu\text{-a.e. } x\in\mathbb{R}^n.$$ □

应用 Lebesgue 微分定理可以证明下述定理.

① 这里给出了将正测度发展成外测度的常用方法.

定理 1.9.2

设 μ 是 $\mathbb{R}^n$ 上的 Radon 测度, $f \in L^1_{\text{loc}}(\mu)$, 则

$$\lim_{r\to 0}\frac{1}{\mu(B_r(x))}\int_{B_r(x)}|f-f(x)|\mathrm{d}\mu=0,\quad \mu\text{-a.e. } x\in\mathbb{R}^n. \tag{1.9.1}$$

证明 令 $Q=\{q_i\}_{i=1}^{\infty}$ 表示 $\mathbb{R}$ 中的有理数集. 由定理 1.9.1, 对每一个 q_i 存在 μ-零测集 $Z_i\subset\mathbb{R}^n$, 使得

$$\lim_{r\to 0}\frac{1}{\mu(B_r(x))}\int_{B_r(x)}|f-q_i|\mathrm{d}\mu=|f(x)-q_i|,\quad \forall x\in\mathbb{R}^n\backslash Z_i.$$

令 $Z=\bigcup\limits_{i\geqslant 1}Z_i$, 则 $\mu(Z)=0$, 且对任意的 $x\in\mathbb{R}^n\backslash Z$ 与任意的 q_i,

$$\lim_{r\to 0}\frac{1}{\mu(B_r(x))}\int_{B_r(x)}|f-q_i|\mathrm{d}\mu=|f(x)-q_i|.$$

又由三角不等式, 对任意的 $x\in\mathbb{R}^n\backslash Z$ 和 $q_i\in Q$,

$$\frac{1}{\mu(B_r(x))}\int_{B_r(x)}|f-f(x)|\mathrm{d}\mu\leqslant\frac{1}{\mu(B_r(x))}\int_{B_r(x)}|f-q_i|\mathrm{d}\mu+|f(x)-q_i|.$$

因此,

$$\limsup_{r\to 0}\frac{1}{\mu(B_r(x))}\int_{B_r(x)}|f-f(x)|\mathrm{d}\mu\leqslant 2|f(x)-q_i|.$$

取子列 $q_i\to f(x)$, 即得

$$\limsup_{r\to 0}\frac{1}{\mu(B_r(x))}\int_{B_r(x)}|f-f(x)|\mathrm{d}\mu=0,\quad \forall x\in\mathbb{R}^n\backslash Z.$$ □

定义 1.9.1

设 μ 是 $\mathbb{R}^n$ 上的 Radon 测度, $f\in L^1_{\text{loc}}(\mu)$. 如果 $x\in\mathbb{R}^n$ 满足式 (1.9.1), 则称 x 是 f 相对于 μ 的 Lebesgue 点.

定理 1.9.2 表明对局部可积函数而言, 几乎所有的点都是 Lebesgue 点. 当 $\mu=\mathcal{L}^n$ 时, 上述微分定理还可以在更一般的情形下成立.

定理 1.9.3

设 $f\in L^1_{\text{loc}}(\mathbb{R}^n)$, 则对 $\mathcal{L}^n$-a.e. $x\in\mathbb{R}^n$, 都有

$$\lim_{\operatorname{diam}(B)\to 0}\frac{1}{\mathcal{L}^n(B)}\int_B|f(y)-f(x)|\mathrm{d}y=0,$$

其中, B 是包含 x 的任意球.

证明 这里的关键原因在于 $\mathcal{L}^n$ 的倍测度性质. 设 B 是包含 x 的任意球, $\operatorname{diam}B=d$, 则 $B\subset B_d(x)$ 且 $\mathcal{L}^n(B_d(x))=2^n\mathcal{L}^n(B)$, 从而

$$\frac{1}{\mathcal{L}^n(B)}\int_B |f(y)-f(x)|\mathrm{d}y \leqslant \frac{2^n}{\mathcal{L}^n(B_d(x))}\int_{B_d(x)} |f(y)-f(x)|\mathrm{d}y.$$ □

再用定理 1.9.2 即可得证.

作为定理 1.9.2 的一个简单应用, 我们有

定理 1.9.4

设 $E\subset\mathbb{R}^n$ 是 Lebesgue 可测集, 则

(1) 对几乎所有的 $x\in E$, 都有

$$\lim_{r\to 0}\frac{\mathcal{L}^n(E\cap B_r(x))}{\mathcal{L}^n(B_r(x))}=1,$$

称这种点为 E 在 Lebesgue 测度意义下的内点;

(2) 对几乎所有的 $x\in E^c$, 都有

$$\lim_{r\to 0}\frac{\mathcal{L}^n(E\cap B_r(x))}{\mathcal{L}^n(B_r(x))}=0,$$

称这种点为 E 在 Lebesgue 测度意义下的外点.

证明 在定理 1.9.2 中取 $f=\chi_E$, 具体证明步骤略. □

作为定理 1.9.4 的例题, 设 E 为 $\mathbb{R}^n$ 中的一个正方体, 则 E 的内点和外点均为 Lebesgue 测度意义下的内点和外点; 但 E 的边界点既不是 Lebesgue 测度意义下的内点, 也不是 Lebesgue 测度意义下的外点.

1.9.2 Hardy–Littlewood 极大函数

定义 1.9.2

设 $f\in L^1_{\mathrm{loc}}(\mathbb{R}^n)$, 令

$$Mf(x)\equiv\sup_{r>0}\frac{1}{\mathcal{L}^n(B_r(x))}\int_{B_r(x)}|f|\mathrm{d}z,\quad x\in\mathbb{R}^n,$$

其中, $B_r(x)$ 是以 x 为中心、以 r 为半径的球, 称 Mf 是函数 f 的 Hardy-Littlewood (哈代–李特尔伍德) 中心极大函数.

由 Lebesgue 微分定理 1.9.1 可知, $Mf(x)\geqslant|f(x)|$ 对几乎所有的 $x\in\mathbb{R}^n$ 都成立.

定理 1.9.5

(1) Mf 是 Borel 可测函数;

(2) 存在只依赖于维数 n 的常数 $C(n)>0$, 使得

$$\mathcal{L}^n\left(\{x\in\mathbb{R}^n: Mf(x)>\lambda\}\right)\leqslant\frac{C(n)}{\lambda}\|f\|_{L^1(\mathbb{R}^n)},\quad\forall\lambda>0. \tag{1.9.2}$$

我们把定理 1.9.5 结论 (2) 称为 Hardy-Littlewood 极大函数的弱 L^1 估计或弱 $(1,1)$ 估计, 即

M 是从 $L^1(\mathbb{R}^n)$ 映射到第 2 章将要介绍的弱 L^1 空间的有界算子. 第 2 章还将证明 M 的 L^p 估计或强 (p,p) 估计.

证明 (1) **断言**: Mf 是 $\mathbb{R}^n$ 上的下半连续函数, 从而是 Borel 可测函数.

断言的证明: 对任意的 $\lambda > 0$, 我们要证 $A_\lambda \equiv \{Mf > \lambda\}$ 是 $\mathbb{R}^n$ 中的开集. 任取 $x \in A_\lambda$, 由 Mf 的定义存在 $r, \varepsilon > 0$, 使得

$$\int_{B_r(x)} |f| \mathrm{d}z = (\lambda + \varepsilon)\mathcal{L}^n(B_r(x)).$$

令 $\delta > 0$ 待定. 当 $|y - x| < \delta$ 时, 由于 $B_{r+\delta}(y) \supset B_r(x)$ 且

$$\mathcal{L}^n(B_{r+\delta}(y)) = \left(1 + \frac{\delta}{r}\right)^n \mathcal{L}^n(B_r(x)),$$

因而有

$$\int_{B_{r+\delta}(y)} |f| \mathrm{d}z \geqslant \int_{B_r(x)} |f| \mathrm{d}y = (\lambda + \varepsilon)\left(1 + \frac{\delta}{r}\right)^{-n} \mathcal{L}^n(B_{r+\delta}(y)).$$

可以选取 $\delta > 0$ 足够小, 使得 $(\lambda + \varepsilon)(1 + \delta/r)^{-n} > \lambda$. 这意味 $y \in A_\lambda$, 故 $B_\delta(x) \subset A_\lambda$, 即 x 是 A_λ 的内点, 从而 A_λ 是开集. 断言得证. □

(2) 用覆盖的方法证明式 (1.9.2). 设 $\|f\|_{L^1(\mathbb{R}^n)} < \infty$. 由定义 1.9.2, 对任意的 $x \in A_\lambda$, 都存在 $r > 0$, 使得

$$\|f\|_{L^1(\mathbb{R}^n)} \geqslant \int_{B_r(x)} |f| \mathrm{d}z > \lambda \mathcal{L}^n(B_r(x)) = \omega(n)\lambda r^n,$$

其中, $\omega(n)$ 是单位球的体积. 这意味 $\{B_r(x) : x \in A_\lambda\}$ 是 A_λ 的 族半径一致有界的覆盖. 因此由 Vitali 覆盖引理可知, 存在一族互不相交的球 $\{B_{r_i}(x_i)\}_{i\geqslant 1}$, 使得

$$A_\lambda \subset \bigcup_{i\geqslant 1} B_{5r_i}(x_i).$$

于是

$$\mathcal{L}^n(A_\lambda) \leqslant 5^n \sum_{i\geqslant 1} \mathcal{L}^n\left(B_{r_i}(x_i)\right) \leqslant \frac{5^n}{\lambda} \sum_{i\geqslant 1} \int_{B_{r_i}(x_i)} |f| \mathrm{d}z.$$

再由 $\{B_{r_i}(x_i)\}_{i\geqslant 1}$ 互不相交的性质可得

$$\mathcal{L}^n(A_\lambda) \leqslant \frac{5^n}{\lambda} \int_{\bigcup\limits_{i\geqslant 1} B_{r_i}(x_i)} |f| \mathrm{d}z \leqslant \frac{5^n}{\lambda} \int_{\mathbb{R}^n} |f| \mathrm{d}z = \frac{5^n}{\lambda} \|f\|_{L^1(\mathbb{R}^n)}.$$

因此在式 (1.9.2) 取 $C(n) = 5^n$ 即可. □

本 章 小 结

本章介绍测度论的一些基本理论, 主要参考文献 [9]. 首先介绍测度的基本定义与性质, 其中尤为重要的一种测度是 Radon 测度. 接着介绍基于测度的可测函数. 证明了欧几里得空间上

的可测函数是连续函数的 (几乎处处意义上的) 逐点极限. 然后, 讨论了测度的积分理论 (极限与积分交换次序定理是核心内容) 与微分理论, 从而导出测度论中的微积分基本定理. 在这个过程中, 最重要的测度论方法是覆盖方法, 即如何用球来估计集合的大小. 最后, 应用这些基本理论, 给出局部可积函数的一些好性质, 比如, Lebesgue 微分定理与 Hardy-Littlewood 极大函数的增长性定理.

知识点扩展

第 2 章

L^p 空间与实测度空间

思维导图：以读者阅读顺序

L^p 空间又称作 Lebesgue 函数空间, 是现代分析中具有基本重要性的一类函数空间, 也是学习第 3 章 Sobolev 空间的基础. 本章主要介绍 L^p 空间与实测度空间的一些基本性质与常用定理. 其中, 对偶性与弱紧性是最重要的性质, 在后续的偏微分方程课程中起着非常重要的作用. 由于 L^1-空间缺乏弱紧性, 所以我们将其扩大为实测度空间, 以便弱紧性成立. 本章的学习需要读者具备一些泛函分析的基本理论, 读者可以参阅文献 [14-15].

在本章中, 如果没有特别指出, 总假定 $1 \leqslant p \leqslant \infty$. 令 $p' \in [1, \infty]$ 满足

$$\frac{1}{p} + \frac{1}{p'} = 1,$$

即

$$p' = \begin{cases} \dfrac{p}{p-1}, & 1 < p < \infty, \\ \infty, & p = 1, \\ 1, & p = \infty, \end{cases}$$

称作 p 的 Hölder (赫尔德) 共轭指标.

2.1 L^p 空间的定义

设 X 是任一集合, μ 是其上的任一外测度.

定义 2.1.1

(1) 对任意的 μ-可测函数 $f: X \to \mathbb{R}$, 定义

$$\|f\|_{L^p(X,\mu)} \equiv \begin{cases} \left(\displaystyle\int_X |f|^p \mathrm{d}\mu \right)^{1/p}, & 1 \leqslant p < \infty, \\ \operatorname*{ess\,sup}_{x \in X} |f(x)|, & p = \infty, \end{cases}$$

其中

$$\operatorname*{ess\,sup}_{x \in X} |f(x)| \equiv \inf \left\{ \lambda > 0 : \mu(\{x \in X : |f(x)| > \lambda\}) = 0 \right\},$$

称作 f 的本性上界. 在不引起混淆的情形下, 也把上述范数简单地记作 $\|f\|_p$.

(2) 称

$$L^p(X, \mu) \equiv \left\{ f \text{ 是 } X \text{ 上的 } \mu\text{-可测函数} : \|f\|_{L^p(X,\mu)} < \infty \right\}$$

为 X 上 (相对于 μ) 的 Lebesgue 函数空间.

由本性上界的定义可知, 若 $f \in L^\infty(X, \mu)$, 则

$$|f(x)| \leqslant \|f\|_{L^\infty(X,\mu)}, \quad \text{对 } \mu\text{-a.e. } x \in X \text{ 成立};$$

并且对任意的 $\varepsilon > 0$,

$$\mu \left(\{x \in X : |f(x)| \geqslant \|f\|_{L^\infty(X,\mu)} - \varepsilon\} \right) > 0.$$

容易验证, $\|\cdot\|_{L^p(X,\mu)}$ 满足如下性质:

(1) (正定性) $\|f\|_{L^p(X,\mu)} \geqslant 0$, 且 $\|f\|_{L^p(X,\mu)} = 0$ 当且仅当 f 几乎处处等于零.

(2) (齐次性) 对任意的 $\lambda \in \mathbb{R}$,

$$\|\lambda f\|_{L^p(X,\mu)} = |\lambda| \|f\|_{L^p(X,\mu)}.$$

本节的主要定理如下.

定理 2.1.1

$L^p(X,\mu)$ 是以 $\|\cdot\|_{L^p(X,\mu)}$ 为范数的 Banach (巴拿赫) 空间.

上述定理的证明分成两步:

(1) $L^p(X,\mu)$ 是一个赋范线性空间, $\|\cdot\|_{L^p(X,\mu)}$ 是它的一个范数;

(2) $L^p(X,\mu)$ 关于上述范数完备, 从而是 Banach 空间.

2.1.1 Hölder 不等式与 Minkowski 不等式

回忆凸函数的定义: 设 f 是凸集 $D \subset \mathbb{R}^n$ 上的函数. 如果对任意的 $x, y \in D$ 和 $0 \leqslant \lambda \leqslant 1$, 都有

$$f(\lambda x + (1-\lambda)y) \leqslant \lambda f(x) + (1-\lambda) f(y),$$

则称 f 为 D 上的凸函数. 特别地, 如果 f 是区间 (a,b) 上的凸函数, 则对每一个点 $x \in (a,b)$, 都存在 $k \in \mathbb{R}$, 使得

$$f(y) \geqslant f(x) + k(y-x), \quad y \in (a,b). \tag{2.1.1}$$

这是因为, 由凸函数定义可知, 对任意的 $y > x > z$ 都有

$$\frac{f(y)-f(x)}{y-x} \geqslant \frac{f(z)-f(x)}{z-x},$$

从而存在 $k \in \mathbb{R}$, 使得

$$\inf_{b>y>x} \frac{f(y)-f(x)}{y-x} \geqslant k \geqslant \sup_{x>z>a} \frac{f(z)-f(x)}{z-x}.$$

定理 2.1.2 [积分型 Jensen (詹森) 不等式]

设 f 是开区间 $(a,b) \subset \mathbb{R}$ 上的凸函数, φ 是 X 上的 μ-可测函数且 $\varphi(X) \subset (a,b)$, $0 < \mu(X) < \infty$, 则 $f \circ \varphi$ 也是 X 上的 μ-可测函数, 且满足

$$f\left(⨍_X \varphi \mathrm{d}\mu\right) \leqslant ⨍_X f \circ \varphi \mathrm{d}\mu,$$

其中, $⨍_X \varphi \mathrm{d}\mu$ 表示积分平均 $\dfrac{1}{\mu(X)} \displaystyle\int_X \varphi \mathrm{d}\mu$.

证明 因凸函数是连续函数, 故易证 $f \circ \varphi$ 是可测函数.

因 $\varphi(X) \subset (a,b)$, 故 $⨍_X \varphi \mathrm{d}\mu \in (a,b)$. 因为 f 是凸函数, 存在 $k \in \mathbb{R}$ 使得式 (2.1.1) 成立.

于是

$$f(\varphi(y)) \geqslant f\left(⨍_X \varphi \mathrm{d}\mu\right) + k\left(\varphi(y) - ⨍_X \varphi \mathrm{d}\mu\right), \quad \forall\, y \in X.$$

两边对 y 积分即可完成证明. □

推论 2.1.1

设 $n \in \mathbb{N}$, $\{a_i\}_{i=1}^n \subset (0,\infty)$, $\{\lambda_i\}_{i=1}^n \subset [0,1]$ 满足 $\sum_{i=1}^n \lambda_i = 1$, 则

(1) (离散型 Jensen 不等式) 对 $\mathbb{R}$ 上的任意凸函数 f, 都有

$$f\left(\sum_{i=1}^n \lambda_i a_i\right) \leqslant \sum_{i=1}^n \lambda_i f(a_i).$$

特别地, 对任意的 $1 \leqslant p < \infty$, 有

$$\left(\sum_{i=1}^n \lambda_i a_i\right)^p \leqslant \sum_{i=1}^n \lambda_i a_i^p. \tag{2.1.2}$$

(2) (几何–算术平均值不等式)

$$a_1^{\lambda_1} a_2^{\lambda_2} \cdots a_n^{\lambda_n} \leqslant \sum_{i=1}^n \lambda_i a_i.$$

特别地,

$$\begin{cases} a^\theta b^{1-\theta} \leqslant \theta a + (1-\theta) b, & \forall\, a,b \geqslant 0,\ 0 \leqslant \theta \leqslant 1, \\ ab \leqslant \dfrac{1}{p} a^p + \dfrac{1}{p'} b^{p'}, & \forall\, a,b \geqslant 0, 1 < p < \infty, \\ ab \leqslant \dfrac{\varepsilon a^p}{p} + \dfrac{\varepsilon^{-p'/p} b^{p'}}{p'} \leqslant \varepsilon a^p + \varepsilon^{-p'/p} b^{p'}, & \forall\, a,b \geqslant 0, 1 < p < \infty. \end{cases} \tag{2.1.3}$$

证明留作习题.

定理 2.1.3 (Hölder 不等式)

任给 $f \in L^p(X,\mu)$, $g \in L^{p'}(X,\mu)$, 都有 $fg \in L^1(X,\mu)$, 且

$$\|fg\|_{L^1(X,\mu)} \leqslant \|f\|_{L^p(X,\mu)} \|g\|_{L^{p'}(X,\mu)}.$$

证明 设 $\|f\|_{L^p(X,\mu)} \|g\|_{L^{p'}(X,\mu)} > 0$. 由上述不等式两边的齐次性, 再设 $\|f\|_{L^p(X,\mu)} = \|g\|_{L^{p'}(X,\mu)} = 1$. 因此只需证明 $\|fg\|_{L^1(X,\mu)} \leqslant 1$.

先考虑 $1 < p < \infty$ 的情况, 此时 $1 < p' < \infty$. 由不等式 (2.1.3) 得

$$|f(x)g(x)| \leqslant \frac{1}{p}|f(x)|^p + \frac{1}{p'}|g(x)|^{p'}, \quad 对\ \mu\text{-a.e. } x \in X\ 成立.$$

两边积分, 得

$$\int_X |fg|\mathrm{d}\mu \leqslant \frac{1}{p}\int_X |f|^p \mathrm{d}\mu + \frac{1}{p'}\int_X |g|^{p'}\mathrm{d}\mu = \frac{1}{p} + \frac{1}{p'} = 1.$$

再考虑 $p=1$ 的情况 ($p=\infty$ 时交换 f,g 即可). 此时 $g\in L^\infty(X,\mu)$, 从而对 μ-a.e. $x\in X$ 都有 $|g(x)|\leqslant \|g\|_{L^\infty(X,\mu)}=1$, 这使得

$$|f(x)g(x)|\leqslant |f(x)|, \quad \text{对 } \mu\text{-a.e. } x\in X \text{ 成立}.$$

两边积分即可. □

习题 2.1.1 (1) (广义 Hölder 不等式) 设 $k\geqslant 1$, $1\leqslant p_1,p_2,\cdots,p_k,r\leqslant\infty$, 满足

$$\frac{1}{p_1}+\cdots+\frac{1}{p_k}=\frac{1}{r}.$$

则对任意的 $f_i\in L^{p_i}(X,\mu)$, $1\leqslant i\leqslant k$, 都有

$$\|f_1f_2\cdots f_k\|_{L^r(X,\mu)}\leqslant \|f_1\|_{L^{p_1}(X,\mu)}\|f_2\|_{L^{p_2}(X,\mu)}\cdots\|f_k\|_{L^{p_k}(X,\mu)}.$$

(2) (插值不等式) 设 $f\in L^p(X,\mu)\cap L^q(X,\mu)$, $1\leqslant p\leqslant q\leqslant\infty$, 则对任意的 $r\in[p,q]$, 都有

$$\|f\|_{L^r(X,\mu)}\leqslant \|f\|^{\theta}_{L^p(X,\mu)}\|f\|^{1-\theta}_{L^q(X,\mu)},$$

其中, $\theta\in[0,1]$ 由下式决定:

$$\frac{1}{r}=\frac{\theta}{p}+\frac{1-\theta}{q}.$$

作为 Jensen 不等式的练习, 请读者自行证明习题 2.1.1.

定理 2.1.4 [Minkowski (闵可夫斯基) 不等式]

设 $1\leqslant p\leqslant\infty$, 对任意的 $f,g\in L^p(X,\mu)$ 都有

$$\|f+g\|_{L^p(X,\mu)}\leqslant \|f\|_{L^p(X,\mu)}+\|g\|_{L^p(X,\mu)}. \tag{2.1.4}$$

证明 不妨设 $\|f\|_{L^p(X,\mu)}\|g\|_{L^p(X,\mu)}>0$, 否则证明是显然的. 为了简便, 记 $A=\|f\|_{L^p(X,\mu)}$, $B=\|g\|_{L^p(X,\mu)}$.

当 $1\leqslant p<\infty$ 时, 不等式 (2.1.4) 等价于

$$\int_X\left(\frac{|f(x)+g(x)|}{A+B}\right)^p\mathrm{d}\mu\leqslant 1. \tag{2.1.5}$$

再由不等式 (2.1.2) 得

$$\begin{aligned}\left(\frac{|f(x)+g(x)|}{A+B}\right)^p &= \left(\frac{A}{A+B}\frac{|f(x)|}{A}+\frac{B}{A+B}\frac{|g(x)|}{B}\right)^p\\ &\leqslant \frac{A}{A+B}\left(\frac{|f(x)|}{A}\right)^p+\frac{B}{A+B}\left(\frac{|g(x)|}{B}\right)^p.\end{aligned}$$

对上式两边积分即得式 (2.1.5).

当 $p=\infty$ 时, 由定义 2.1.1 可知

$$|f(x)|\leqslant \|f\|_{L^\infty(X,\mu)}, \quad \text{对 } \mu\text{-a.e. } x\in X \text{ 成立}.$$

$$|g(x)| \leqslant \|g\|_{L^\infty(X,\mu)}, \quad \text{对 } \mu\text{-a.e. } x \in X \text{ 成立}.$$

因此

$$|f(x)+g(x)| \leqslant \|f\|_{L^\infty(X,\mu)} + \|g\|_{L^\infty(X,\mu)}, \quad \text{对 } \mu\text{-a.e. } x \in X \text{ 成立}.$$

再由 L^∞ 范数的定义知

$$\|f+g\|_{L^\infty(X,\mu)} \leqslant \|f\|_{L^\infty(X,\mu)} + \|g\|_{L^\infty(X,\mu)}.$$

□

结合 Minkowski 不等式与 $\|\cdot\|$ 的正定性和齐次性有下面推论.

推论 2.1.2

$L^p(X,\mu)$ 是以 $\|\cdot\|_{L^p(X,\mu)}$ 为范数的赋范线性空间.

2.1.2 完备性

前面已证明 $L^p(X,\mu)$ 是赋范线性空间, 自然有下面定义等.

定义 2.1.2

设 $\{f_n\}_{n\geqslant 1}$ 是 $L^p(X,\mu)$ 中的函数列.

(1) 如果对任意的 $\varepsilon>0$, 都存在 $N>1$, 使得 $m,n>N$ 时 $\|f_m-f_n\|_{L^p(X,\mu)}<\varepsilon$, 则称 $\{f_n\}_{n\geqslant 1}$ 是 $L^p(X,\mu)$ 中的 Cauchy (柯西) 列.

(2) 若存在 $f\in L^p(X,\mu)$ 使得 $\|f_n-f\|_{L^p(X,\mu)}\to 0$, 则称 f_n 在 $L^p(X,\mu)$ 中收敛到 f, 或称 f 是函数列 $\{f_n\}_{n\geqslant 1}$ 在 $L^p(X,\mu)$ 中的极限, 记作

$$f_n \to f \quad \text{在 } L^p(X,\mu) \text{ 中}.$$

(3) 如果 $L^p(X,\mu)$ 中的任意 Cauchy 列都收敛到 $L^p(X,\mu)$ 中的某个函数, 则称 $L^p(X,\mu)$ 是完备的赋范线性空间, 即 Banach 空间.

为了与后面的弱收敛区分, 有时候也称上述收敛是“强”收敛或依范数收敛.

注 2.1.1 设 $f_n, f\in L^\infty(X,\mu)$, 则 f_n 在 $L^\infty(X,\mu)$ 中收敛到 f 等价于存在 μ-零测集 $E\subset X$ 使得 f_n 在 $X-E$ 上一致收敛到 f.

再定义 f_n 在 $L^\infty(X,\mu)$ 中收敛到 f 等价于对任意的 $k>1$, 存在 $N_k>1$, 当 $n>N_k$ 时 $\|f_n-f\|_{L^\infty(X,\mu)}<\dfrac{1}{k}$. 从而

$$\mu\left(\bigcup_{n=N_k}^{\infty}\left\{x\in X: |f_n(x)-f(x)|>\frac{1}{k}\right\}\right)=0.$$

令

$$E=\bigcup_{k=1}^{\infty}\bigcup_{n=N_k}^{\infty}\left\{x\in X: |f_n(x)-f(x)|>\frac{1}{k}\right\},$$

则 $\mu(E)=0$ 且 f_n 在 $X-E$ 上一致收敛到 f.

反之, 如果存在 μ-零测集 $E\subset X$, 使得 f_n 在 $X-E$ 上一致收敛到 f, 则由定义直接可证 $\{f_n\}$ 在 $L^\infty(X,\mu)$ 中收敛到 f.

下证 $L^p(X,\mu)$ 的完备性, 从而完成定理 2.1.1 的证明.

证明 第 1 步. 设 $\{f_n\}_{n\geqslant 1}\subset L^p(X,\mu)$ 是任一 Cauchy 列. 于是存在 $n_1\geqslant 1$, 当 $n\geqslant n_1$ 时, $\|f_n-f_{n_1}\|_{L^p(X,\mu)}<2^{-1}$. 再取 $n_2\geqslant n_1$, 使得 $n\geqslant n_2$ 时, $\|f_n-f_{n_2}\|_{L^p(X,\mu)}<2^{-2}$. 由此继续, 得到一个子列 $\{f_{n_k}\}_{k\geqslant 1}$, 使得对任意的 $k\geqslant 1$ 都有 $\|f_{n_{k+1}}-f_{n_k}\|_{L^p(X,\mu)}<2^{-k}$. 从而

$$\sum_{k=1}^{\infty}\|f_{n_{k+1}}-f_{n_k}\|_{L^p(X,\mu)}<\infty.$$

下证 $\{f_{n_k}\}_{k\geqslant 1}$ 在 $L^p(X,\mu)$ 中收敛到某个函数 $f\in L^p(X,\mu)$.

第 2 步. 先考虑 $1\leqslant p<\infty$ 的情况. 令

$$g=\sum_{i=1}^{\infty}|f_{n_{i+1}}-f_{n_i}|+|f_{n_1}|,$$

由 Minkowski 不等式, 对任意的 $k\geqslant 1$,

$$\left\|\sum_{i=1}^{k}|f_{n_{i+1}}-f_{n_i}|+|f_{n_1}|\right\|_{L^p(X,\mu)}\leqslant\sum_{i=1}^{k}\|f_{n_{i+1}}-f_{n_i}\|_{L^p(X,\mu)}+\|f_{n_1}\|_{L^p(X,\mu)}.$$

由 Levi 单调收敛定理可知 $g\in L^p(X,\mu)$, 且

$$\|g\|_{L^p(X,\mu)}\leqslant\sum_{i=1}^{\infty}\|f_{n_{i+1}}-f_{n_i}\|_{L^p(X,\mu)}+\|f_{n_1}\|_{L^p(X,\mu)}<\infty.$$

特别地, 这意味着

$$0\leqslant g(x)<\infty,\quad 对\ \mu\text{-a.e. } x\in X\ 成立, \tag{2.1.6}$$

即级数 g 几乎处处收敛. 由于对任意的 $k>l$, 都有

$$\left|f_{n_k}(x)-f_{n_l}(x)\right|\leqslant\sum_{i=l}^{k-1}\left|f_{n_{i+1}}(x)-f_{n_i}(x)\right|,$$

故由式 (2.1.6) 可知, 对 μ-a.e. $x\in X$, $\{f_{n_k}(x)\}_{k\geqslant 1}$ 是 $\mathbb{R}$ 中的 Cauchy 数列. 从而存在 μ-可测函数 f, 使得

$$\lim_{k\to\infty}f_{n_k}(x)=f(x),\quad 对\ \mu\text{-a.e. } x\in X\ 成立.$$

又注意对所有的 $k\geqslant 1$, 都有

$$\left|f_{n_k}(x)\right|\leqslant\sum_{i=1}^{k-1}|f_{n_{i+1}}(x)-f_{n_i}(x)|+|f_{n_1}(x)|\leqslant g(x),\quad 对\ \mu\text{-a.e. } x\in X\ 成立.$$

因此, 由 Lebesgue 控制收敛定理可知 $f\in L^p(X,\mu)$, 且

$$\|f_{n_k}-f\|_{L^p(X,\mu)}\to 0,\quad 当\ k\to\infty\ 时,$$

因此子列 $\{f_{n_k}\}_{k\geqslant 1}$ 在 $L^p(X,\mu)$ 中收敛到 f.

第 3 步. 当 $p=\infty$ 时, 令

$$E_k=\left\{x\in X:|f_{n_{k+1}}(x)-f_{n_k}(x)|>\|f_{n_{k+1}}-f_{n_k}\|_{L^\infty(X,\mu)}\right\},\quad k\geqslant 1.$$

由 L^∞ 范数的定义可知 $\mu(E_k)=0$, 从而 $\mu\left(\bigcup_{k=1}^{\infty}E_k\right)=0$. 记 $E=\bigcup_{k=1}^{\infty}E_k$, 则对所有的 $k>l$,

$$\sup_{x\in X-E}\left|f_{n_k}(x)-f_{n_l}(x)\right|\leqslant\sum_{i=l}^{k-1}\|f_{n_{i+1}}-f_{n_i}\|_{L^\infty(X,\mu)}\to 0,\quad l\to\infty.$$

这意味着 $\{f_{n_k}\}$ 在 $X-E$ 上一致收敛. 从而存在 $X-E$ 上的 μ-可测函数 f, 使得 f_{n_k} 在 $X-E$ 上一致收敛于 f. 在零测集 E 上补充定义 $f\equiv 0$, 使得 f 是整个 X 上定义的 μ-可测函数, 则由注 2.1.1 可知

$$\|f_{n_k}-f\|_{L^\infty(X,\mu)}\to 0,\quad k\to\infty.$$

反之意味

$$\|f\|_{L^\infty(X,\mu)}\leqslant\|f_{n_k}-f\|_{L^\infty(X,\mu)}+\|f_{n_k}\|_{L^\infty(X,\mu)}<\infty,$$

即 $f\in L^\infty(X,\mu)$. 因此子列 $\{f_{n_k}\}$ 在 $L^\infty(X,\mu)$ 中收敛到 f.

第 4 步. 第 3 步和第 2 步证明了当 $1\leqslant p\leqslant\infty$ 时, Cauchy 列 $\{f_n\}$ 有收敛的子列 $\{f_{n_k}\}$. 结合这一结论与 $\{f_n\}$ 是 Cauchy 列的事实, 得

$$\|f_k-f\|_{L^p(X,\mu)}\leqslant\|f_k-f_{n_k}\|_{L^p(X,\mu)}+\|f_{n_k}-f\|_{L^p(X,\mu)}\to 0,\quad k\to\infty.$$

这就证明了整个函数列 $\{f_n\}_{n\geqslant 1}$ 在 $L^p(X,\mu)$ 中收敛到 f. □

上述证明过程给出了下面相关推论.

推论 2.1.3 (可控子列)

(1) 设 $1\leqslant p<\infty$, $\{f_k\}$ 是 $L^p(X,\mu)$ 中的 Cauchy 列, 则存在子列 $\{f_{n_k}\}$ 及函数 $f,g\in L^p(X,\mu)$, 使得

$$f_{n_k}(x)\to f(x),\quad \text{a.e. } x\in X,$$

且对每个 $k\geqslant 1$, 都有

$$|f_{n_k}(x)|\leqslant g(x),\quad 对\ \mu\text{-a.e. } x\in X\ 成立.$$

(2) 设 $1\leqslant p<\infty$, f_k 在 $L^p(X,\mu)$ 中收敛到 f, 则存在子列 $\{f_{k_j}\}$ 几乎处处收敛到 f.

证明 由题意可知, (1) 是显然的, 并且 (2) 是 (1) 的推论, 下面给出 (2) 的一个直接证明. 因 f_k 在 $L^p(X,\mu)$ 中收敛到 f, 故存在子列 $\{f_{k_j}\}$, 使得

$$\sum_{j=1}^{\infty}\int_X|f_{k_j}-f|^p\mathrm{d}\mu<\infty. \tag{2.1.7}$$

令

$$A_{ij} = \left\{x \in X : |f_{k_j}(x) - f(x)| > \frac{1}{i}\right\}, \quad i, j \geqslant 1.$$

则 $A = \bigcup_{i=1}^{\infty}\bigcap_{N=1}^{\infty}\bigcup_{j=N}^{\infty} A_{ij}$ 表示 f_{k_j} 不收敛到 f 的点的全体. 因此只需证明 $\mu(A) = 0$. 而这等价于证明

$$\mu\left(\bigcap_{N=1}^{\infty}\bigcup_{j=N}^{\infty} A_{ij}\right) = 0, \quad \forall i \geqslant 1. \tag{2.1.8}$$

固定 $i \geqslant 1$. 由式 (2.1.7), 得

$$\mu\left(\bigcup_{j=1}^{\infty} A_{ij}\right) \leqslant \sum_{j=1}^{\infty} \mu(A_{ij}) \leqslant i^p \sum_{j=1}^{\infty} \int_X |f_{k_j} - f|^p \mathrm{d}\mu < \infty.$$

因此, 由测度的连续性与收敛级数的性质, 可知

$$\mu\left(\bigcap_{N=1}^{\infty}\bigcup_{j=N}^{\infty} A_{ij}\right) = \lim_{N\to\infty} \mu\left(\bigcup_{j=N}^{\infty} A_{ij}\right) \leqslant \lim_{N\to\infty} \sum_{j=N}^{\infty} \mu\left(A_{ij}\right) = 0.$$

因此式 (2.1.8) 成立. □

2.1.3 分布积分公式

引理 2.1.1 [Chebyshev(切比雪夫) 不等式]

设 $f \in L^p(X, \mu)$, $1 \leqslant p < \infty$, 则对任意的 $\lambda > 0$,

$$\mu\left(\{x \in X : |f(x)| > \lambda\}\right) \leqslant \frac{\|f\|_{L^p(X,\mu)}^p}{\lambda^p}.$$

证明 记 $A_\lambda = \{x \in X : |f(x)| \geqslant \lambda\}$, 则

$$\mu(A_\lambda) = \int_{A_\lambda} \mathrm{d}\mu \leqslant \int_{A_\lambda} \frac{|f|^p}{\lambda^p} \mathrm{d}\mu \leqslant \int_X \frac{|f|^p}{\lambda^p} \mathrm{d}\mu = \frac{\|f\|_{L^p(X,\mu)}^p}{\lambda^p}.$$ □

利用上述不等式可以得到下面习题.

习题 2.1.2 证明 L^p 收敛性强于依测度收敛.

分析 假设函数列 f_k 在 $f \in L^p(X, \mu)$ 中收敛到函数 f, 则 f_k 依测度 μ 收敛到 f (见定义 1.3.5). 进而根据 Riesz 定理 1.3.7, 可以再次得到推论 2.1.3 的性质 (2).

证明过程请读者自行验证.

基于 Chebyshev 不等式, 我们可以将 p-次可积函数做如下推广.

定义 2.1.3

称函数

$$[0, \infty) \ni \lambda \mapsto \delta_f(\lambda) \equiv \mu\Big(\{x \in X : |f(x)| > \lambda\}\Big)$$

是可测函数 f 的分布函数.

上述引理可以等价地写为

$$\sup_{\lambda>0}\lambda\delta_f(\lambda)^{\frac{1}{p}}\leqslant\|f\|_{L^p(X,\mu)}.$$

由此可以定义如下函数空间.

定义 2.1.4

设 $1\leqslant p<\infty$, $f: X\to\mathbb{R}$ 是 μ-可测函数.

(1) 称 f 属于弱 L^p 空间 $L^{p,\infty}(X,\mu)$, 则

$$\|f\|_{L^{p,\infty}(X,\mu)}\equiv\sup_{\lambda>0}\lambda\delta_f(\lambda)^{\frac{1}{p}}<\infty.$$

(2) 对任意的 $1\leqslant q<\infty$, 称 f 属于 Lorentz (洛伦茨) 函数空间 $L^{p,q}(X,\mu)$, 则

$$\|f\|_{L^{p,q}(X,\mu)}\equiv\left(\int_0^\infty\left(\lambda\delta_f(\lambda)^{\frac{1}{p}}\right)^q\frac{\mathrm{d}\lambda}{\lambda}\right)^{1/q}<\infty.$$

由 Chebyshev 不等式可知, $L^p(X,\mu)\subset L^{p,\infty}(X,\mu)$. 事实上, Lorentz 空间对第二个指标 (称为 Lorentz 指标) 具有单调性, 即

$$L^{p,q_1}(X,\mu)\subset L^{p,q_2}(X,\mu),\quad\forall\,1\leqslant q_1<q_2\leqslant\infty.$$

感兴趣的读者可以参阅文献 [16-17]. Helein (埃莱) 在几何分析中非常巧妙地应用 Lorentz 空间, 做出了突破性研究, 见参考文献 [18].

定理 2.1.5 (分布积分公式)

设 $1\leqslant p<\infty$, $f\in L^p(X,\mu)$, 则

$$\|f\|_{L^p(X,\mu)}^p=p\int_0^\infty\lambda^p\delta_f(\lambda)\frac{\mathrm{d}\lambda}{\lambda}.\tag{2.1.9}$$

证明 易证函数

$$(x,\lambda)\mapsto p\lambda^{p-1}\chi_{\{y\in X:|f(y)|>\lambda\}}(x)$$

是测度空间 $(X\times[0,\infty],\mu\times\mathcal{L}^1)$ 上的非负可测函数. 由 Fubini 定理, 可得

$$\begin{aligned}p\int_0^\infty\lambda^p\delta_f(\lambda)\frac{\mathrm{d}\lambda}{\lambda}&=\int_0^\infty p\lambda^{p-1}\left(\int_X\chi_{\{|f|>\lambda\}}(x)\mathrm{d}\mu(x)\right)\mathrm{d}\lambda\\&=\int_X\left(\int_0^\infty p\lambda^{p-1}\chi_{\{|f|>\lambda\}}(x)\mathrm{d}\lambda\right)\mathrm{d}\mu(x)\\&=\int_X\left(\int_0^{|f(x)|}p\lambda^{p-1}\mathrm{d}\lambda\right)\mathrm{d}\mu(x)\\&=\int_X|f(x)|^p\mathrm{d}\mu(x).\end{aligned}$$

□

这个定理表明 $L^{p,p}(X,\mu)=L^p(X,\mu)$.

2.2 L^p 空间的基本性质

2.2.1 延拓性与单调性

引理 2.2.1 (延拓性)

设 μ 是空间 X 上的外测度, A 是 X 中的 μ-可测集, 则存在有界线性算子 E: $L^p(A,\mu) \to L^p(X,\mu)$, 使得

(1) 在 A 上 $Ef = f$;

(2) $\|Ef\|_{L^p(X,\mu)} \leqslant \|f\|_{L^p(A,\mu)}$.

证明 令

$$Ef(x) = \begin{cases} f(x), & x \in A, \\ 0, & x \in X - A \end{cases}$$

即可. □

引理 2.2.2 (单调性)

设 μ 是空间 X 上的外测度且 $\mu(X) < \infty$, 则对任意的 $1 \leqslant q \leqslant p \leqslant \infty$, 有

$$L^p(X,\mu) \subset L^q(X,\mu),$$

且

$$\|f\|_{L^q(X,\mu)} \leqslant \mu(X)^{\frac{1}{q}-\frac{1}{p}} \|f\|_{L^p(X,\mu)}, \quad \forall f \in L^p(X,\mu).$$

证明用 Hölder 不等式即可, 在此不做详解.

2.2.2 稠密性

下面讨论 $L^p(\mathbb{R}^n,\mu)$ 的稠密性. 由 Lusin 定理可知, 可测函数可以用连续函数列在逐点的意义下逼近. 现要证明 $L^p(\mathbb{R}^n,\mu)$ 中的函数可以用连续函数列在 $L^p(\mathbb{R}^n,\mu)$ 收敛的意义下逼近. 为此, 首先回忆第 1 章已经引入过的函数空间

$$C_c(\mathbb{R}^n) = \{\mathbb{R}^n \text{ 上具有紧支集的连续函数全体}\},$$

并定义

$$\|f\|_0 \equiv \max_{x\in\mathbb{R}^n} |f(x)|, \quad f \in C_c(\mathbb{R}^n).$$

易证 $(C_c(\mathbb{R}^n), \|\cdot\|_0)$ 是赋范线性空间, 其中的收敛性为 $\mathbb{R}^n$ 上的一致收敛. 如果存在子集 $A \subset C_c(\mathbb{R}^n)$, 使得对任意的 $f \in C_c(\mathbb{R}^n)$, 都存在函数列 $\{f_k\}_{k\geqslant 1} \subset A$ 使得 $\lim\limits_{k\to\infty} \|f_k - f\|_0 = 0$, 则称 A 在 $C_c(\mathbb{R}^n)$ 中稠密; 如果子集 A 还是可数的, 则称 $C_c(\mathbb{R}^n)$ 是可分的赋范线性空间.

定理 2.2.1

$(C_c(\mathbb{R}^n), \|\cdot\|_0)$ 是可分的赋范线性空间.

证明 记 $Q_r = \{x \in \mathbb{R}^n : |x_i| < r, 1 \leqslant i \leqslant n\}, r > 0$, 则 $C_c(\mathbb{R}^n) = \bigcup\limits_{k=1}^{\infty} C_c(Q_k)$. 因此只需证明每个 $C_c(Q_k)$ 可分. 又由简单的伸缩技巧可知, 只需证 $C_c(Q_1)$ 可分.

由 Weierstrass (魏尔斯特拉斯) 逼近定理知道, 连续函数空间 $C(\overline{Q_1})$ 是可分的. 因而存在可数子集 $A \subset C(\overline{Q_1})$, 使得对任意 $\phi \in C_c(Q_1)$ 与 $\varepsilon > 0$, 总存在 $f \in A$ 满足

$$\|\phi - f\|_{C(\overline{Q_1})} \equiv \max_{x\in\overline{Q_1}} |\phi(x) - f(x)| \leqslant \frac{\varepsilon}{2}.$$

由于 ϕ 在 Q_1 中具有紧支集, 所以存在有理数 $0 < r < 1$, 使得 ϕ 的支集包含于 Q_r. 这意味着

$$\max_{x\in\overline{Q_1}\setminus Q_r} |f(x)| = \max_{x\in\overline{Q_1}\setminus Q_r} |\phi(x) - f(x)| \leqslant \frac{\varepsilon}{2}.$$

取截断函数 $\chi_r \in C_c(Q_1), 0 \leqslant \chi \leqslant 1$ 且 $\chi_r|_{Q_r} \equiv 1$, 则 $\chi_r f \in C_c(Q_1)$, 且

$$\begin{aligned}\|\phi - \chi_r f\|_0 &\leqslant \|\phi - f\|_{C(\overline{Q_1})} + \|f - \chi_r f\|_{C(\overline{Q_1})} \\ &\leqslant \frac{\varepsilon}{2} + \max_{x\in\overline{Q_1}\setminus Q_r} |f(x)| \\ &\leqslant \varepsilon.\end{aligned}$$

这意味 $B = \{\chi_r f : f \in A, r \in \mathbb{Q} \cap [0,1]\}$ 是 $C_c(Q_1)$ 的可数稠密子集. □

容易证明 $(C_c(\mathbb{R}^n), \|\cdot\|_0)$ 不是一个完备的赋范空间. 为此引进下面定义等.

定义 2.2.1

称连续函数 $f: \mathbb{R}^n \to \mathbb{R}$ 在无穷远衰减到 0, 记作

$$f \in C_0(\mathbb{R}^n),$$

如果对任意的 $\varepsilon > 0$, 都存在 $R > 0$, 使得

$$\sup_{|x|>R} |f(x)| \leqslant \varepsilon,$$

并定义

$$\|f\|_0 \equiv \sup_{x\in\mathbb{R}^n} |f(x)|.$$

显然对任意的外测度 μ, 有

$$C_0(\mathbb{R}^n) \subsetneqq L^\infty(\mathbb{R}^n, \mu).$$

定理 2.2.2

$(C_0(\mathbb{R}^n), \|\cdot\|_0)$ 是可分的 Banach 空间, 且 $C_c(\mathbb{R}^n)$ 在其中稠密.

换句话说, $C_0(\mathbb{R}^n)$ 是 $C_c(\mathbb{R}^n)$ 在范数 $\|\cdot\|_0$ 下的完备空间.

证明　易证 $(C_0(\mathbb{R}^n), \|\cdot\|_0)$ 是赋范线性空间 (留作习题). 只需证其完备性.

设 $\{f_k\}$ 是 $C_0(\mathbb{R}^n)$ 中的 Cauchy 列, 即对任意的 $\varepsilon > 0$, 都存在 $N > 1$, 当 $k > l > N$ 时, $\|f_k - f_l\|_0 \equiv \sup\limits_{x\in\mathbb{R}^n} |f_k(x) - f_l(x)| < \varepsilon$. 故 $\{f_k\}_{k\geqslant 1}$ 是 $\mathbb{R}^n$ 上一致收敛的连续函数列. 从而存在 $f \in C(\mathbb{R}^n)$ 使得 $\|f_k - f\|_0 \leqslant \varepsilon$ $(k \geqslant N$ 时$)$.

下证 $f \in C_0(\mathbb{R}^n)$. 固定 ε, 选取 N, 使得 $\|f_N - f\|_0 \leqslant \dfrac{\varepsilon}{2}$. 因 $f_N \in C_0(\mathbb{R}^n)$, 故存在 $R > 0$, 使得 $\sup\limits_{|x|\geqslant R} |f_N(x)| \leqslant \dfrac{\varepsilon}{2}$. 从而

$$\sup_{|x|\geqslant R} |f(x)| \leqslant \sup_{|x|\geqslant R} |f_N(x)| + \|f_N - f\|_0 \leqslant \frac{\varepsilon}{2} + \frac{\varepsilon}{2} = \varepsilon.$$

这就证明了 f 在无穷远衰减到 0.

通过一个简单的截断技巧即可证明 $C_c(\mathbb{R}^n)$ 在 $C_0(\mathbb{R}^n)$ 中稠密. 再应用定理 2.2.1 可知 $C_0(\mathbb{R}^n)$ 可分. □

应用上述结论, 我们有下面相关定理.

定理 2.2.3

设 μ 是 $\mathbb{R}^n$ 上的 Radon 测度, $1 \leqslant p < \infty$, 则 $L^p(\mathbb{R}^n, \mu)$ 是可分的 Banach 空间, 且 $C_c(\mathbb{R}^n)$ 在其中稠密.

证明　分析　任给 $f \in L^p(\mathbb{R}^n, \mu)$, 任给 $\varepsilon > 0$. 要找 $g \in C_c(\mathbb{R}^n)$ 使得 $\|f - g\|_p \leqslant \varepsilon$.

第 1 步. 令 $f_N = f\chi_{B_N(0)}$, $N \geqslant 1$. 由控制收敛定理得

$$\lim_{N\to\infty} \|f - f_N\|_p = \left(\lim_{N\to\infty} \int_{\mathbb{R}^n} |f|^p \chi_{\mathbb{R}^n\setminus B_N(0)} \mathrm{d}\mu\right)^{1/p} = 0.$$

故存在 $N > 1$, 使得 $\|f - f_N\|_p < \dfrac{\varepsilon}{3}$.

第 2 步. 固定上述 N. 令 $f_{N,k} = f_N\chi_{\{|f|\leqslant k\}}$. 由单调收敛定理得

$$\lim_{k\to\infty} \|f_N - f_{N,k}\|_p^p = \lim_{k\to\infty} \int_{\mathbb{R}^n} |f_N|^p \chi_{\{|f_N|>k\}} \mathrm{d}\mu = 0.$$

因此存在 K 足够大, 使得 $\|f_N - f_{N,K}\|_p < \dfrac{\varepsilon}{3}$.

第 3 步. 注意到 $f_{N,K}$ 是具有紧支集的有界可测函数. 由 Lusin 定理 (注, 这里用到 μ 是 Radon 测度的假设), 存在一列具有紧支集的连续函数 $\{g_l\} \subset C_c(\mathbb{R}^n)$ 几乎处处收敛到 $f_{N,K}(x)$, 且

$$\|g_l\|_0 \leqslant \sup_{x\in\mathbb{R}^n} |f_{N,K}(x)| \leqslant K.$$

因此, 由控制收敛定理可得

$$\lim_{l\to\infty} \|f_{N,K} - g_l\|_p = 0.$$

从而存在 L 足够大, 使得 $\|f_{N,K}-g_L\|_p<\frac{\varepsilon}{3}$. 注意, 这里能够使用控制收敛定理是因为在应用 Lusin 定理时, 可以通过截断的方法确保整个函数列 $\{g_l\}$ 的紧支集都包含在球 $B_{2N}(0)$ 中.

第 4 步. 综上前面三个步骤, 可得 $\|f-g_L\|_p<\varepsilon$. 这就证明了 $C_c(\mathbb{R}^n)$ 在 $L^p(\mu)$ 中稠密. 再由定理 2.2.1 可知 $L^p(\mu)$ 可分. □

2.3 实测度空间

引进实测度空间有多重目的. 一是将测度的全体做成 Banach 空间, 因为两个外测度可以自然定义减法, 但是却不再是外 (正) 测度. 有了 Banach 空间的结构, 泛函分析的工具就可以与测度结合使用. 二是给研究 L^p 空间的对偶空间提供了非常有用的工具. 三是可以视作 L^1 空间的一种有益推广, 用以弥补 L^1 空间的紧性缺失, 对研究偏微分方程和几何分析中的很多紧性问题必不可少, 比如著名数学家 Lions [1-2] 发明的集中紧方法. 当然, 实测度也可以看作是外测度的一种推广.

2.3.1 定义与基本性质

首先推广可测集的概念. 任给集合 X, 如果 $\mathfrak{M}$ 是其上的一个 σ-代数, 则称 $(X,\mathfrak{M})$ 是一个可测空间, $\mathfrak{M}$ 中的集合称为可测集. 对任一可测集 $E\in\mathfrak{M}$, 如果 $\{E_i\}_{i=1}^{\infty}\subset\mathfrak{M}$ 是一族互不相交的可测集使得

$$E=\bigcup_{i=1}^{\infty}E_i,$$

则称 $\{E_i\}_{i=1}^{\infty}$ 是集合 E 的可测分解.

定义 2.3.1

(1) 如果可测空间 $(X,\mathfrak{M})$ 上的实函数 $\mu:\mathfrak{M}\to\mathbb{R}$ 满足下述性质: 对任意的可测集 $E\in\mathfrak{M}$ 及其任意的可测分解 $\{E_i\}_{i=1}^{\infty}\subset\mathfrak{M}$, 都有

$$\mu(E)=\sum_{i=1}^{\infty}\mu(E_i),$$

则称 μ 是可测空间 $(X,\mathfrak{M})$ 上的一个**实测度**.

(2) 设 μ 是测度空间 $(\mathbb{R}^n,\mathfrak{M})$ 上的实测度. 如果 $\mathcal{B}(\mathbb{R}^n)\subset\mathfrak{M}$, 则称 μ 是 $(\mathbb{R}^n,\mathfrak{M})$ 上的 Borel 实测度.

由于同一个可测分解可以具有不同的编号, 所以上述定义的级数可以随意重排而不改变其值, 从而是绝对收敛的级数. 需注意, 实测度并不像外测度一样直接定义在所有的集合上, 而是定义在给定的 σ-代数上. 为研究实测度, 我们引进与实测度密切相关的一个正测度.

定义 2.3.2

设 μ 是测度空间 $(X,\mathfrak{M})$ 上的实测度. 对任意的可测集 $E\in\mathfrak{M}$, 定义

$$|\mu|(E) = \sup\left\{\sum_{i=1}^{\infty} |\mu(E_i)| : \{E_i\}_{i\geqslant 1} \text{ 是 } E \text{ 的可测分解}\right\}.$$

称 $|\mu|$ 是 μ 的全变差测度, 并称

$$\|\mu\| \equiv |\mu|(X) \tag{2.3.1}$$

是 μ 的全变差.

有明显的大小关系:

$$|\mu|(E) \geqslant |\mu(E)|, \quad \forall\, E \in \mathfrak{M}.$$

这意味着 $\|\mu\| = 0$ 当且仅当 $\mu = 0$ 时, 即

$$\mu(E) = 0 \ (\forall E \in \mathfrak{M}).$$

定理 2.3.1

$|\mu|$ 是 $(X, \mathfrak{M})$ 上的正测度. 即对任意的一列互不相交的可测集 $\{E_i\}_{i=1}^{\infty} \subset \mathfrak{M}$, μ 满足

$$|\mu|(E) = \sum_{i=1}^{\infty} |\mu|(E_i). \tag{2.3.2}$$

证明 设 $\{E_i\}_{i=1}^{\infty} \subset \mathfrak{M}$ 是一族互不相交的可测集. 令 $E = \bigcup\limits_{i\geqslant 1} E_i$, 要证式 (2.3.2) 成立.

令 $\{A_j\}_{j\geqslant 1}$ 是 E 的任一可测分解, 则对任意的 $i, j \geqslant 1$, $\{E_i \cap A_k\}_{k\geqslant 1}$ 是 E_i 的可测分解, $\{E_k \cap A_j\}_{k\geqslant 1}$ 是 A_j 的可测分解. 从而 $\mu(A_j) = \sum\limits_k \mu(E_k \cap A_j)$, 由此得

$$\sum_i |\mu|(E_i) \geqslant \sum_i \sum_j |\mu(E_i \cap A_j)| = \sum_j \sum_i |\mu(E_i \cap A_j)| \geqslant \sum_j |\mu(A_j)|.$$

因 $\{A_j\}_{j\geqslant 1}$ 是 E 的任一可测分解, 故由 $|\mu|(E)$ 的定义, 可知

$$\sum_i |\mu|(E_i) \geqslant |\mu|(E).$$

另外, 任给 $\varepsilon > 0$. 令 $\{A_{ij}\}_{j\geqslant 1}$ 是 E_i $(i \geqslant 1)$ 的可测分解, 且

$$|\mu|(E_i) \leqslant \sum_{j=1}^{\infty} |\mu(A_{ij})| + 2^{-i}\varepsilon.$$

则 $\{A_{ij}\}_{i,j\geqslant 1}$ 是 E 的可测分解, 且

$$\sum_i |\mu|(E_i) \leqslant \sum_{i,j=1}^{\infty} |\mu(A_{ij})| + \sum_{i=1}^{\infty} 2^{-i}\varepsilon \leqslant |\mu|(E) + \varepsilon.$$

令 $\varepsilon \to 0$, 得

$$\sum_i |\mu|(E_i) \leqslant |\mu|(E).$$ □

记可测空间 $(X, \mathfrak{M})$ 上实测度的全体为 $M(X, \mathfrak{M})$ 或者简单地记作 $M(X)$. 对任意的实测度 $\mu, \lambda \in M(X)$ 及任意的 $k \in \mathbb{R}$, 定义

$$(\mu+k\lambda)(E)=\mu(E)+k\lambda(E),\quad E\in\mathfrak{M}.$$

容易验证 (留作习题), $\mu+k\lambda$ 是 $(X,\mathfrak{M})$ 上的实测度. 这使得 $M(X)$ 成为线性空间.

引理 2.3.1

由式 (2.3.1) 定义的函数 $\|\cdot\|$ 是 $M(X)$ 上的范数.

证明 (1) 任给 $\mu\in M(X)$. 显然 $\|\mu\|\geqslant 0$ 且 $\|\mu\|=0$ 当且仅当 $\mu=0$, 即正定性成立.

下证 $\|\mu\|<\infty$. 用反证法, 设 $\|\mu\|=|\mu|(X)=\infty$, 则对任意的 $t>0$, 存在 X 的可测分解 $\{E_i\}$ 使得 $\sum\limits_{i=1}^{\infty}|\mu(E_i)|>t$. 特别地, 存在 $N\geqslant 1$ 使得 $\sum\limits_{i=1}^{N}|\mu(E_i)|>t$. 令

$$A=\bigcup_{\mu(E_i)<0,1\leqslant i\leqslant N}E_i,\quad B=\bigcup_{\mu(E_i)\geqslant 0,1\leqslant i\leqslant N}E_i,$$

使得 $|\mu(A)|+\mu(B)>t$. 不妨设 $\mu(B)>t/2$. 选取 $t>2(1+|\mu(X)|)$ 使得 $\mu(B)>1$ 且

$$|\mu(B^c)|\geqslant\mu(B)-|\mu(X)|>\frac{t}{2}-|\mu(X)|>1.$$

从而得到 X 的分解 $A_1\cup B_1$ 满足 $|\mu(A_1)|>1, |\mu(B_1)|>1$.

由于 $|\mu|(X)=\infty$, 从而还可以假设 $|\mu|(B_1)=\infty$. 对 B_1 重复上述分解并一直继续下去, 得到一列互不相交的集合 $\{A_i\}_{i\geqslant 1}$ 满足 $|\mu(A_i)|>1\ (\forall i\geqslant 1)$. 于是级数

$$\mu\left(\bigcup_{i=1}^{\infty}A_i\right)=\sum_{i=1}^{\infty}\mu(A_i)$$

不可能收敛. 这与实测度的定义矛盾, 故 $\|\mu\|<\infty$.

(2) 用定义直接可得到 $\|k\mu\|=|k|\|\mu\|\ (k\in\mathbb{R})$, 即范数的齐次性成立.

(3) 任给 $\mu,\nu\in M(X)$. 任给 X 的可测分解 $\{E_i\}_{i\geqslant 1}$. 由定义 2.3.2 可知,

$$\sum_{i=1}^{\infty}|(\mu+\nu)(E_i)|\leqslant\sum_{i=1}^{\infty}|\mu(E_i)|+\sum_{i=1}^{\infty}|\nu(E_i)|\leqslant\|\mu\|+\|\nu\|.$$

式中, 左边对所有的分解取上确界得 $\|\mu+\nu\|\leqslant\|\mu\|+\|\nu\|$, 即三角不等式成立. □

下面证明 $(M(X),\|\cdot\|)$ 是完备的赋范空间.

定理 2.3.2

$(M(X),\|\cdot\|)$ 是 Banach 空间.

证明 (1) 设 $\{\mu_i\}_{i\geqslant 1}\subset M(X)$ 是一族 Cauchy 列, 即对任意的 $\varepsilon>0$, 存在 $N\geqslant 1$, 当 $m>n>N$ 时

$$\|\mu_m-\mu_n\|=|\mu_m-\mu_n|(X)<\varepsilon.$$

则对任意的可测集 $E\in\mathfrak{M}$, 都有

$$|\mu_m(E)-\mu_n(E)|\leqslant|\mu_m-\mu_n|(E)\leqslant\|\mu_m-\mu_n\|<\varepsilon.$$

因此, 对所有的可测集 $E\in\mathfrak{M}$, $\{\mu_m(E)\}_{m\geqslant 1}$ 是 $\mathbb{R}$ 中一致收敛的 Cauchy 列. 定义

$$\mu(E) = \lim_{m\to\infty} \mu_m(E), \quad E \in \mathfrak{M}.$$

(2) 下证 $\mu \in M(X)$. 任给可测集 E 及其任一可测分解 $\{E_i\}_{i\geqslant 1}$. 固定 $k \geqslant 1$. 当 $n > N$ 时,

$$\begin{aligned}
\sum_{i=1}^{k} |\mu(E_i) - \mu_n(E_i)| &= \lim_{m\to\infty} \sum_{i=1}^{k} |\mu_m(E_i) - \mu_n(E_i)| \\
&\leqslant \limsup_{m\to\infty} \sum_{i=1}^{\infty} |\mu_m(E_i) - \mu_n(E_i)| \\
&\leqslant \limsup_{m\to\infty} |\mu_m - \mu_n|(E) \\
&\leqslant \limsup_{m\to\infty} \|\mu_m - \mu_n\| \leqslant \varepsilon.
\end{aligned}$$

固定 $n > N$. 当 $k \to \infty$ 时,

$$\sum_{i=1}^{\infty} |\mu(E_i) - \mu_n(E_i)| \leqslant \varepsilon. \tag{2.3.3}$$

这意味着

$$\lim_{n\to\infty} \sum_{i=1}^{\infty} \mu_n(E_i) = \sum_{i=1}^{\infty} \mu(E_i).$$

另外, 因 μ_n 是实测度, 故 $\sum_{i=1}^{\infty} \mu_n(E_i) = \mu_n(E)$, 则

$$\mu(E) = \lim_{n\to\infty} \mu_n(E) = \lim_{n\to\infty} \sum_{i=1}^{\infty} \mu_n(E_i) = \sum_{i=1}^{\infty} \mu(E_i).$$

这表明 $\mu \in M(X)$.

(3) 下证 $\|\mu_m - \mu\| \to 0\ (m \to \infty)$. 利用式 (2.3.3) 与全变差测度的定义, 当 $n > N$ 时,

$$|\mu - \mu_n|(E) \leqslant \varepsilon.$$

特别地, 取 $E = X$, 得 $\|\mu - \mu_n\| \leqslant \varepsilon$. 因此 μ_n 依范数收敛到 μ. □

2.3.2 实测度的 Radon-Nikodym-Lebesgue 分解

定义 2.3.3

设 $\mu \in M(X)$.

(1) 称

$$\mu^+ = \frac{1}{2}(|\mu| + \mu), \quad \mu^- = \frac{1}{2}(|\mu| - \mu) \in M(X)$$

是 μ 的正部和负部.

(2) 设 μ 是 $\mathbb{R}^n$ 上的 Borel 实测度. 当 $|\mu|$ 是 Borel 正则测度时, 称 μ 是 $\mathbb{R}^n$ 上的 Borel 正则测度.

类似于函数 f 的正负部 $f^{\pm} = (|f| \pm f)/2$, 易见 $\mu^{\pm}$ 均为 $(X, \mathfrak{M})$ 上的正测度, 且

$$|\mu| = \mu^+ + \mu^-, \quad \mu = \mu^+ - \mu^-.$$

特别地, $\mu^{\pm} \ll |\mu|$, 即对任意的可测集 $E \in \mathfrak{M}$, $|\mu|(E) = 0$ 意味着 $\mu^{\pm}(E) = 0$. 特别地, 由 $\|\mu\| < \infty$ 可知, 当 μ 是 $\mathbb{R}^n$ 上的 Borel 正则实测度时, 则 $|\mu|$ 一定是 Radon 测度. 因此, 由 Radon-Nikodym 定理, 我们有下面相关定理等.

定理 2.3.3

设 μ 是 $\mathbb{R}^n$ 上的 Borel 正则实测度, 则存在 $h \in L^1(\mathbb{R}^n, |\mu|)$, 使得

$$\mu(E) = \int_E h \mathrm{d}|\mu|, \quad \forall E \in \mathcal{B}(\mathbb{R}^n), \tag{2.3.4}$$

且 $|h| = 1$ 对 $|\mu|$-a.e. $x \in \mathbb{R}^n$ 成立.

下面用记号

$$\mathrm{d}\mu = h\mathrm{d}|\mu|$$

表示形如式 (2.3.4) 的关系.

证明 令 $h^{\pm} = D_{|\mu|}\mu^{\pm}$ 使得 $\mu^{\pm}(E) = \int_E h^{\pm}\mathrm{d}|\mu|$. 再令 $h = h^+ - h^-$, 即可得

$$\mu(E) = \int_E h\mathrm{d}|\mu|, \quad E \in \mathcal{B}(\mathbb{R}^n).$$

只需证 $|h| = 1$ 对 $|\mu|$-a.e. $x \in \mathbb{R}^n$ 成立. 任给 $k > 0$, 令 $E_k = \{x \in \mathbb{R}^n : h > k\}$, 则

$$|\mu|(E_k) \geqslant \mu(E_k) = \int_{E_k} h\mathrm{d}|\mu| \geqslant k|\mu|(E_k).$$

因此, 对任意的 $k > 1$, 必然有 $|\mu(E_k)| = 0$. 当 $k < 0$ 时, 令 $E'_k = \{x \in \mathbb{R}^n : h < k\}$, 则

$$|\mu|(E'_k) \geqslant -\mu(E'_k) = \int_{E'_k} -h\mathrm{d}|\mu| \geqslant -k|\mu|(E'_k).$$

因此, 当 $k < -1$ 时, 必然有 $|\mu(E'_k)| = 0$. 综上可知, $|h(x)| \leqslant 1$ 对 $|\mu|$-a.e. $x \in \mathbb{R}^n$ 成立.

再对任意的 $0 \leqslant k < 1$, 令 $E_k = \{x \in \mathbb{R}^n : |h| \leqslant k\}$, 则对 E_k 的任意可测分解 $\{E_{ki}\}_{i=1}^{\infty}$, 都有

$$|\mu(E_{ki})| = \left|\int_{E_{ki}} h\mathrm{d}|\mu|\right| \leqslant \int_{E_{ki}} |h|\mathrm{d}|\mu| \leqslant k|\mu|(E_{ki}).$$

从而 $\sum_{i=1}^{\infty} |\mu(E_{ki})| \leqslant k|\mu|(E_k)$. 这意味着

$$|\mu|(E_k) \leqslant k|\mu|(E_k).$$

由于 $k<1$, 所以 $|\mu(E_k)|=0$. 故对 μ-几乎所有的 $x\in\mathbb{R}^n$ 都有 $|h(x)|=1$. □

定理 2.3.4

设 μ 是 $\mathbb{R}^n$ 上的 Borel 正则实测度, $h\in L^1(\mathbb{R}^n,|\mu|)$. 定义

$$\lambda(E)=\int_E h\mathrm{d}|\mu|,\quad E\in\mathcal{B}(\mathbb{R}^n).$$

则 λ 是 $\mathbb{R}^n$ 上的 Borel 实测度且 λ 的全变差测度为

$$|\lambda|(E)=\int_E |h|\mathrm{d}|\mu|,\quad E\in\mathcal{B}(\mathbb{R}^n).$$

证明 由定理 2.3.3 可知, $\mathrm{d}\lambda=g\mathrm{d}|\lambda|$ 且 $|g|=1|\lambda|$-a.e., 即

$$\mathrm{d}|\lambda|=g\mathrm{d}\lambda=gh\mathrm{d}|\mu|.$$

因此 $gh=D_{|\mu|}|\lambda|\geqslant 0$. 因 $|g|=1$a.e., 故 $gh=|gh|=|h|$. □

定理 2.3.5 (实测度的 Radon–Nikodym–Lebesgue 定理)

设 μ 是 $\mathbb{R}^n$ 上的 Radon 测度, ν 是 Borel 正则实测度, 则存在 Borel 正则实测度 ν_{ac} 与 ν_s, 使得

$$\nu=\nu_{ac}+\nu_s,$$

其中: (1) 存在 $h\in L^1(\mathbb{R}^n,\mu)$, 使得 $\nu_{ac}(E)=\int_E h\mathrm{d}\mu, \forall E\in\mathcal{B}(\mathbb{R}^n)$;

(2) $|\nu_s|\perp\mu$.

定义 2.3.4

ν_{ac} 与 ν_s 分别称为 ν 相对于 μ 的绝对连续部分与奇异部分.

证明 分析 通过实测度的正负部化归为正测度的对应定理.

由 Radon-Nikodym-Lebesgue 分解中定理 1.8.3, $\nu^{\pm}(E)=\int_E D_\mu\nu^{\pm}\mathrm{d}\mu+\nu_s^{\pm}(E)$, $E\in\mathcal{B}(\mathbb{R}^n)$. 定义

$$\nu_{ac}(E)=\int_E(D_\mu\nu^+-D_\mu\nu^-)\mathrm{d}\mu,\quad \nu_s(E)=\nu_s^+(E)-\nu_s^-(E)$$

即可. □

2.4 $L^p(\mathbb{R}^n,\mu)$ 空间的对偶空间

2.3 节介绍了实测度, 本节主要研究 $\mathbb{R}^n$ 上的 Lebesgue 函数空间的对偶空间. 设 μ 是 $\mathbb{R}^n$ 上的任一 Radon 测度. 简记

$$L^p(\mu)=L^p(\mathbb{R}^n,\mu),\quad \|f\|_p=\|f\|_{L^p(\mu)}.$$

用 $(L^p(\mu))^*$ 表示 $L^p(\mu)$ 的对偶空间.

先做一个简单的观察: 任给函数 $f \in L^{p'}(\mathbb{R}^n)$, 由 Hölder 不等式得

$$\int_{\mathbb{R}^n} fg\mathrm{d}\mu \leqslant \|f\|_{p'}\|g\|_p, \quad \forall\, g \in L^p(\mu). \tag{2.4.1}$$

式中 $g \in L^p(\mu)$ 是线性的, 即对任意的 $g_1, g_2 \in L^p(\mu)$, $k_1, k_2 \in \mathbb{R}$, 有

$$\int_{\mathbb{R}^n} f(k_1g_1 + k_2g_2)\mathrm{d}\mu = k_1\int_{\mathbb{R}^n} fg_1\mathrm{d}\mu + k_1\int_{\mathbb{R}^n} fg_1\mathrm{d}\mu.$$

因此 f 诱导了 $L^p(\mu)$ 上的一个有界线性泛函

$$T_f\colon L^p(\mu) \to \mathbb{R}, \quad g \mapsto \int_{\mathbb{R}^n} fg\mathrm{d}\mu;$$

并且由不等式 (2.4.1) 可知

$$\|T_f\| \equiv \sup_{g\in L^p(\mu), \|g\|_p\leqslant 1} |T_f(g)| \leqslant \|f\|_{p'}. \tag{2.4.2}$$

实际上, 上述估计中的等号是成立的.

命题 2.4.1

有

$$\|T_f\| = \|f\|_{p'}.$$

证明 分析 证明式 (2.4.2) 中的等号成立. 不妨设 $\|f\|_{p'} > 0$.

当 $1 < p < \infty$ 时, 取 $g = |f|^{p'-2}f$, 则 $\|g\|_p = \|f\|_{p'}^{p'-1} < \infty$ 且

$$T_f(g) = \int_{\mathbb{R}^n} |f|^{p'}\mathrm{d}\mu = \|f\|_{p'}\|g\|_p.$$

当 $p = \infty$ 时, $p' = 1$. 取

$$g(x) = \mathrm{sgn}(f(x)) = \begin{cases} \dfrac{f(x)}{|f(x)|}, & f(x) \neq 0, \\ 0, & f(x) = 0. \end{cases}$$

则 $\|g\|_\infty = 1$ 且

$$T_f(g) = \int_{\mathbb{R}^n} |f|\mathrm{d}\mu = \|f\|_1\|g\|_\infty.$$

当 $p = 1$ 时, $f \in L^\infty(\mathbb{R}^n)$. 令 $0 < t < 1$, $A_t = \{x \in \mathbb{R}^n\colon |f(x)| > t\|f\|_\infty\}$. 由 $\|f\|_\infty$ 的定义知 $\mu(A_t) > 0$. 不妨设 $\mu(A_t) < \infty$; 否则取 A_t 与一个充分大的球的交集. 令 $g = \mathrm{sgn}(f(x))\chi_{A_t}$, 有 $\|g\|_1 = \mu(A_t)$, 且

$$T_f(g) = \int_{A_t} |f|\mathrm{d}\mu \geqslant t\|f\|_\infty\mu(A_t) = t\|f\|_\infty\|g\|_1.$$

这说明 $\|T_f\| \geqslant t\|f\|_\infty$. 由于 $t \in (0,1)$ 是任意的, 令 $t \to 1$ 可知 $\|T_f\| \geqslant \|f\|_\infty$. 因此, 结合式 (2.4.2) 得 $\|T_f\| = \|f\|_\infty$. □

由上述讨论, 我们可以定义映射

$$\Phi\colon L^{p'}(\mu) \to \left(L^p(\mu)\right)^*, \quad f \mapsto T_f. \tag{2.4.3}$$

易证 Φ 是线性的, 且由命题 2.4.1 可知

$$\|\Phi f\| = \|T_f\| = \|f\|_{p'}, \quad \forall f \in L^{p'}(\mu).$$

因此, 通过映射 Φ 有

$$L^{p'}(\mu) \text{ 等距嵌入 } (L^p(\mu))^*, \quad \forall\, 1 \leqslant p \leqslant \infty.$$

注 2.4.1　在上述证明过程中, 我们不需要用到集合 $\mathbb{R}^n$ 的任何特殊性质. 即对任意的外测度空间 (X,μ), 也有

$$L^{p'}(X,\mu) \text{ 等距嵌入 } \left(L^p(X,\mu)\right)^*, \quad \forall\, 1 \leqslant p \leqslant \infty.$$

下面的定理表明: 当 $1 \leqslant p < \infty$ 且 $X = \mathbb{R}^n$ 时, 由式 (2.4.3) 定义的映射 $\Phi\colon L^{p'}(\mu) \to \left(L^p(\mu)\right)^*$ 是满射, 从而 $\left(L^p(\mu)\right)^*$ 与 $L^{p'}(\mu)$ 等距线性同构. (读者可尝试将下述定理推广到更一般的测度空间 X, 见文献 [13] 中定理 6.16).

定理 2.4.1　[$(L^p(\mu))^*$ 表示定理]

设 $1 \leqslant p < \infty$, 则对任意的 $T \in \left(L^p(\mu)\right)^*$, 都存在唯一的 $f \in L^{p'}(\mu)$, 使得

$$Tg = \int_{\mathbb{R}^n} fg\,\mathrm{d}\mu, \quad \forall\, g \in L^p(\mu),$$

即 $T = T_f$, 且

$$\|T\| = \|f\|_{p'}.$$

证明　根据 μ 的大小分两种情况进行讨论.

情形 (1): $\|\mu\| = \mu(\mathbb{R}^n) < \infty$.

此时对任意的 μ-可测集 E, 特征函数 $\chi_E \in L^p(\mu)$ 且 $\|\chi_E\|_p = \mu(E)^{1/p}$. 由此可以定义函数

$$\nu\colon \mathcal{M}(\mu) \to \mathbb{R}, \quad E \mapsto \nu(E) = T(\chi_E).$$

第 1 步. **断言**: ν 是 $(\mathbb{R}^n, \mathcal{M}(\mu))$ 上的实测度, 且 $|\nu| \ll \mu$.

断言的证明: 任给可测集 $E \in \mathcal{M}(\mu)$ 及其可测分解 $\{E_i\}_{i=1}^\infty$. 因 $\{E_i\}$ 互不相交, 故对任意的 $N \geqslant 1$, $0 \leqslant \chi_E - \sum\limits_{i=1}^N \chi_{E_i} = \chi_E - \chi_{\bigcup\limits_{i=1}^N E_i} \leqslant \chi_E$. 从而由控制收敛定理, 可得

$$\int_{\mathbb{R}^n} \left|\chi_E - \sum_{i=1}^N \chi_{E_i}\right|^p \mathrm{d}\mu \to 0,$$

即 $\sum\limits_{i=1}^N \chi_{E_i}$ 在 $L^p(\mu)$ 中收敛到 χ_E. 于是,

$$\left|T\left(\sum_{i=L}^N \chi_{E_i}\right)\right| \leqslant \|T\| \sum_{i=L}^N \|\chi_{E_i}\|_p \to 0, \quad \text{当 } L, N \to \infty \text{ 时}.$$

这意味着级数 $\sum_{i=1}^{\infty} T(\chi_{E_i})$ 收敛. 因此, 由 T 的连续性与线性性, 可得

$$\nu(E) = T(\chi_E) = T\left(\lim_{N\to\infty}\sum_{i=1}^{N}\chi_{E_i}\right) = \lim_{N\to\infty} T\left(\sum_{i=1}^{N}\chi_{E_i}\right)$$
$$= \lim_{N\to\infty}\sum_{i=1}^{N} T\left(\chi_{E_i}\right) = \sum_{i=1}^{\infty}\nu(E_i).$$

这表明 ν 是 $(\mathbb{R}^n, \mathcal{M}(\mu))$ 上的实测度.

再注意对任意的可测集合 $E \in \mathcal{M}(\mu)$, 有

$$|\nu(E)| \leqslant \|T\| \cdot \|\chi_E\|_p = \|T\| \cdot \mu(E)^{1/p}.$$

故 $\nu \ll \mu$. 从而 $|\nu| \ll \mu$ (留作习题). 断言得证. □

第 2 步. 由第 1 步断言与定理 2.3.5 可知, 存在 $g \in L^1(\mu)$, 使得

$$T(\chi_E) = \nu(E) = \int_E g\mathrm{d}\mu = \int_{\mathbb{R}^n} \chi_E g\mathrm{d}\mu.$$

从而对任意的简单函数 $s = \sum_{i=1}^{k} c_i\chi_{E_i}$ 都有 $T(s) = \int_{\mathbb{R}^n} sg\mathrm{d}\mu$. 进一步, 对任意有界 μ-可测函数 f, 通过简单可测函数的一致逼近, 可得

$$T(f) = \int_{\mathbb{R}^n} fg\mathrm{d}\mu. \tag{2.4.4}$$

第 3 步. 式 (2.4.4) 已对泛函 T 给出了一定程度的表示. 为证明上式对所有的 $f \in L^p(\mu)$ 成立, 首先证明

$$g \in L^{p'}(\mu) \quad 且 \quad \|g\|_{p'} \leqslant \|T\|.$$

先考虑 $p = 1$ 的情况. 对任意的 $k > 0$, 令 $E_k = \{x \in \mathbb{R}^n : |g| \geqslant k\}$, 则 $f \equiv \mathrm{sgn}(g)\chi_{E_k}$ 是有界可测函数. 从而由式 (2.4.4) 得

$$k\mu(E_k) \leqslant \int_{E_k} |g|\mathrm{d}\mu = \int_{\mathbb{R}^n} fg\mathrm{d}\mu = T(f) \leqslant \|T\|\|f\|_1 = \|T\|\mu(E_k).$$

因此, 当 $k > \|T\|$ 时, $\mu(E_k) = 0$. 这表明 $g \in L^\infty(\mu)$ 且 $\|g\|_\infty \leqslant \|T\|$.

当 $1 < p < \infty$ 时, 取 $f_N = |g|^{p'-2} g\chi_{\{|g|\leqslant N\}}$, $N > 0$. 易知 f_N 是有界可测函数且 $\|f_N\|_p = \|g\chi_{\{|g|\leqslant N\}}\|_{p'}^{p'-1}$. 从而由式 (2.4.4) 得

$$\int_{\{|g|\leqslant N\}} |g|^{p'}\mathrm{d}\mu = T(f_N) \leqslant \|T\| \left(\int_{\{|g|\leqslant N\}} |g|^{p'}\mathrm{d}\mu\right)^{\frac{p'-1}{p'}}.$$

即

$$\int_{\{|g|\leqslant N\}} |g|^{p'}\mathrm{d}\mu \leqslant \|T\|^{p'}.$$

令 $N \to \infty$ 得 $g \in L^{p'}(\mu)$ 且 $\|g\|_{p'} \leqslant \|T\|$.

第 4 步. 证式 (2.4.4) 对所有的 $f \in L^p(\mu)$ 都成立, 从而完成在情形 (1) 下定理的证明.

任给 $f \in L^p(\mu)$, 令 $f_k = f\chi_{\{|f|\leqslant k\}}$, 则 f_k 是有界可测函数, $\lim\limits_{k\to\infty} f_k = f$ 且 $|f_k| \leqslant |f|$. 由控制收敛定理可知 $\displaystyle\int_{\mathbb{R}^n} |f - f_k|^p \to 0$. 因此 f_k 在 $L^p(\mu)$ 中收敛到 f. 于是由 T 的连续性、式 (2.4.4) 及 Hölder 不等式, 可得

$$T(f) = \lim_{k\to\infty} T(f_k) = \lim_{k\to\infty} \int_{\mathbb{R}^n} f_k g \mathrm{d}\mu = \int_{\mathbb{R}^n} f g \mathrm{d}\mu.$$

最后由命题 2.4.1 可知 $\|g\|_{p'} = \|T\|$. 因此情形 (1) 下定理得证.

情形 (2): $\mu(\mathbb{R}^n) = \infty$.

此时可以化归到情形 (1) 的证明. 令

$$w(x) = \chi_{B_1(0)} + \sum_{k=1}^{\infty} \frac{\chi_{B_{k+1}(0)\backslash B_k(0)}(x)}{2^k\left(1 + \mu(B_{k+1}(0)\backslash B_k(0))\right)}, \quad x \in \mathbb{R}^n.$$

显然 w 是 Borel 可测函数, $0 < w(x) < 1$ 对所有的 $x \in \mathbb{R}^n$ 成立, 且 $w \in L^1(\mu)$:

$$\int_{\mathbb{R}^n} w \mathrm{d}\mu \leqslant \mu(B_1(0)) + \sum_{k=1}^{\infty} 2^{-k} < \infty.$$

用 w 做权函数定义正测度 $\bar{\mu}$, 使得 $\bar{\mu}(E) = \displaystyle\int_E w \mathrm{d}\mu$, $E \in \mathcal{M}(\mu)$, 则 $\bar{\mu}$ 是有限的 Radon 测度且 $\mathrm{d}\mu = w^{-1}\mathrm{d}\bar{\mu}$.

将 $L^p(\mu)$ 与 $L^p(\bar{\mu})$ 对应. 注意, $f \in L^p(\mu)$ 当且仅当 $fw^{-1/p} \in L^p(\bar{\mu})$. 因而用有界线性泛函 T 可以定义 $L^p(\bar{\mu})$ 上的有界线性泛函

$$\bar{T}(\bar{f}) = T(\bar{f}w^{1/p}), \quad \bar{f} \in L^p(\bar{\mu}),$$

且易知 $\|\bar{T}\| = \|T\|$. 于是由情形 (1) 可得 $\bar{g} \in L^{p'}(\bar{\mu})$, $\|\bar{g}\|_{L^{p'}(\bar{\mu})} = \|\bar{T}\|$, 使得

$$T(f) = \bar{T}\left(\frac{f}{w^{1/p}}\right) = \int_{\mathbb{R}^n} \frac{f}{w^{1/p}} \bar{g} \mathrm{d}\bar{\mu} = \int_{\mathbb{R}^n} f\bar{g}w^{\frac{1}{p'}} \mathrm{d}\mu, \quad f \in L^p(\mu).$$

为完成证明, 只需令 $g = \bar{g}w^{1/p'}$ 即可. 易得 $\|g\|_{L^{p'}(\mu)} = \|\bar{g}\|_{L^{p'}(\bar{\mu})} = \|\bar{T}\| = \|T\|$. 因此情形 (2) 得证. □

最后给出一个简单推论.

推论 2.4.1

当 $1 < p < \infty$ 时, $L^p(\mu)$ 是自共轭空间, 即

$$\left(L^p(\mu)\right)^{**} \cong L^p(\mu),$$

其中, $\cong$ 表示等距同构.

这是因为当 $1 < p < \infty$ 时, p' 的 Hölder 共轭指标是 p 且 $1 < p' < \infty$. 从而应用两次定理 2.4.1 即得

$$\left(L^p(\mu)\right)^{**} \cong \left(L^{p'}(\mu)\right)^* \cong L^p(\mu).$$

这一结论对 $p = 1$ 不成立, 下面在 2.5 节继续讨论.

2.5 $C_0(\mathbb{R}^n)$ 的对偶空间

在 2.4 节中, 证明了 $(L^1(\mu))^* \cong L^\infty(\mu)$. 但一般来说, $L^1(\mu)$ 不是自反空间, 只有

$$(L^\infty(\mu))^* \supsetneqq L^1(\mu).$$

在本节中, 考察 $L^\infty(\mu)$ 的子空间 $C_0(\mathbb{R}^n)$ (见定义 2.2.1), 并刻画其对偶空间.

为表示 $C_0(\mathbb{R}^n)$ 上的有界线性泛函, 引进记号

$$M_{\mathcal{B}}(\mathbb{R}^n)$$

表示由 $\mathbb{R}^n$ 上 Borel 正则的实测度全体构成的 Banach 空间. 它是 $\mathbb{R}^n$ 上实测度空间的闭子空间. 对任意的 Borel 正则实测度 μ, 由定理 2.3.3, 存在 $h \in L^1(|\mu|)$ 使得 $\mathrm{d}\mu = h\mathrm{d}|\mu|$, 并且 $|h|$ 在 $\mathbb{R}^n$ 上 $|\mu|$-几乎处处等于 1. 因而对任意的有界 Borel 可测函数 f, 定义

$$\int_{\mathbb{R}^n} f\mathrm{d}\mu \equiv \int_{\mathbb{R}^n} fh\mathrm{d}|\mu|.$$

然后再定义

$$T_\mu : C_0(\mathbb{R}^n) \to \mathbb{R}, \quad f \mapsto T_\mu(f) \equiv \int_{\mathbb{R}^n} f\mathrm{d}\mu.$$

易证 $T_\mu \in (C_0(\mathbb{R}^n))^*$ 且 $\|T\| \leqslant \|\mu\|$. 事实上, 类似于命题 2.4.1, 有如下命题.

命题 2.5.1

$$\|T_\mu\| = \|\mu\|. \tag{2.5.1}$$

证明 只需要证明 $\|T_\mu\| \geqslant \|\mu\|$. 为此, 取一列具有紧支集的连续函数 f_k, 使得 $0 \leqslant f_k \leqslant 1$ 且 f_k 几乎处处收敛到 $\mathrm{sgn}(h)$, 则由控制收敛定理, 可得

$$\|\mu\| = \int_{\mathbb{R}^n} |h|\mathrm{d}|\mu| = \lim_{k\to\infty} \int_{\mathbb{R}^n} f_k h\mathrm{d}|\mu| = \lim_{k\to\infty} T_\mu(f_k) \leqslant \|T_\mu\|.$$

□

类似于 2.3 节分析可见

$$M_{\mathcal{B}}(\mathbb{R}^n) \text{ 等距嵌入 } (C_0(\mathbb{R}^n))^*.$$

下面证明上述等距嵌入还是等距线性同构.

定理 2.5.1 (Riesz 表示定理)

对任意的有界线性泛函 $T \in (C_0(\mathbb{R}^n))^*$, 都存在唯一的 $\mu \in M_{\mathcal{B}}(\mathbb{R}^n)$ 使得

$$Tf = \int_{\mathbb{R}^n} f\mathrm{d}\mu, \quad \forall f \in C_0(\mathbb{R}^n), \tag{2.5.2}$$

即 $T = T_\mu$, 且 $\|T\| = \|\mu\|$.

证明 设 $T \in (C_0(\mathbb{R}^n))^*$. 由式 (2.5.1) 知, 只需要证明存在唯一的 $\mu \in M_{\mathcal{B}}(\mathbb{R}^n)$, 使得式 (2.5.2) 成立即可. 这里, 证明的想法是引进 T 的正线性控制泛函, 从而可以应用正线性泛函的表示定理 1.5.1 得到 μ.

如同定义实测度的全变差测度一样, 对任意的 $f \in C_c(\mathbb{R}^n)$, $f \geqslant 0$, 定义 T 的控制泛函

$$S(f) = \sup\{Tg : g \in C_c(\mathbb{R}^n), |g| \leqslant f\}.$$

显然 $S(f) \geqslant 0$; 且齐次性成立: $S(kf) = kS(f)$ $(\forall k \geqslant 0)$. 再由 T 的有界性, 可得

$$S(f) \leqslant \|T\|\|f\|_0. \tag{2.5.3}$$

第 1 步. **断言**: 任给 $f_1, f_2 \in C_c(\mathbb{R}^n)$, $f_1, f_2 \geqslant 0$, 有 (可加性)

$$S(f_1 + f_2) = S(f_1) + S(f_2).$$

断言的证明: 任给 $\varepsilon > 0$. 令 $g_i \in C_c(\mathbb{R}^n)$, $|g_i| \leqslant f_i$ $(i = 1, 2)$, 使得 $T(g_i) \geqslant S(f_i) - \varepsilon/2$. 从而由 T 的线性可知

$$T(g_1 + g_2) = T(g_1) + T(g_2) \geqslant S(f_1) + S(f_2) - \varepsilon.$$

注意, $g_1 + g_2 \in C_c(\mathbb{R}^n)$ 且 $|g_1 + g_2| \leqslant f_1 + f_2$. 故由 S 的定义知 $S(f_1 + f_2) \geqslant S(f_1) + S(f_2) - \varepsilon$. 再由 ε 的任意性, 可得

$$S(f_1 + f_2) \geqslant S(f_1) + S(f_2).$$

另外, 任给 $g \in C_c(\mathbb{R}^n)$, $|g| \leqslant f_1 + f_2$. 令

$$g_i = \begin{cases} \dfrac{f_i}{f_1 + f_2} g, & f_1 + f_2 > 0, \\ 0, & f_1 + f_2 = 0. \end{cases}$$

易证 $g_i \in C_c(\mathbb{R}^n)$ 且 $|g_i| \leqslant f_i$. 因此, 由

$$T(g) = T(g_1 + g_2) = T(g_1) + T(g_2) \leqslant S(f_1) + S(f_2)$$

以及 g 的任意性可知

$$S(f_1 + f_2) \leqslant S(f_1) + S(f_2).$$

断言得证. □

第 2 步. 对任意的 $f \in C_c(\mathbb{R}^n)$, 定义 $S(f) \equiv S(f^+) - S(f^-)$, 使得 S 成为 $C_c(\mathbb{R}^n)$ 上的正线性泛函. 从而由正线性泛函表示定理 1.5.1 可知, 存在 Radon 测度 λ 使得

$$S(f) = \int_{\mathbb{R}^n} f\mathrm{d}\lambda, \quad f \in C_c(\mathbb{R}^n).$$

又由式 (2.5.3) 知, 对任意的 $f \in C_c(\mathbb{R}^n)$,

$$|S(f)| \leqslant S(f^+) + S(f^-) \leqslant 2\|T\|\|f\|_0.$$

故由 λ 的定义 (见式 1.5.5) 得

$$\lambda(\mathbb{R}^n) \equiv \sup\{S(f) : f \in C_c(\mathbb{R}^n), 0 \leqslant f \leqslant 1\} \leqslant 2\|T\| < \infty.$$

从而 λ 是有限的 Radon 测度.

第 3 步. 回到泛函 T. 对任意的 $f \in C_c(\mathbb{R}^n)$,

$$|Tf| \leqslant S(|f|) = \int_{\mathbb{R}^n} |f| \mathrm{d}\lambda = \|f\|_{L^1(\lambda)}.$$

因 $C_c(\mathbb{R}^n)$ 在 $L^1(\lambda)$ 中稠密, 故 T 可以唯一地保范延拓到 $L^1(\lambda)$ 上, 使得 $T \in (L^1(\lambda))^*$, 且有 $\|T\|_{(L^1(\lambda))^*} \leqslant 1$. 应用定理 2.4.1, 存在唯一的 $g \in L^\infty(\lambda)$,

$$\|g\|_{L^\infty(\lambda)} = \|T\|_{(L^1(\lambda))^*} \leqslant 1,$$

使得

$$T(f) = \int_{\mathbb{R}^n} fg \mathrm{d}\lambda, \quad \forall f \in L^1(\lambda).$$

由于 λ 是 Borel 正则测度, 还可以进一步假设 g 是 Borel 可测函数 (留作习题).

接下来, 定义实测度

$$\mu(E) = \int_E g \mathrm{d}\lambda, \quad E \in \mathcal{M}(\lambda).$$

则 μ 是 Borel 正则的实测度, 使得

$$T(f) = \int_{\mathbb{R}^n} f \mathrm{d}\mu, \quad f \in C_c(\mathbb{R}^n).$$

显然上式可以进一步延拓到 $C_0(\mathbb{R}^n)$ 上得到 T 的表示.

第 4 步. 证明 μ 的唯一性. 这等价于证明: 如果实测度 μ 满足 $\int_{\mathbb{R}^n} f \mathrm{d}\mu = 0\ (\forall f \in C_c(\mathbb{R}^n))$, 则 $\mu = 0$. 任取 Borel 集 E. 由 Lusin 定理, 存在一列函数 $f_k \in C_c(\mathbb{R}^n)$ 关于测度 $|\mu|$ 几乎处处收敛到 χ_E, 且 f_k 一致有界. 从而由 Lebesgue 控制收敛定理, 可得

$$\mu(E) = \int_{\mathbb{R}^n} \chi_E \mathrm{d}\mu = \int_{\mathbb{R}^n} \chi_E h \mathrm{d}|\mu| = \lim_{k\to\infty} \int_{\mathbb{R}^n} f_k h \mathrm{d}|\mu| = \int_{\mathbb{R}^n} f_k \mathrm{d}\mu = 0.$$

其中, 最后一个等号用到了假设. 因 E 是任意的 Borel 集, 故足以说明 $\mu = 0$. □

* 扩展阅读: 更一般的 Riesz 表示定理

前面研究了 $C_c(\mathbb{R}^n)$ 上有界线性泛函的表示定理. 进一步的研究还需要更一般的 Riesz 表示定理. 接下来用

$$C_c(\mathbb{R}^n, \mathbb{R}^m)$$

表示具有紧支集的连续映射 $f: \mathbb{R}^n \to \mathbb{R}^m$ 的全体.

定理 2.5.2 (Riesz 表示定理)

设 $L: C_c(\mathbb{R}^n, \mathbb{R}^m) \to \mathbb{R}$ 是线性算子, 且对任意的紧集 $K \subset \mathbb{R}^n$,

$$C_K \equiv \sup\{Lf: f \in C_c(\mathbb{R}^n), \operatorname{supp}(f) \subset K, |f| \leqslant 1\} < \infty. \tag{2.5.4}$$

则存在 $\mathbb{R}^n$ 上的 Radon 测度 μ, 以及 μ-可测映射 $\nu: \mathbb{R}^n \to \mathbb{R}^m$, 使得

$$Lf = \int_{\mathbb{R}^n} f \cdot \nu \mathrm{d}\mu, \quad \forall f \in C_c(\mathbb{R}^n, \mathbb{R}^m),$$

并且 $|\nu| = 1$ μ-a.e..

定理 2.5.2 中的 L 既不必是正线性泛函, 也不必是有界线性泛函. 假设式 (2.5.4) 只是一种局部有界性条件.

证明 如同定理 2.5.1 一样, 证明想法是引进 L 的正线性控制泛函, 从而可以应用正线性泛函的表示定理.

(1) 先考虑函数的情形, 即 $m = 1$. 对任意的 $f \in C_c(\mathbb{R}^n)$, $f \geqslant 0$, 定义

$$S(f) = \sup\{Lg : g \in C_c(\mathbb{R}^n), |g| \leqslant f\}.$$

由式 (2.5.4), 得

$$0 \leqslant S(f) \leqslant C_{\operatorname{supp}(f)} \|f\|_0 < \infty.$$

类似定理 2.5.1, S 可以延拓成整个 $C_c(\mathbb{R}^n)$ 上的正线性泛函. 从而存在 Radon 测度 λ, 使得

$$Sf = \int_{\mathbb{R}^n} f \mathrm{d}\lambda, \quad \forall f \in C_c(\mathbb{R}^n).$$

于是对任意的 $f \in C_c(\mathbb{R}^n)$,

$$|Lf| \leqslant S(|f|) = \|f\|_{L^1(\lambda)}.$$

从而 L 可以唯一延拓成 $L^1(\lambda)$ 上的有界线性泛函. 由表示定理 2.4.1 可知, 存在唯一的 $g \in L^\infty(\lambda)$, $\|g\|_{L^\infty(\lambda)} = \|L\|_{(L^1(\lambda))^*} \leqslant 1$, 使得

$$Lf = \int_{\mathbb{R}^n} fg \mathrm{d}\lambda, \quad \forall f \in C_c(\mathbb{R}^n).$$

再令 $\nu = \operatorname{sgn}(g)$, $\mathrm{d}\mu = |g|\mathrm{d}\lambda$, 即可得

$$Lf = \int_{\mathbb{R}^n} f\nu \mathrm{d}\mu, \quad f \in C_c(\mathbb{R}^n).$$

(2) 对一般的情形 $m \geqslant 1$, 令 $\{e_j\}_{j=1}^m$ 表示 $\mathbb{R}^m$ 的标准正交基, 定义

$$L_j(f) = L(fe_j), \quad f \in C_c(\mathbb{R}^n), \quad 1 \leqslant j \leqslant m.$$

注意, 所有的 L_j 可以用第一步中的同一个正线性泛函 S 来控制. 从而存在 Radon 测度 λ, 以及 $g_j \in L^\infty(\lambda)$, 使得

$$L(fe_j) = L_j(f) = \int_{\mathbb{R}^n} fg_j \mathrm{d}\lambda, \quad f \in C_c(\mathbb{R}^n).$$

从而对任意的 $f = (f_1, \cdots, f_m) \in C_c(\mathbb{R}^n, \mathbb{R}^m)$, 都有

$$Lf = \sum_{j=1}^{m} L(f_j e_j) = \int_{\mathbb{R}^n} f \cdot g \mathrm{d}\lambda,$$

其中, $g = (g_1, \cdots, g_m)$. 再令 $\nu = g(x)/|g(x)|\chi_{\{|g|>0\}}$, $\mathrm{d}\mu = |g|\mathrm{d}\lambda$, 则

$$Lf = \int_{\mathbb{R}^n} f \cdot \nu \mathrm{d}\mu.$$

显然

$$\mu(\{|\nu| \neq 1\}) = \mu\{g = 0\} = \int_{\{g=0\}} g \mathrm{d}\lambda = 0,$$

即 $|\nu| = 1$ μ-a.e.. □

下面给出定理 2.5.2 的一个应用.

设 U 是 $\mathbb{R}^n$ 中的开集, 简记

$$L^1(U) = L^1(U, \mathcal{L}^n).$$

定义 2.5.1

设 U 是 $\mathbb{R}^n$ 中的开集, $f \in L^1_{\mathrm{loc}}(U)$, 称 f 是 U 上的局部有界变差函数, 记作

$$f \in \mathrm{BV}_{\mathrm{loc}}(U),$$

如果对任意的开集 $V \subset\subset U$, 都有

$$C_V \equiv \sup\left\{\int_U f \mathrm{div}\phi \mathrm{d}x : \phi \in C_c^\infty(\mathbb{R}^n, \mathbb{R}^n), \mathrm{supp}(\phi) \subset V, |\phi| \leqslant 1\right\} < \infty.$$

有界变差函数是比第 3 章将要介绍的 Sobolev 函数光滑性还要弱的函数, 在几何测度论中起着非常重要的作用, 感兴趣的读者可以参阅文献 [3] 和文献 [9]. 可用表示定理 2.5.2 证明局部有界变差函数具有分部积分意义下的导数.

定理 2.5.3

设 $f \in \mathrm{BV}_{\mathrm{loc}}(U)$, 则存在 U 上的 Radon 测度 μ, 以及 U 上的 μ-可测函数 ν, 使得

$$\int_U f \mathrm{div}\phi \mathrm{d}x = \int_U \phi \cdot \nu \mathrm{d}\mu, \quad \phi \in C_c^\infty(U, \mathbb{R}^n).$$

从分部积分的角度来看, 向量值实测度 $\nu\mathrm{d}\mu$ 扮演着 f 的梯度的角色.

证明 定义线性泛函 L: $C_c(U, \mathbb{R}^n) \to \mathbb{R}$ 为

$$L\phi \equiv \int_U f \mathrm{div}\phi \mathrm{d}x.$$

任给紧集 K, 令开集 V 满足 $K \subset V \subset\subset U$. 由条件知,

$$C_K = \sup\{L\phi \colon \phi \in C_c^\infty(K, \mathbb{R}^n), |\phi| \leqslant 1\} \leqslant C_V < \infty.$$

因此

$$|L\phi| \leqslant C_V \|\phi\|_0, \quad \phi \in C_c^\infty(K, \mathbb{R}^n).$$

从而 L 可以唯一地延拓到 $C_c(U,\mathbb{R}^n)$, 使得 L 满足定理 2.5.2 的条件. 再用定理 2.5.2 的结论即可得证. □

2.6　L^p 空间的弱紧性

同 2.5 节, 给定 $\mathbb{R}^n$ 上的 Radon 测度 μ, 简记 $L^p(\mu)=L^p(\mathbb{R}^n,\mu)$. 用 $M_{\mathcal{B}}(\mathbb{R}^n)$ 表示 Borel 正则实测度空间.

定义 2.6.1

(1) 设 $1\leqslant p<\infty$, 称 $L^p(\mu)$ 中的函数列 $\{f_k\}$ 弱收敛到 $f\in L^p(\mu)$, 记作 $f_k\rightharpoonup f$.在 $L^p(\mu)$ 中, 如果

$$\lim_{k\to\infty}\int_{\mathbb{R}^n} f_k g\mathrm{d}\mu=\int_{\mathbb{R}^n} fg\mathrm{d}\mu,\quad \forall g\in L^{p'}(\mu).$$

(2) 称 $L^\infty(\mu)$ 中的函数列 $\{f_k\}$ 弱 * 收敛到 $f\in L^\infty(\mu)$, 记作 $f_k\overset{*}{\rightharpoonup} f$.在 $L^\infty(\mu)$ 中, 如果

$$\lim_{k\to\infty}\int_{\mathbb{R}^n} f_k g\mathrm{d}\mu=\int_{\mathbb{R}^n} fg\mathrm{d}\mu,\quad \forall g\in L^1(\mu).$$

(3) 称 $M_{\mathcal{B}}(\mathbb{R}^n)$ 中的 Borel 正则实测度列 $\{\mu_k\}$ 弱收敛到 $\nu\in M_{\mathcal{B}}(\mathbb{R}^n)$, 记作 $\mu_k\rightharpoonup\nu$.在 $M_{\mathcal{B}}(\mathbb{R}^n)$ 中, 如果

$$\lim_{k\to\infty}\int_{\mathbb{R}^n} g\mathrm{d}\mu_k=\int_{\mathbb{R}^n} g\mathrm{d}\nu,\quad \forall g\in C_0(\mathbb{R}^n).$$

下述两个定理的结论和证明都是标准的, 在泛函分析中有对应的一般性理论, 可见本节拓展阅读部分. 我们提供详细的证明过程, 以帮助初次接触泛函分析的读者理解核心概念.

定理 2.6.1 (范数的弱下半连续性)

设 $1\leqslant p<\infty$.

(1) 若 $L^p(\mu)$ 中的函数列 $\{f_k\}$ 弱收敛到 $f\in L^p(\mu)$, 则 $\{\|f_k\|_p\}_{k\geqslant 1}$ 一致有界, 且

$$\|f\|_p\leqslant\liminf_{k\to\infty}\|f_k\|_p.$$

(2) 若 $L^\infty(\mu)$ 中的函数列 $\{f_k\}$ 弱 * 收敛到 $f\in L^\infty(\mu)$, 则 $\{\|f_k\|_\infty\}_{k\geqslant 1}$ 一致有界, 且

$$\|f\|_\infty\leqslant\liminf_{k\to\infty}\|f_k\|_\infty.$$

(3) 若 $M_{\mathcal{B}}(\mathbb{R}^n)$ 中的序列 $\{\mu_k\}$ 弱收敛到 $\nu\in M_{\mathcal{B}}(\mathbb{R}^n)$, 则 $\{\|\mu_k\|\}_{k\geqslant 1}$ 一致有界, 且

$$\|\nu\|\leqslant\liminf_{k\to\infty}\|\mu_k\|.$$

证明　先证 (1). 令 $T_k(g)=\int_{\mathbb{R}^n} f_k g\mathrm{d}\mu$, $g\in L^{p'}(\mu)$, 则 $\{T_k\}_{k\geqslant 1}\subset(L^{p'}(\mu))^*$, 且由条件可知, 对任意的 $g\in L^{p'}(\mu)$, 极限 $\lim\limits_{k\to\infty}T_k(g)$ 都存在. 因此

$$\sup_{k\geqslant 1}|T_k(g)|<\infty,\quad \forall g\in L^{p'}(\mu).$$

由泛函分析中的一致有界原理可知 $\sup\limits_{k\geqslant 1}\|T_k\|<\infty$. 另外, 由 L^p 对偶空间的表示定理 2.4.1 知 $\|T_k\|=\|f_k\|_p$, 故 $\{\|f_k\|_p\}_{k\geqslant 1}$ 一致有界.

再令 $T(g)=\int_{\mathbb{R}^n} fg\mathrm{d}\mu$, $g\in L^{p'}(\mu)$. 由假设与 Hölder 不等式, 得

$$|T(g)|=\lim_{k\to\infty}\left|\int_{\mathbb{R}^n} f_k g\mathrm{d}\mu\right|\leqslant \liminf_{k\to\infty}\|f_k\|_p\|g\|_{p'}.$$

再次应用表示定理 2.4.1 即得

$$\|f\|_p=\|T\|=\sup_{g\in L^{p'}(\mu),\|g\|_{p'}=1}|Tg|\leqslant \liminf_{k\to\infty}\|f_k\|_p.$$

结论 (2) 和结论 (3) 的证明类似, 留给读者自行证明. □

上面的定理给出了序列弱收敛的必要条件. 下面给出弱收敛成立的充分条件.

定理 2.6.2 (弱紧性定理)

设 $1<p<\infty$.

(1) $L^p(\mu)$ 中的任意有界序列都有弱收敛子列.

(2) $L^\infty(\mu)$ 中的有界序列都有弱 $*$ 收敛子列.

(3) $M_{\mathcal{B}}(\mathbb{R}^n)$ 中的有界序列都有弱收敛子列. 特别地, $L^1(\mu)$ 中的有界序列都存在子列弱收敛到某个 Borel 正则实测度.

我们将 $L^1(\mu)$ 中的弱收敛性放在定理 2.6.1 性质 (3) 中. 这是因为 $L^1(\mu)$ 中的有界序列未必弱收敛到某个 $L^1(\mu)$ 中的函数. 比如, 任取 $f\in C_c(\mathbb{R}^n)$ 且满足 $\int_{\mathbb{R}^n} f(x)\mathrm{d}x=1$. 令 $f_k=k^n f(kx)$, $k\geqslant 1$ (见图 2.6.1). 显然除原点之外, f_k 逐点收敛到零函数. 但是总是有 $\int_{\mathbb{R}^n} f_k(x)\mathrm{d}x=1$ $(k\geqslant 1)$, 且对任意的 $\varphi\in C_c(\mathbb{R}^n)$, 当 $k\to\infty$ 时, 都有

$$\int_{\mathbb{R}^n} f_k(x)\varphi(x)\mathrm{d}x=\int_{\mathbb{R}^n} f(x)\varphi\left(\frac{x}{k}\right)\mathrm{d}x\to\varphi(0)=\int_{\mathbb{R}^n}\varphi\mathrm{d}\delta_0,$$

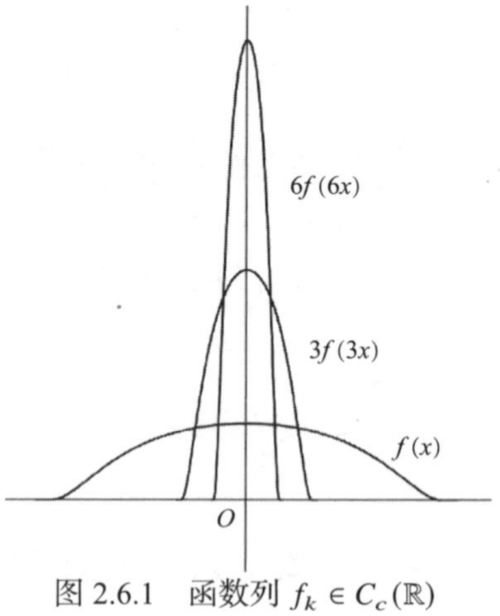

图 2.6.1　函数列 $f_k\in C_c(\mathbb{R})$

其中, δ_0 代表集中在原点的 Dirac 测度. 把函数 f_k 等同为测度 $f_k\mathrm{d}x$. 上式表明 $f_k\mathrm{d}x$ 弱收敛到 Dirac 测度 δ_0. 注意此时弱极限不等于逐点极限. 因而 $L^1(\mu)$ 不具有定理 2.6.2 性质 (1) 关于弱收敛 “封闭” 的性质. 这是将 $L^1(\mu)$ 中的弱收敛性放在定理 2.6.1(3) 中的原因. 性质 (3) 在偏微分方程和几何分析中有非常精彩的应用, 有兴趣的读者可以参阅文献 [1]-[2] 中的集中紧方法.

证明 分别取 $X=L^{p'}(\mu)$, $L^1(\mu)$, $C_0(\mathbb{R}^n)$, 并应用表示定理 2.2.3 与定理 2.5.1 取 $X^*=L^p(\mu), L^\infty(\mu), M_{\mathcal{B}}(\mathbb{R}^n)$ 即可. X 的可分性分别见定理 2.2.2 与定理 2.2.3. 本定理的结论是定

理 2.6.3 的应用. □

定理 2.6.3

设 X 是可分的赋范线性空间, 则 X^* 中的任意有界序列都有弱 * 收敛子列, 即任给 X 上的一列一致有界的线性泛函 $\{f_k\} \subset X^*$, 都存在子列 $\{f_{j_k}\} \subset \{f_k\}$ 以及 $f \in X^*$, 使得

$$\lim_{k\to\infty} f_{j_k}(x) = f(x), \quad \forall x \in X. \tag{2.6.1}$$

下面的证明方法是标准的 Cantor(康托) 对角线法.

证明 分析: 设 $\{f_k\} \subset X^*$ 是一列一致有界的线性泛函, 要证明存在子列 $\{f_{j_k}\} \subset \{f_k\}$ 以及 $f \in X^*$ 使得式 (2.6.1) 成立. 由线性可分的定义, 设 $A = \{x_k\}_{k\geqslant 1}$ 是 X 的一个可数稠密子集.

第 1 步. 对 x_1 而言, $\{f_k(x_1)\}_{k\geqslant 1}$ 是 $\mathbb{R}$ 中的有界数列. 从而存在子列 $\{f_k^1\} \subset \{f_k\}$ 与 $a_1 \in \mathbb{R}$, 使得

$$\lim_{k\to\infty} f_k^1(x_1) = a_1.$$

再考虑 x_2. 同理, 因为 $\{f_k^1(x_2)\}$ 是 $\mathbb{R}$ 中的有界数列, 从而存在子列 $\{f_k^2\} \subset \{f_k^1\}$ 与 $a_2 \in \mathbb{R}$, 使得

$$\lim_{k\to\infty} f_k^2(x_2) = a_2.$$

又由于 $\{f_k^2\} \subset \{f_k^1\}$, 所以 $\lim\limits_{k\to\infty} f_k^2(x_1) = a_1$. 如此继续, 对任意的 $l \geqslant 1$, 得到子列 $\{f_k^l\}_k \subset \{f_k^{l-1}\}_k \subset \cdots \subset \{f_k^1\}_k \subset \{f_k\}_k$, 使得

$$\lim_{k\to\infty} f_k^l(x_i) = a_i, \quad 1 \leqslant i \leqslant l.$$

令 $\{f_{j_k} = f_k^k\}_{k\geqslant 1}$ 为上述所有子列的对角线构成的子列 (此即对角线法的由来), 则

$$\lim_{k\to\infty} f_{j_k}(x_i) = a_i, \quad \forall i \geqslant 1. \tag{2.6.2}$$

第 2 步. 证明对所有的 $x \in X$, $\{f_{j_k}(x)\}_k$ 都收敛. 任给 $x \in X$, 任给 $\varepsilon > 0$. 因 $\{f_{j_k}\}$ 是一列有界泛函, 故存在 $M > 0$, 使得

$$\sup_{k\geqslant 1} \|f_{j_k}\| \leqslant M < \infty. \tag{2.6.3}$$

又因 A 在 X 中稠密, 故存在 $x_l \in A$ 使得 $\|x_l - x\| < \dfrac{\varepsilon}{3M}$. 因此,

$$\begin{aligned}
\left\|f_{j_k}(x) - f_{j_m}(x)\right\| &\leqslant \left\|f_{j_k}(x) - f_{j_k}(x_l)\right\| + \left\|f_{j_k}(x_l) - f_{j_m}(x_l)\right\| + \left\|f_{j_m}(x_l) - f_{j_m}(x)\right\| \\
&\leqslant M\|x - x_l\| + \left\|f_{j_k}(x_l) - f_{j_m}(x_l)\right\| + M\|x - x_l\| \\
&\leqslant \frac{2\varepsilon}{3} + \left\|f_{j_k}(x_l) - f_{j_m}(x_l)\right\|.
\end{aligned}$$

由式 (2.6.2) 可知 $\{f_{j_k}(x_l)\}_{k\geqslant 1}$ 收敛, 故存在 $N > 1$, 当 $k \geqslant m \geqslant N$ 时, $\|f_{j_k}(x_l) - f_{j_m}(x_l)\| \leqslant \dfrac{\varepsilon}{3}$. 这意味当 $k \geqslant m \geqslant N$ 时,

$$\|f_{j_k}(x) - f_{j_m}(x)\| \leqslant \varepsilon,$$

即 $\{f_{j_k}(x)\}_{k\geqslant 1}$ 是 $\mathbb{R}$ 中的 Cauchy 列, 从而极限存在.

第 3 步. 定义 X 上的函数

$$f(x) = \lim_{k\to\infty} f_{j_k}(x), \quad x \in X. \tag{2.6.4}$$

易证 f 是线性函数, 且式 (2.6.3) 蕴含

$$|f(x)| = \lim_{k\to\infty} \left|f_{j_k}(x)\right| \leqslant \liminf_{k\to\infty} \|f_{j_k}\|\|x\| \leqslant M\|x\|.$$

这说明 $f \in X^*$. 再由弱收敛的定义及式 (2.6.4) 可知 $\{f_{j_k}\}$ 在 X^* 中弱 $*$ 收敛到 f. □

拓展阅读: 赋范线性空间上的弱收敛与弱 * 收敛

在泛函分析中有如下标准定义和结论 [14-15].

定义 2.6.2

设 X 是赋范线性空间, X^* 是其对偶空间.

(1) 称 X 中的点列 $\{x_k\}$ 弱收敛到 $x \in X$, 记作 $x_k \rightharpoonup x$, 则

$$\lim_{k\to\infty} f(x_k) = f(x), \quad \forall f \in X^*.$$

(2) 称 X^* 中的点列 $\{f_k\}$ 弱 $*$ 收敛到 $f \in X^*$, 记作 $f_k \overset{*}{\rightharpoonup} f$, 则

$$\lim_{k\to\infty} f_k(x) = f(x), \quad \forall x \in X.$$

在定义 2.6.1 中, 测度 $\mu_k \rightharpoonup \mu$ 的定义实际上是指上述弱 $*$ 收敛. 我们遵从习惯称为弱收敛, 读者可以参考定理 2.6.1 的证明得到以下定理.

定理 2.6.4

(1) 设 $\{x_k\}$ 是赋范线性空间 X 中的弱收敛序列, 且 $x_k \rightharpoonup x$, 则 $\{\|x_k\|\}$ 一致有界且

$$\|x\| \leqslant \liminf_{k\to\infty} \|x_k\|.$$

(2) 设 X 是赋范线性空间, $\{f_k\} \subset X^*$ 且 $f_k \overset{*}{\rightharpoonup} f$, 则 $\{\|f_k\|\}$ 一致且

$$\|f\| \leqslant \liminf_{k\to\infty} \|f_k\|.$$

2.7 Hardy-Littlewood 定理

在本节中, 考虑 Lebesgue 测度 $\mathcal{L}^n$, 并记 $L^p(\mathbb{R}^n) = L^p(\mathbb{R}^n, \mathcal{L}^n)$. 对任意的 $f \in L^1_{\mathrm{loc}}(\mathbb{R}^n)$, 回忆第 1 章中定义的 Hardy-Littlewood 极大函数:

$$Mf(x) \equiv \sup_{r>0} \frac{1}{|B_r(x)|} \int_{B_r(x)} |f(y)|\mathrm{d}y, \quad \forall x \in \mathbb{R}^n.$$

易知

(1) 次可加性: 任给 $f, g \in L^1_{\mathrm{loc}}(\mathbb{R}^n)$, $M(f+g) \leqslant Mf + Mg$;

(2) $L^\infty - L^\infty$ 有界性: 对任意的 $f \in L^\infty(\mathbb{R}^n)$, 有 $\|Mf\|_\infty \leqslant \|f\|_\infty$;

(3) 弱估计 (定理 1.9.5): 存在只依赖于 n 的常数 $C(n) > 0$, 使得

$$\mathcal{L}^n(\{Mf > \lambda\}) \leqslant \frac{C(n)}{\lambda}\|f\|_1, \quad \forall f \in L^1(\mathbb{R}^n). \tag{2.7.1}$$

接下来考察 M 作用在 $L^p(\mathbb{R}^n)$ $(1 < p < \infty)$ 的估计.

定理 2.7.1 (Hardy–Littlewood 定理)

当 $1 < p < \infty$ 时, 存在只依赖于 n, p 的常数 $C_{p,n} > 0$, 使得

$$\|Mf\|_p \leqslant C_{p,n}\|f\|_p, \quad \forall f \in L^p(\mathbb{R}^n).$$

和定理 1.9.5 比较, 上述定理称为 Hardy-Littlewood 极大函数的强 L^p 估计或者强 (p,p) 估计, 其中 $1 < p < \infty$.

证明 第 1 步. 任给 $f \in L^p(\mathbb{R}^n)$, $\lambda > 0$. 令

$$f_1 = \begin{cases} f, & |f| \leqslant \lambda/2, \\ 0, & |f| > \lambda/2, \end{cases} \qquad f_2 = f - f_1.$$

因 $|f_1| \leqslant \dfrac{\lambda}{2}$, 故 $Mf_1 \leqslant \dfrac{\lambda}{2}$. 从而由次可加性 $Mf \leqslant Mf_1 + Mf_2$, 得

$$\left\{x \in \mathbb{R}^n : Mf(x) > \lambda\right\} \subset \left\{x \in \mathbb{R}^n : Mf_2(x) > \frac{\lambda}{2}\right\}.$$

应用估计式 (2.7.1), 得

$$\mathcal{L}^n(\{Mf > \lambda\}) \leqslant \frac{2C(n)}{\lambda} \int_{\mathbb{R}^n} |f_2|\mathrm{d}y = \frac{2C(n)}{\lambda} \int_{\{|f|>\lambda/2\}} |f|\mathrm{d}y.$$

第 2 步, 应用分布积分公式 (2.1.9), 得

$$\begin{aligned}
\int_{\mathbb{R}^n} |Mf|^p \mathrm{d}x &= p\int_0^\infty \lambda^{p-1}\mathcal{L}^n(\{Mf > \lambda\})\mathrm{d}\lambda \\
&\leqslant 2C(n)p\int_0^\infty \lambda^{p-2}\left(\int_{\{|f|>\lambda/2\}} |f|\mathrm{d}y\right)\mathrm{d}\lambda \\
&= 2C(n)p\int_{\mathbb{R}^n} |f(y)|\left(\int_0^{2|f(y)|} \lambda^{p-2}\mathrm{d}\lambda\right)\mathrm{d}y \\
&= \frac{2C(n)p}{p-1}2^{p-1}\int_{\mathbb{R}^n} |f(y)|^p\mathrm{d}y \\
&= C_{n,p}\int_{\mathbb{R}^n} |f(y)|^p\mathrm{d}y.
\end{aligned}$$

□

Hardy-Littlewood 极大值函数在调和分析中起着非常基本的作用, 感兴趣的读者可以阅读文献 [16-17].

本 章 小 结

在第 1 章测度论的基础之上, 本章主要研究 Lebesgue 函数空间与测度空间. 主要内容是空间的完备性、稠密性、紧性与对偶空间的表示定理. 这些性质都是泛函分析中很多基本概念的具体化. 读者如果熟悉泛函分析将会非常容易理解本章的内容.

本章的难点是对偶空间的表示定理. 为了理解这些表示定理, 读者可以通过与 Hilbert 空间上的 Riesz 表示定理做比较, 从而发现表示定理的目的是为了通过某种方式具体表示一个抽象定义的有界线性泛函. 同时, 本章的几个表示定理都建立在第 1 章正线性泛函表示定理基础之上. 对于 L^p 空间, 表示定理在 $1 \leqslant p < \infty$ 内具有统一的形式; 对于 $p = \infty$ 的情况, 很容易知道 L^1 可以看作 L^∞ 的对偶空间的子空间. 由于 L^∞ 的对偶空间并不是很常用, 所以在本书我们选择了刻画 L^∞ 的子空间 $C_0(\mathbb{R}^n)$ 的对偶空间, 即定理 2.5.1. 另外, 基于编者的经验, 我们认为这是一个在偏微分方程理论中非常有用的表示定理, 对于后续课程比如 "变分法" 的学习将会有很大的帮助.

知识点扩展

第3章

Sobolev 空间

思维导图:以读者阅读顺序

在第 2 章的基础上, 本章介绍 Sobolev (索伯列夫) 空间的基本理论. Sobolev 空间是学习现代偏微分方程理论必不可少的理论准备, 尤其是 Sobolev 空间所满足的几个嵌入定理与紧性定理, 以及最常用的 Sobolev 不等式与 Poincaré (庞加莱) 不等式等, 是研究偏微分方程过程中最核心的工具.

在本章中, 除非特别交代, 总是用 U 表示 $\mathbb{R}^n$ 中的开区域. 对任意的 $\varepsilon > 0$, 记

$$U_\varepsilon := \{x \in U | \operatorname{dist}(x, \partial U) > \varepsilon\}.$$

当可测集 E 的 Lebesgue 测度 $|E| := \mathcal{L}^n(E) > 0$ 时, 用

$$⨍_E f(x)\mathrm{d}x = \frac{1}{|E|}\int_E f(x)\mathrm{d}x$$

表示函数 f 在 E 上的积分平均值.

引进如下多重指标记号: 记 $\alpha = (\alpha_1, \alpha_2, \cdots, \alpha_n)$, 其中 α_i $(1 \leqslant i \leqslant n)$ 均为非负整数, 并称 α 为多重指标, 称 $|\alpha| = \alpha_1 + \alpha_2 + \cdots + \alpha_n$ 为 α 的阶. 记

$$D^\alpha u = \frac{\partial^{|\alpha|} u}{\partial x_1^{\alpha_1} \cdots \partial x_n^{\alpha_n}}.$$

对于两个多重指标 $\alpha = (\alpha_1, \cdots, \alpha_n)$, $\beta = (\beta_1, \cdots, \beta_n)$, 如果对所有 $i = 1, \cdots, n$ 都有 $\beta_i \leqslant \alpha_i$, 则记作 $\beta \leqslant \alpha$, 且定义 $\alpha - \beta = (\alpha_1 - \beta_1, \cdots, \alpha_n - \beta_n)$, 使得

$$D^{\alpha-\beta} := \frac{\partial^{|\alpha|-|\beta|}}{\partial x_1^{\alpha_1-\beta_1} \cdots \partial x_n^{\alpha_n-\beta_n}}.$$

又记 $C_\alpha^\beta := C_{\alpha_1}^{\beta_1} \cdots C_{\alpha_n}^{\beta_n}$, 其中 $C_{\alpha_i}^{\beta_i}$ 表示组合数, 即在 α_i 个物品中不分先后顺序选择 β_i 个物品所具有的选取方式.

3.1 预备知识

在本章中, 我们将要处理很多与光滑函数相关的问题, 并将光滑函数的概念推广到 Sobolev 函数. 为此需要了解相关的知识.

3.1.1 整数阶光滑函数空间

定义 3.1.1

设 k 为非负整数. 定义

$$C^k(U) = \{\text{在 } U \text{ 上 } k \text{ 阶连续可微的函数全体}\},$$
$$C^k(\overline{U}) = \{\text{在 } \overline{U} \text{ 上 } k \text{ 阶连续可微的函数全体}\}.$$

特别地, 将 $C^0(U)$ 与 $C^0(\overline{U})$ 分别简记为 $C(U)$ 和 $C(\overline{U})$. 无穷次连续可微的函数空间定义为

$$C^\infty(U) = \bigcap_{k\geqslant 0} C^k(U), \quad C^\infty(\overline{U}) = \bigcap_{k\geqslant 0} C^k(\overline{U}).$$

下列包含关系显然成立:

$$C^{\infty}(U) \subset \cdots \subset C^k(U) \subset \cdots \subset C^1(U) \subset C(U).$$

$\{C^k(\overline{U})\}_{k=0}^{\infty}$ 也有一样的包含关系. 下面的定理可以参考文献 [19-20].

定理 3.1.1

设 k 是非负整数, 则 $C^k(\overline{U})$ 按照范数

$$\|u\|_{C^k(\overline{U})} = \sum_{|\alpha| \leqslant k} \sup_{\overline{U}} |D^{\alpha} u|,$$

构成 Banach 空间.

定理 3.1.1 的证明过程留作习题, 请读者自行验证. 显然, 如果 $\{f_i\}_{i \geqslant 1}$ 是 $C^k(\overline{U})$ 中按照范数收敛的函数列, 则相当于对所有的 $|\alpha| \leqslant k$, 都有 $\{D^{\alpha} f_i\}_{i \geqslant 1}$ 在 $\overline{U}$ 上一致收敛.

我们还需要引进一类特殊的子空间. 为此先引进如下概念.

定义 3.1.2

设 u 为 U 上的函数, 称 $\operatorname{supp} u = \overline{\{x \in U | u(x) \neq 0\}}$ 为 u 的支集. 有时候也常记作 $\operatorname{spt} u$ 或 $\operatorname{spt}(u)$.

具有紧支集 的函数在应用中使用非常方便, 为此我们引进如下定义.

定义 3.1.3

用 $C_c^k(U)$ 表示 $C^k(U)$ 中具有紧支集的函数全体构成的子空间. 特别地, 将 $C_c^0(U)$ 简记为 $C_c(U)$.

关于连续函数空间, 下面的紧性定理非常重要.

定理 3.1.2 [Arzela–Ascoli(阿尔泽拉–阿斯科利)] [15]

设 K 是 $\mathbb{R}^n$ 中的紧集, $\{f_i\}_{i \geqslant 1} \subset C(K)$, 则 $\{f_i\}_{i \geqslant 1}$ 存在一致收敛的子列当且仅当

(1) $\{f_i\}_{i \geqslant 1}$ 在 K 上一致有界, 即存在常数 $M > 0$, 使得

$$\|f_i\|_{C(K)} \leqslant M, \quad \forall i \geqslant 1.$$

(2) $\{f_i\}_{i \geqslant 1}$ 在 K 上等度一致连续, 即对任意的 $\varepsilon > 0$, 都存在只依赖于 ε 的常数 $\delta > 0$, 使得当 $x, y \in K$ 且 $|x - y| < \delta$ 时,

$$\sup_{i \geqslant 1} |f_i(x) - f_i(y)| < \varepsilon.$$

习题 3.1.1 设 $U \subset \mathbb{R}^n$ 是凸的有界开区域, 则 $C^1(\overline{U})$ 中的有界序列一定有一致收敛的子列.

证明略.

3.1.2 磨光算子

用光滑函数逼近给定函数是 Sobolev 空间与偏微分方程中的一种常用方法. 下面介绍常用的一种构造光滑函数的方法, 称为磨光法.

定义 3.1.4

任给非负函数 $\eta \in C_c^\infty(\mathbb{R}^n)$. 如果 $\operatorname{supp}\,\eta \subset \overline{B}_1(0)$ 且 $\int_{\mathbb{R}^n} \eta \mathrm{d}x = 1$, 则称函数族

$$\eta_\varepsilon(x) := \frac{1}{\varepsilon^n}\eta\left(\frac{x}{\varepsilon}\right), \quad \varepsilon > 0$$

为 (标准) 磨光核.

显然, $\eta_\varepsilon \in C_c^\infty(\mathbb{R}^n)$ 且满足

$$\int_{\mathbb{R}^n} \eta_\varepsilon \mathrm{d}x = 1, \quad \operatorname{supp}(\eta_\varepsilon) \subset \overline{B}_\varepsilon(0).$$

例如, 可以取

$$\eta(x) := \begin{cases} c(n)\mathrm{e}^{\frac{1}{|x|^2-1}}, & |x| < 1, \\ 0, & |x| \geqslant 1. \end{cases}$$

这里 $c(n)$ 是只依赖于维数 n 的常数, 其选取使得 $\int_{\mathbb{R}^n} \eta \mathrm{d}x = 1$.

定义 3.1.5

任给函数 $u \in L^1_{\mathrm{loc}}(U)$, 称

$$u^\varepsilon(x) := (\eta_\varepsilon * u)(x) = \int_{B_\varepsilon(0)} \eta_\varepsilon(y)u(x-y)\mathrm{d}y, \quad x \in U_\varepsilon$$

为 u 的磨光 (函数).

由于 $\int_{\mathbb{R}^n} \eta_\varepsilon \mathrm{d}x = 1$, 所以磨光实际上就是一种光滑的加权平均方法.

定理 3.1.3

磨光函数 u^ε 满足如下的光滑性与逼近性:

(1) $u^\varepsilon \in C^\infty(U_\varepsilon)$;

(2) 当 $\varepsilon \to 0$ 时, u^ε 几乎处处收敛于 u;

(3) 若 $u \in C(U)$, 则 u^ε 局部一致收敛到 u, 即 u^ε 在 U 的任意紧子集上一致收敛于 u;

(4) 若 $1 \leqslant p < \infty$ 及 $u \in L^p_{\mathrm{loc}}(U)$, 则 u^ε 在 $L^p_{\mathrm{loc}}(U)$ 中收敛于 u.

证明 (1) 任给 $x \in U_\varepsilon$, 使得 $\rho = \operatorname{dist}(x, \partial U) > \varepsilon$, 则当 $h < \rho - \varepsilon$ 时, 对任意的坐标方向 $\boldsymbol{e}_i$ $(1 \leqslant i \leqslant n)$, 由定义 3.1.5 有

$$\frac{u^\varepsilon(x+he_i)-u^\varepsilon(x)}{h}=\int_{B_\rho(x)}\frac{\eta_\varepsilon(x+he_i-y)-\eta_\varepsilon(x-y)}{h}u(y)\mathrm{d}y.$$

因 $\eta_\varepsilon\in C_c^\infty(\mathbb{R}^n)$, 故当 $h\to 0$ 时, $\dfrac{\eta_\varepsilon(x+he_i-y)-\eta_\varepsilon(x-y)}{h}$ 一致收敛到 $\partial_{x_i}\eta_\varepsilon(x-y)$. 从而由控制收敛定理 (细节留作读者), 可得

$$\lim_{h\to 0}\frac{u^\varepsilon(x+he_i)-u^\varepsilon(x)}{h}=\int_{B_\rho(x)}\partial_{x_i}\eta_\varepsilon(x-y)u(y)\mathrm{d}y.$$

这表明 u^ε 一阶可微且 $\partial_{x_i}u^\varepsilon=\partial_{x_i}\eta_\varepsilon*u$. 依此类推, 对任意的多重指标 α, 有

$$D^\alpha u^\varepsilon(x)=(D^\alpha\eta_\varepsilon*u)(x),\quad x\in U_\varepsilon.$$

即 (1) 得证.

(2) 设 $x\in U$ 是 u 的 Lebesgue 点 (定义 1.9.1), 即

$$\lim_{r\to 0}⨍_{B_r(x)}|u(y)-u(x)|\mathrm{d}y=0. \tag{3.1.1}$$

当 $\varepsilon\to 0$ 时, 利用 $\int_{\mathbb{R}^n}\eta_\varepsilon(y)\mathrm{d}y=1$ 与式 (3.1.1), 有

$$\begin{aligned}|u^\varepsilon(x)-u(x)|&=\left|\int_{B_\varepsilon(x)}\eta_\varepsilon(x-y)(u(y)-u(x))\mathrm{d}y\right|\\&\leqslant\frac{1}{\varepsilon^n}\int_{B_\varepsilon(x)}\eta\left(\frac{x-y}{\varepsilon}\right)|u(y)-u(x)|\mathrm{d}y\\&\leqslant C_n\|\eta\|_{L^\infty(\mathbb{R}^n)}⨍_{B_\varepsilon(x)}|u(y)-u(x)|\mathrm{d}y\to 0.\end{aligned}$$

即 (2) 得证.

(3) 设 $u\in C(U)$. 任给 $V\subset\subset U$, 选取开集 W 使得 $V\subset\subset W\subset\subset U$. 显然 u 在 $\overline{W}$ 上一致连续. 因此, 任给 $\delta>0$, 当 ε 充分小时, 有

$$\max_{x\in\overline{V},y\in\overline{B}_1(0)}|u(x-\varepsilon y)-u(x)|<\delta.$$

这意味

$$\max_{x\in\overline{V}}|u^\varepsilon(x)-u(x)|\leqslant\max_{x\in\overline{V}}\int_{B_1(0)}\eta(y)|u(x-\varepsilon y)-u(x)|\mathrm{d}y\leqslant\delta\int_{B_1(0)}\eta(y)\mathrm{d}y=\delta.$$

这表明 $\varepsilon\to 0$ 时 u^ε 在 V 上一致收敛于 u.

(4) 假设 $1\leqslant p<\infty$ 以及 $u\in L^p_{\mathrm{loc}}(U)$. 令开集 V 和 W 如上. 首先证明对充分小的正数 ε, 有

$$\|u^\varepsilon\|_{L^p(V)}\leqslant\|u\|_{L^p(W)}. \tag{3.1.2}$$

为此, 注意到对任意的 $x\in V$, 当 ε 充分小时有 $B_\varepsilon(x)\subset W$. 因此, 由 Hölder 不等式有

$$\begin{aligned}|u^\varepsilon(x)|&\leqslant\int_{B_\varepsilon(x)}\eta_\varepsilon(x-y)|u(y)|\mathrm{d}y\\&=\int_{B_\varepsilon(x)}\eta_\varepsilon^{1/p'}(x-y)\eta_\varepsilon^{1/p}(x-y)|u(y)|\mathrm{d}y\\&\leqslant\left(\int_{B_\varepsilon(x)}\eta_\varepsilon(x-y)\mathrm{d}y\right)^{1/p'}\left(\int_{B_\varepsilon(x)}\eta_\varepsilon(x-y)|u(y)|^p\mathrm{d}y\right)^{1/p}\end{aligned}$$

$$= \left(\int_{B_\varepsilon(x)} \eta_\varepsilon(x-y)|u(y)|^p \mathrm{d}y \right)^{1/p} = \left(\int_W \eta_\varepsilon(x-y)|u(y)|^p \mathrm{d}y \right)^{1/p}$$

式中倒数第二个等号用了 $\int_{B_\varepsilon(x)} \eta_\varepsilon(x-y)\mathrm{d}y = 1$. 因此, 当 ε 充分小时, 通过交换上式积分次序可得

$$\begin{aligned} \int_V |u^\varepsilon(x)|^p \mathrm{d}x &\leqslant \int_V \left(\int_W \eta_\varepsilon(x-y)|u(y)|^p \mathrm{d}y \right) \mathrm{d}x \\ &\leqslant \int_W |u(y)|^p \left(\int_V \eta_\varepsilon(x-y)\mathrm{d}x \right) \mathrm{d}y \\ &\leqslant \int_W |u(y)|^p \mathrm{d}y, \end{aligned}$$

故式 (3.1.2) 成立.

现任取 $\delta > 0$. 由稠密性, 存在 W 上的连续函数 g, 使得 $\|u-g\|_{L^p(W)} < \delta$. 于是由式 (3.1.2) 有

$$\begin{aligned} \|u^\varepsilon - u\|_{L^p(V)} &\leqslant \|u^\varepsilon - g^\varepsilon\|_{L^p(V)} + \|g^\varepsilon - g\|_{L^p(V)} + \|g-u\|_{L^p(V)} \\ &\leqslant 2\|u-g\|_{L^p(W)} + \|g^\varepsilon - g\|_{L^p(V)} \\ &\leqslant 2\delta + \|g^\varepsilon - g\|_{L^\infty(V)} |V|^{1/p}. \end{aligned}$$

由结论 (3), g^ε 在 V 上一致收敛到 g, 所以

$$\limsup_{\varepsilon \to 0} \|u^\varepsilon - u\|_{L^p(V)} \leqslant 2\delta.$$

最后再令 $\delta \to 0$ 即可. □

3.1.3 光滑截断函数与光滑单位分解

截断是 Sobolev 空间与偏微分方程中常用的局部化技巧之一, 其中截断函数起着重要作用. 下面的命题给出了截断函数的构造方法.

命题 3.1.1

对任意 $V \subset\subset U$ 是开集, 则存在函数 $\zeta \in C_c^\infty(U)$, 满足

$$\begin{cases} 0 \leqslant \zeta(x) \leqslant 1, & x \in U, \\ \zeta(x) = 1, & x \in V, \\ |D^\alpha \zeta| \leqslant \dfrac{C}{(\operatorname{dist}(V, \partial U))^{|\alpha|}}, & x \in U, \end{cases}$$

其中, α 是任意的多重指标, C 仅依赖于 n, α.

证明 令 $d = \operatorname{dist}(V, \partial U) > 0$. 定义开集

$$W_1 = \left\{ x \in \mathbb{R}^n \middle| \operatorname{dist}(x, V) < \frac{d}{3} \right\}, \quad W_2 = \left\{ x \in \mathbb{R}^n \middle| \operatorname{dist}(x, V) < \frac{2d}{3} \right\}.$$

用 $\chi_{W_1}(x)$ 表示 W_1 的特征函数.

任取 $\varepsilon < \frac{d}{3}$, 使得当 $x \in V$ 时总有 $B_\varepsilon(x) \subset W_1$. 令 $\eta_\varepsilon(x)$ 为标准的磨光核, 定义

$$\zeta(x) = (\eta_\varepsilon * \chi_{W_1})(x), \quad x \in U.$$

下面验证 $\zeta(x)$ 满足命题 3.1.1 的要求.

首先, 由定理 3.1.3 可知 $\zeta \in C^\infty(U_\varepsilon)$, 且显然有 $0 \leqslant \zeta \leqslant 1$.

当 $x \in V$ 时, 由于 $B_\varepsilon(x) \subset W_1$, 所以 χ_{W_1} 在 $B_\varepsilon(x)$ 上恒等于 1. 从而

$$\zeta(x) = \int_{B_\varepsilon(x)} \eta_\varepsilon(x-y)\mathrm{d}y = 1, \quad \forall x \in V.$$

当 $x \notin W_2$ 时, 类似可得 $\zeta(x) = 0$.

然后, 因为

$$\begin{aligned} D_x^\alpha \zeta(x) &= D^\alpha \eta_\varepsilon * \chi_{W_1}(x) \\ &= \frac{1}{\varepsilon^{n+|\alpha|}} \int_{B_\varepsilon(x)} D^\alpha \eta\left(\frac{x-y}{\varepsilon}\right) \chi_{W_1}(y)\mathrm{d}y \\ &= \frac{1}{\varepsilon^{|\alpha|}} \int_{B_1(0)} D^\alpha \eta(z) \chi_{W_1}(x - \varepsilon z)\mathrm{d}z, \end{aligned}$$

所以

$$|D^\alpha \eta(x)| \leqslant \frac{1}{\varepsilon^{|\alpha|}} \int_{B(0,1)} |D_z^\alpha \eta(z)|\mathrm{d}z = C(n,\alpha)\varepsilon^{-|\alpha|}.$$

取 $\varepsilon = \frac{d}{4}$ 即可得到需要的估计. □

利用光滑的截断函数, 我们可以将引理 1.5.1 的结论进一步改进.

命题 3.1.2

设 K 为 $\mathbb{R}^n$ 中的紧集, $\{U_i | i = 1, \cdots, N\}$ 是 K 的一个有限开覆盖, 则存在开集 $U \supset K$ 及函数族 $\{\varphi_i(x) | i = 1, \cdots, N\}$ 满足

(1) $\varphi_i \in C_c^\infty(U_i)$;

(2) $\varphi_i(x) \geqslant 0, \sum_{i=1}^N \varphi_i(x) = 1, x \in U$.

称 $\varphi_1, \cdots, \varphi_N$ 为紧集 K 从属于 $U_1, \cdots, U_N$ 的光滑单位分解.

证明 在引理 1.5.1 中已经证明了类似的结论, 如当时只求函数 φ_i 是连续的. 现在利用命题 3.1.1, 在引埋 1.5.1 的证明中取 $\{\psi_i\}$ 是具有紧支集的光滑函数即可. □

3.1.4 区域边界的光滑性

本节证明很多关于函数空间的定理都要求区域边界具有一定的光滑性.

定义 3.1.6

称 $U \subset \mathbb{R}^n$ 的边界 ∂U 是 k $(k \in 0,1,2,\cdots,\infty)$ 阶光滑的, 记为 $\partial U \in C^k$, 如果对任意的 $x_0 \in \partial U$, 都存在 $r > 0$, 以及函数 $\varphi \in C^k(\mathbb{R}^{n-1})$, 使得在相差一个旋转与重排坐标的意义下, 满足

$$U \cap B_r(x_0) = \{(x', x_n) \in B_r(x_0) : x_n > \varphi(x')\},$$

其中, $x' = (x_1, \cdots, x_{n-1})$.

光滑边界具有两个基本性质.

(1) 若 $\partial U \in C^k$, 则 ∂U 上存在 $k-1$ 阶光滑的单位外法向量场 $\boldsymbol{\nu} = (\nu_1, \cdots, \nu_n)$. 从局部来看, 任给 $x_0 \in \partial U$, 设 $\varphi \in C^k(\mathbb{R}^{n-1})$ 是上述定义中的函数, 则

$$\boldsymbol{\nu}(x) = \frac{(\nabla\varphi(x'), -1)}{\sqrt{1 + |\nabla\varphi(x')|^2}}, \quad x \in \partial U \cap B_r(x_0),$$

其中, $\nabla\varphi(x') = \left(\partial_{x_1}\varphi(x'), \cdots, \partial_{x_{n-1}}\varphi(x')\right)$, 如图 3.1.1 所示.

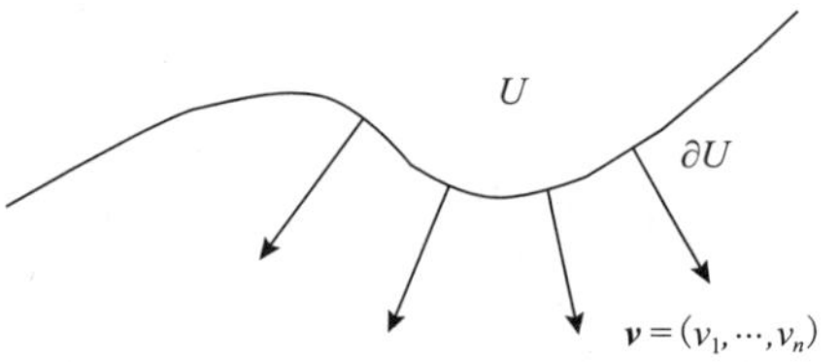

图 3.1.1　外法向量

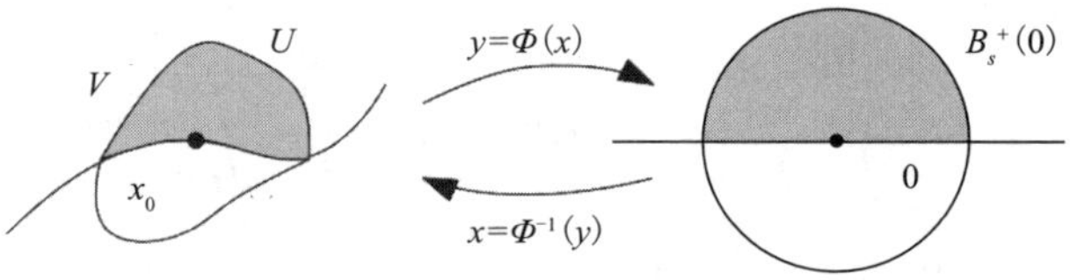

图 3.1.2　拉平边界

(2) 光滑边界在局部上可以通过微分同胚拉平, 或从局部看, 光滑边界本质上就是平边界. 任给 $x_0 \in \partial U$, 设 $\varphi \in C^k(\mathbb{R}^{n-1})$ 是上述定义中的函数. 定义映射 Φ: $\overline{U} \cap B_r(x_0) \to \mathbb{R}^n$,

$$\begin{cases} y_i = \Phi^i(x) = x_i - (x_0)_i, & (1 \leqslant i \leqslant n-1); \\ y_n = \Phi^n(x) = x_n - \varphi(x_1, \cdots, x_{n-1}), \end{cases} \quad x \in \overline{U} \cap B_r(x_0).$$

则 Φ 是从 $U \cap B_r(x_0)$ 到 $W \equiv \Phi(U \cap B_r(x))$ 的 C^k 微分同胚, 且满足 $W \subset \mathbb{R}^n_+$ 以及

$$\Phi(\partial U \cap B_r(x_0)) = \partial W \cap \partial\mathbb{R}^n_+ = \partial W \cap \{y \in \mathbb{R}^n : y_n = 0\}.$$

从几何角度看, Φ 起到将 U 在点 x_0 附近的弯曲边界拉平的作用. 因此也常称 Φ 为拉平映射. 在应用中, 通常选取 x_0 的适当缩小的邻域 $V \subset B_r(x_0)$ (见图 3.1.2), 使得

$$\Phi(U \cap V) = B_s^+(0), \quad \Phi(\partial U \cap V) = \partial B_s^+(0) \cap \partial\mathbb{R}^n_+.$$

3.1.5 空间嵌入

在 Sobolev 空间下, 空间嵌入是一类重要的数学结果, 描述了 Sobolev 空间如何嵌入 (包含) 到其他函数空间, 比如, 连续函数空间、lebesgue 空间等. 这些定理在偏微分方程变分法、数值

分析等领域有广泛应用.

定义 3.1.7 [14–15]

设 X, Y 是 Banach 空间且 $X \subset Y$, $i: X \to Y$ 是包含映射.

(1) 如果 i 是有界线性算子, 即存在常数 $C > 0$, 使得

$$\|x\|_Y \leqslant C\|x\|_X, \quad \forall x \in X,$$

则称 X 连续嵌入 Y, 记作

$$X \hookrightarrow Y.$$

在不引起混淆的情况下, 也直接记作 $X \subset Y$.

(2) 如果 i 是紧算子, 即 X 中的任意有界序列都在 Y 中收敛的子列, 则称 X 紧嵌入 Y, 记作

$$X \subset\subset Y \quad 或 \quad X \hookrightarrow\hookrightarrow Y.$$

具体而言, 如果 i 是紧算子, 则对 X 中的任意有界序列 $\{u_k\}_{k=1}^{\infty}$, 都存在子列 $\{u_{k_j}\}_{j=1}^{\infty}$ 及 $u \in Y$, 使得 $\lim\limits_{j\to\infty} \|u_{k_j} - u\|_Y = 0$.

易证紧算子一定是有界算子 (留作习题), 因此紧嵌入一定是连续嵌入.

3.2 Hölder 连续函数空间

Hölder 连续函数空间是数学分析中一类重要的函数空间, 它描述了函数在一定程度上的 "光滑性" 或 "正则性". 本节的目的是将整数阶光滑函数推广到分数阶光滑函数.

定义 3.2.1

设 u 为 U 上的任一函数. 若存在常数 $0 < \gamma \leqslant 1$ 与 $C > 0$, 使得

$$|u(x) - u(y)| \leqslant C|x - y|^{\gamma}, \quad \forall x, y \in U,$$

则称 u 是指数为 γ 的 Hölder 连续函数①; 当 $\gamma = 1$ 时又称为 Lipschitz (利普希茨) 连续函数; 并称

$$[u]_{C^{0,\gamma}(\overline{U})} := \sup_{x,y\in U, x\neq y} \frac{|u(x) - u(y)|}{|x - y|^{\gamma}}$$

为 u 的 γ 阶 Hölder 半范.

显然 Hölder 连续函数都是 U 上的一致连续函数. 但当 U 不是有界区域时, u 未必是有界函数, 比如 $u(x) = x_1$ 是全空间上的 Lipschitz 连续函数, 但不是有界的.

习题 3.2.1 设 u 是 U 上的任一函数. 如果存在 $\gamma > 1$, 使得 u 按照上述定义是 γ 阶 Hölder 连续函数, 则 u 是常值函数.

证明略. 习题 3.2.1 解释了为什么在上述定义中我们直接假设 $\gamma \leqslant 1$.

① 一般地, 若非负函数 $\omega: (0, 1) \to [0, \infty)$ 满足 $\lim\limits_{r\to 0} \omega(r) = 0$, 且对任意的 $x, y \in U$ 都有 $|u(x) - u(y)| \leqslant \omega(|x - y|)$, 则称 ω 是 u 的一个连续模.

定义 3.2.2

如果 $u: U \to \mathbb{R}$ 是指数为 γ 的 Hölder 连续函数，且满足

$$\|u\|_{0,\gamma,U} \equiv \|u\|_{C^{0,\gamma}(\overline{U})} := \|u\|_{C(\overline{U})} + [u]_{C^{0,\gamma}(\overline{U})} < \infty,$$

则称 u 属于 U 上的 γ 阶 Hölder 函数空间，记作

$$u \in C^{0,\gamma}(\overline{U}).$$

当 $\gamma = 1$ 时，也称 $C^{0,1}(\overline{U})$ 是 U 上的 Lipschitz 函数空间.

由于区域内部的 Hölder 函数可以连续地延拓到边界上，所以将 $C^{0,\gamma}(\overline{U})$ 记作 $C^{0,\gamma}(U)$. 而本书采取前一种记号.

容易证明，$\|\cdot\|_{C^{0,\gamma}(\overline{U})}$ 是 $C^{0,\gamma}(\overline{U})$ 上的范数. 事实上，还有下述定理成立.

定理 3.2.1

$C^{0,\gamma}(\overline{U})$ $(0 < \gamma \leqslant 1)$ 按照范数 $\|\cdot\|_{C^{0,\gamma}(\overline{U})}$ 构成 Banach 空间. 显然 $C^{0,\gamma}(\overline{U}) \subset C(\overline{U})$ 且 $\|u\|_{C(\overline{U})} \leqslant \|u\|_{C^{0,\gamma}(\overline{U})}$. 因此 $C^{0,\gamma}(\overline{U})$ 连续嵌入 $C(\overline{U})$，即

$$C^{0,\gamma}(\overline{U}) \hookrightarrow C(\overline{U}).$$

利用 Arzela-Ascoli 定理还可以证明下面结论.

习题 3.2.2 (紧嵌入) 设 U 是有界开区域，$0 < \gamma \leqslant 1$，则 $C^{0,\gamma}(\overline{U})$ 紧嵌入 $C(\overline{U})$，即 $C^{0,\gamma}(\overline{U})$ 中的任意有界序列在 $C(\overline{U})$ 中都有强收敛的子序列. 用记号表示，即

$$C^{0,\gamma}(\overline{U}) \subset\subset C(\overline{U}) \quad 或 \quad C^{0,\gamma}(\overline{U}) \hookrightarrow\hookrightarrow C(\overline{U}).$$

在 Hölder 空间的基础上，可以进一步定义高阶 Hölder 空间.

定义 3.2.3

设 k 为正整数. U 上的高阶 Hölder 空间 $C^{k,\gamma}(\overline{U})$ 定义为

$$C^{k,\gamma}(\overline{U}) := \left\{u(x) \in C^k(\overline{U}) : [D^\alpha u]_{C^{0,\gamma}(\overline{U})} < +\infty, \forall |\alpha| = k\right\},$$

其范数定义为

$$\|u\|_{C^{k,\gamma}(\overline{U})} := \|u\|_{C^k(\overline{U})} + \sum_{|\alpha|=k} [D^\alpha u]_{C^{0,\gamma}(\overline{U})}.$$

定理 3.2.2

对所有非负整数 k 与 $0 < \gamma \leqslant 1$，$C^{k,\gamma}(\overline{U})$ 都是 Banach 空间.

该定理的证明是标准的，在此留作习题，不做详解.

3.3　Sobolev 空间的定义及性质

在介绍 Sobolev 空间之前, 先回忆数学分析中的散度定理 [或 Gauss (高斯) 公式] : 设 $U \subset \mathbb{R}^n$ 是有界开区域且 $\partial U \in C^1$, $\boldsymbol{u} = (u_1, \cdots, u_n) \in C^1(U, \mathbb{R}^n) \cap C(\overline{U}, \mathbb{R}^n)$, 则

$$\int_U \operatorname{div} \boldsymbol{u} \mathrm{d}x = \int_{\partial U} \boldsymbol{u} \cdot \boldsymbol{\nu} \mathrm{d}S,$$

其中, $\operatorname{div} \boldsymbol{u} = \sum_{i=1}^{n} \partial_{x_i} u_i$ 称为向量场 $\boldsymbol{u}$ 的散度, $\boldsymbol{\nu} = (\nu_1, \cdots, \nu_n)$ 表示 ∂U 的单位外法向量场, $\mathrm{d}S$ 表示第一型曲面积分. 由此得到分部积分公式: 对任意的函数 $u, v \in C^1(U) \cap C(\overline{U})$ 及 $1 \leqslant i \leqslant n$,

$$\int_U u_{x_i} v \mathrm{d}x = -\int_U v_{x_i} u \mathrm{d}x + \int_{\partial U} u v \nu_i \mathrm{d}S,$$

其中, ν_i 是 $\boldsymbol{\nu}$ 的第 i 个分量. 特别地, 当 v 在边界 ∂U 上消失时, 得到

$$\int_U u_{x_i} v \mathrm{d}x = -\int_U v_{x_i} u \mathrm{d}x. \tag{3.3.1}$$

习题 3.3.1　设 $U \subset \mathbb{R}^n$ 是具有 C^1 边界的有界开区域, $f, g \in C^2(U) \cap C^1(\overline{U})$. 令

$$\Delta f = \operatorname{div}(\nabla f) = \sum_{i=1}^{n} \partial_{x_i x_i} f,$$

其中, $\nabla f = (f_{x_1}, \cdots, f_{x_n})$ 表示 f 的梯度. 证明如下公式:

(1) Green (格林) 第一公式

$$\int_U g \Delta f \mathrm{d}x = -\int_U \nabla g \cdot \nabla f \mathrm{d}x + \int_{\partial U} g \frac{\partial f}{\partial \boldsymbol{\nu}} \mathrm{d}S,$$

其中, $\frac{\partial f}{\partial \boldsymbol{\nu}} = \nabla f \cdot \boldsymbol{\nu}$ 为 f 在边界 ∂U 上的外法向导数;

(2) Green 第二公式

$$\int_U g \Delta f - f \Delta g \mathrm{d}x = \int_{\partial U} g \frac{\partial f}{\partial \boldsymbol{\nu}} - f \frac{\partial g}{\partial \boldsymbol{\nu}} \mathrm{d}S.$$

3.3.1　弱导数的定义

为了引入 Sobolev 空间, 首先需要引入弱导数的概念. 借鉴分部积分公式 (3.3.1), 可以对导数做如下推广.

定义 3.3.1

设 $u, v \in L^1_{\text{loc}}(U)$, α 是一个多重指标. 如果下式成立:

$$\int_U uD^\alpha \phi \mathrm{d}x = (-1)^{|\alpha|} \int_U v\phi \mathrm{d}x, \quad \forall \phi \in C_c^\infty(U),$$

则称 v 是 u 的 α 阶弱导数, 记作 $D^\alpha u = v$. 特别地, 当弱导数 $\partial_{x_i} u\ (1 \leqslant i \leqslant n)$ 都存在时, 称 $Du \equiv \nabla u = (\partial_{x_1} u, \cdots, \partial_{x_n} u)$ 为 u 的弱梯度.

显然, 当 u 是光滑函数时, 由分部积分公式 (3.3.1) 可知 $v = D^\alpha u$. 因此弱导数是经典导数的推广.

引理 3.3.1 (弱导数的唯一性)

若 u 的 α 阶弱导数存在, 则必唯一.

证明 设 $v_1, v_2 \in L^1_{\text{loc}}(U)$, 使得对任意的 $\phi \in C_c^\infty(U)$, 有

$$\int_U uD^\alpha \phi \mathrm{d}x = (-1)^\alpha \int_U v_1 \phi \mathrm{d}x = (-1)^\alpha \int_U v_2 \phi \mathrm{d}x.$$

则 $\int_U (v_1 - v_2)\phi \mathrm{d}x = 0$. 特别地, 对充分小的 $\varepsilon > 0$ 与 $y \in U_\varepsilon$, 取 $\phi = \eta_\varepsilon(y - \cdot) \in C_c^\infty(U)$, 其中 η_ε 为标准的磨光核, 则

$$\int_U (v_1(x) - v_2(x))\eta_\varepsilon(y - x)\mathrm{d}x = 0.$$

令 $\varepsilon \to 0$ 可知在 U 上 $v_1 - v_2 = 0$ 几乎处处成立. □

例 3.3.1 设 $U = (0, 2) \subset \mathbb{R}^1$. 定义

$$u(x) = \begin{cases} x, & 0 < x \leqslant 1, \\ 1, & 1 < x < 2, \end{cases} \qquad v(x) = \begin{cases} 1, & 0 < x \leqslant 1, \\ 0, & 1 < x < 2. \end{cases}$$

则 $u'(x) = v(x)$, 即 v 是 u 的 1 阶弱导数.

证明 只需证明任取 $\phi \in C_c^\infty(U)$, 有 $\int_0^2 u\phi' \mathrm{d}x = -\int_0^2 v\phi \mathrm{d}x$ 成立. 事实上,

$$\begin{aligned}\int_0^2 u\phi' \mathrm{d}x &= \int_0^1 x\phi' \mathrm{d}x + \int_1^2 \phi' \mathrm{d}x \\ &= -\int_0^1 \phi \mathrm{d}x + \phi(1) - \phi(1) \\ &= -\int_0^1 \phi \mathrm{d}x = -\int_0^2 v\phi \mathrm{d}x.\end{aligned}$$

□

由例 3.3.1 可见, 弱可导的函数 u 不必处处逐点可导, 弱导数也不必处处连续, 但分部积分公式仍然成立.

例 3.3.2 设 $U=(0,2)\subset\mathbb{R}^1$. 定义

$$u(x)=\begin{cases}x, & 0<x\leqslant 1,\\ 2, & 1<x<2,\end{cases}$$

则 u 在 U 上没有 1 阶弱导数.

证明 (反证法) 不妨设 $v\in L^1_{\mathrm{loc}}(U)$, 使得

$$\int_0^2 u\phi'\mathrm{d}x=-\int_0^2 v\phi\mathrm{d}x,\quad \forall\phi\in C_c^\infty(U).$$

则由分部积分公式得

$$\begin{aligned}-\int_0^2 v\phi\mathrm{d}x&=\int_0^2 u\phi'\mathrm{d}x=\int_0^1 x\phi'\mathrm{d}x+\int_1^2 2\phi'\mathrm{d}x\\ &=\phi(1)-\int_0^1\phi\mathrm{d}x-2\phi(1)\\ &=-\int_0^1\phi\mathrm{d}x-\phi(1).\end{aligned}\tag{3.3.2}$$

令 $\phi_n\in C_c^\infty(U)$ 满足

$$\phi_n(x)=\begin{cases}c\exp\left\{\dfrac{1}{n^2(x-1)^2-1}\right\}, & |x-1|<\dfrac{1}{n},\\ 0, & 其他,\end{cases}$$

$$0\leqslant\phi_n\leqslant 1,\quad \phi_n(1)=1.$$

则当 $x\neq 1$ 时, $\phi_n(x)\to 0$. 在式 (3.3.2) 中取 $\phi=\phi_n$, 再令 $n\to\infty$. 因 $v\in L^1_{\mathrm{loc}}(U)$, 利用控制收敛定理, 得

$$1=\lim_{n\to\infty}\phi_n(1)=\lim_{n\to\infty}\left[\int_0^2 v\phi_n\mathrm{d}x-\int_0^1\phi_n\mathrm{d}x\right]=0,$$

矛盾! 故弱导数 u' 不存在. □

事实上, 如果一维区间上的函数弱可导, 则此函数一定 (绝对) 连续. 故区间上不连续的函数都不能够弱可导.

3.3.2 Sobolev 空间的定义

定义 3.3.2

设 $U\subset\mathbb{R}^n$ 是任一开区域. 对非负整数 m, $1\leqslant p\leqslant\infty$, 定义 Sobolev 空间 $W^{m,p}(U)$ 为满足条件

$$D^\alpha u\in L^p(U),\quad \forall|\alpha|\leqslant m$$

的函数 $u\in L^1_{\mathrm{loc}}(U)$ 的全体构成的集合, 其中 $D^\alpha u$ 表示 u 的 α 阶弱导数.

对于 $u \in W^{m,p}(U)$, 定义范数

$$\|u\|_{W^{m,p}(U)} := \begin{cases} \left(\sum_{|\alpha| \leqslant m} \int_U |D^\alpha u|^p \mathrm{d}x \right)^{\frac{1}{p}}, & 1 \leqslant p < \infty, \\ \sum_{|\alpha| \leqslant m} \operatorname{ess\,sup}_U |D^\alpha U|, & p = \infty. \end{cases} \tag{3.3.3}$$

如果对任意的开区域 $V \subset\subset U$, 都有 $u \in W^{m,p}(V)$, 则称 u 属于局部 Sobolev 空间 $W^{m,p}_{\mathrm{loc}}(U)$. Sobolev 空间中的函数笼统地称为 Sobolev 函数.

请读者自行验证式 (3.3.3) 中定义了一个范数. 也可以采取如下的等价范数

$$\|u\|_{W^{m,p}(U)} = \sum_{0 \leqslant |\alpha| \leqslant m} \|D^\alpha u\|_{L^p(U)}$$

作为 Sobolev 空间 $W^{m,p}(U)$ 范数的定义. 注意 $W^{m,p}(U) \subset W^{m,p}_{\mathrm{loc}}(U)$.

定义 3.3.3

(1) 设 $u_1, u_2, \cdots, u \in W^{m,p}(U)$. 如果

$$\lim_{k \to \infty} \|u_k - u\|_{W^{m,p}(U)} = 0,$$

称 u_k 在 $W^{m,p}(U)$ 中强收敛到 u, 记作 $u_k \to u$ 在 $W^{m,p}(U)$ 中.

(2) 若对任意 $V \subset\subset U$, 有 u_k 在 $W^{m,p}(V)$ 中收敛到 u, 则称 $\{u_k\}_{k=1}^{\infty}$ 在 $W^{m,p}_{\mathrm{loc}}(U)$ 中局部收敛到 u, 记作 $u_k \to u$ 在 $W^{m,p}_{\mathrm{loc}}(U)$ 中.

定义 3.3.4

用空间 $W^{m,p}_0(U)$ 表示 $C^\infty_c(U)$ 在 $W^{m,p}(U)$ 中的闭包, 即 $u \in W^{m,p}_0(U)$ 当且仅当存在函数列 $\{u_k\}_{k \geqslant 1} \subset C^\infty_c(U)$ 在 $W^{m,p}(U)$ 中收敛到 u.

注 3.3.1 (1) 当 $p = 2$ 时, 常记 $W^{m,2}(U)$ 为 $H^m(U)$. $H^m(U)$ 实际上是内积空间, 其内积定义为

$$(u, v)_{H^m(U)} = \sum_{|\alpha| \leqslant m} (D^\alpha u, D^\alpha v) = \sum_{|\alpha| \leqslant m} \int_U D^\alpha u D^\alpha v \mathrm{d}x.$$

例如, 对于 $u \in H^1(U) = W^{1,2}(U)$, 有

$$\|u\|_{H^1(U)} = \|u\|_{W^{1,2}(U)} = \left(\int_U |u|^2 \mathrm{d}x + \sum_{i=1}^n \int_U \left| \frac{\partial u}{\partial x_i} \right|^2 \mathrm{d}x \right)^{\frac{1}{2}},$$

$$(u, v)_{H^1(U)} = \int_U \left(uv + \sum_{i=1}^n \frac{\partial u}{\partial x_i} \frac{\partial v}{\partial x_i} \right) \mathrm{d}x.$$

(2) 容易验证: 若 $m_1 \geqslant m_2 \geqslant 0$, 则 $W^{m_1,p}(U) \hookrightarrow W^{m_2,p}(U)$; 又若 $p_1 \geqslant p_2 \geqslant 1$, 且 U 为有界区域, 则 $W^{m,p_1}(U) \hookrightarrow W^{m,p_2}(U)$.

(3) 设 $\Phi: U \to V$ 是一个 C^m 光滑同胚, 则对任意的 $u \in W^{m,p}(U)$, 都有 $v(y) = u(\Phi^{-1}(y))$ 属于 $W^{m,p}(V)$, 且存在常数 $C = C(m, p, \Phi, U)$, 使得

$$\|v\|_{W^{m,p}(V)} \leqslant C\|u\|_{W^{m,p}(U)}.$$

反之亦然. 请读者自行验证. 这意味着 $W^{m,p}(U)$ 与 $W^{m,p}(V)$ 是同构的 Banach 空间.

下面的例题给出一个常见的 Sobolev 函数. 这个函数在位势理论中非常重要.

例 3.3.3 令 $U = B(0,1)$ 为 $\mathbb{R}^n$ 中的单位开球, $\alpha \geqslant 0$, $u(x) = |x|^{-\alpha}$, $x \in U, x \neq 0$. 证明: $u \in W^{1,p}(U)$ 当且仅当 $0 \leqslant \alpha < \dfrac{n-p}{p}$. 特别地, 当 $p \geqslant n$ 时, $|x|^{-\alpha} \notin W^{1,p}(B(0,1))$.

证明 由于除去 $x = 0$ 外, $u(x)$ 为连续可微函数, 且

$$u_{x_i}(x) = \frac{-\alpha x_i}{|x|^{\alpha+2}}, \quad x \neq 0.$$

所以,

$$|Du(x)| = \frac{|\alpha|}{|x|^{\alpha+1}}, \quad x \neq 0.$$

显然, 当 $\alpha + 1 < \dfrac{n}{p}$ 时, $|Du(x)| \in L^p(U)$. 另外, 在条件 $(\alpha+1)p < n$ 下, 显然有 $u \in L^p(U)$.

下证上述 u_{x_i} 是 u 在整个区域上的弱导数. 任给 $\phi \in C_c^\infty(U)$. 令 $\varepsilon > 0$, 由分部积分公式得

$$\int_{U \setminus B(0,\varepsilon)} u\phi_{x_i} \mathrm{d}x = -\int_{U \setminus B(0,\varepsilon)} u_{x_i}\phi \mathrm{d}x + \int_{\partial B(0,\varepsilon)} u\phi\nu_i \mathrm{d}S,$$

其中 $\boldsymbol{\nu} = (\nu_1, \cdots, \nu_n)$ 表示边界 $\partial B(0,\varepsilon)$ 上方向指向原点的法向. 当 $\varepsilon \to 0$ 时, 有

$$\left|\int_{\partial B(0,\varepsilon)} u\phi\nu_i \mathrm{d}S\right| \leqslant \|\phi\|_{L^\infty} \int_{\partial B(0,\varepsilon)} \frac{1}{\varepsilon^\alpha} \mathrm{d}S \leqslant C\varepsilon^{n-1-\alpha}.$$

因此, 只要 $0 \leqslant \alpha < n-1$, 则对任意 $\phi \in C_c^\infty(U)$ 都有

$$\int_U u\phi_{x_i} \mathrm{d}x = -\int_U u_{x_i}\phi \mathrm{d}x,$$

即 u_{x_i} 是 u 在 U 上的第 i 个一阶弱导数.

综上可得

$$u = |x|^{-\alpha} \in W^{1,p}(B(0,1)) \text{ 当且仅当 } 0 \leqslant \alpha < \frac{n-p}{p}.$$ □

下面的例题表明 Sobolev 函数可以看上去很 "糟糕", 证明留作习题.

例 3.3.4 设序列 $\{r_k\}_{k=1}^\infty$ 在单位开球 $B(0,1)$ 中是可数稠密的. 令

$$u(x) = \sum_{k=1}^\infty \frac{1}{2^k}|x - r_k|^{-\alpha}, \quad x \in B(0,1).$$

则当 $\alpha < \dfrac{n-p}{p}$ 时, $u \in W^{1,p}(U)$, 但在 U 中的任意开子集上 u 都是无界的.

3.3.3 弱导数的基本性质

虽然弱导数不是逐点定义的导数,但其仍然保持了光滑函数所具有的诸多性质. 本节将详细阐述这方面的内容.

定理 3.3.1 (弱导数的性质)

设 $u, v \in W^{k,p}(U)$, $|\alpha| \leqslant k$, 则

(1) $D^\alpha u \in W^{k-|\alpha|,p}(U)$, 且对任意多重指标 α, β, 只要 $|\alpha| + |\beta| \leqslant k$, 则有

$$D^\beta(D^\alpha u) = D^\alpha(D^\beta u) = D^{\alpha+\beta}u.$$

(2) (线性性质) 对任意 $\lambda, \mu \in \mathbb{R}$, $\lambda u + \mu v \in W^{k,p}(U)$, 且

$$D^\alpha(\lambda u + \mu v) = \lambda D^\alpha u + \mu D^\alpha v.$$

(3) [Leibniz(莱布尼茨) 法则] 若 $\xi \in C_c^\infty(U)$, 则 $\xi u \in W^{k,p}(U)$, 且

$$D^\alpha(\xi u) = \sum_{\beta \leqslant \alpha} C_\alpha^\beta D^\beta \xi D^{\alpha-\beta} u, \tag{3.3.4}$$

其中, $C_\alpha^\beta = \dfrac{\alpha!}{\beta!(\alpha-\beta)!}$.

证明 (1) 对任意的 $\phi \in C_c^\infty(U)$, 由弱导数定义, 可得

$$\begin{aligned}\int_U D^\alpha u D^\beta \phi \mathrm{d}x &= (-1)^{|\alpha|} \int_U u D^{\alpha+\beta} \phi \mathrm{d}x \\ &= (-1)^{|\alpha|}(-1)^{|\alpha+\beta|} \int_U D^{\alpha+\beta} u \phi \mathrm{d}x \\ &= (-1)^{|\beta|} \int_U D^{\alpha+\beta} u \phi \mathrm{d}x.\end{aligned}$$

故当 $|\beta| \leqslant k - |\alpha|$ 时, $D^\beta(D^\alpha)u = D^{\alpha+\beta}u \in L^p(U)$, 即 $D^\alpha u \in W^{k-|\alpha|,p}(U)$. 同理可证, $D^\alpha(D^\beta)u = D^{\alpha+\beta}u$.

(2) 因

$$\begin{aligned}\int_U (\lambda u + \mu v) D^\alpha \phi \mathrm{d}x &= \lambda \int_U u D^\alpha \phi \mathrm{d}x + \mu \int_U v D^\alpha \phi \mathrm{d}x \\ &= (-1)^{|\alpha|}\lambda \int_U D^\alpha u \phi \mathrm{d}x + (-1)^{|\alpha|}\mu \int_U D^\alpha v \phi \mathrm{d}x \\ &= (-1)^{|\alpha|} \int_U (\lambda D^\alpha u + \mu D^\alpha v)\phi \mathrm{d}x.\end{aligned}$$

故当 $|\alpha| \leqslant k$ 时,

$$D^\alpha(\lambda u + \mu v) = \lambda D^\alpha u + \mu D^\alpha v \in L^p(U),$$

即

$$\lambda u + \mu v \in W^{k,p}(U).$$

(3) 对 $|\alpha|$ 用数学归纳法.

先证明 $|\alpha|=1$ 的情形. 对任意的 $\phi\in C_c^\infty(U)$, 因 $\xi\in C_c^\infty(U)$, 故 $\xi\phi\in C_c^\infty(U)$. 从而由弱导数定义与光滑函数的 Leibniz 法则, 可得

$$\begin{aligned}\int_U \xi u D^\alpha\phi\mathrm{d}x&=\int_U u(D^\alpha(\xi\phi)-(D^\alpha\xi)\phi)\mathrm{d}x\\&=-\int_U(\xi D^\alpha u+uD^\alpha\xi)\phi\mathrm{d}x.\end{aligned}$$

因此,

$$D^\alpha(\xi u)=\xi D^\alpha u+uD^\alpha\xi. \tag{3.3.5}$$

下设式 (3.3.4) 对所有 $|\alpha|\leqslant m<k$ 及所有函数 ξ 均成立. 这需要证明式 (3.3.4) 对任意的 $|\alpha|=m+1$ 成立. 为此, 选取多重指标 β 和 γ, 使得 $|\beta|=m$, $|\gamma|=1$ 及 $\alpha=\beta+\gamma$. 对于上述试验函数 ϕ, 有

$$\begin{aligned}\int_U \xi u D^\alpha\phi\mathrm{d}x&=\int_U \xi u D^\beta(D^\gamma\phi)\mathrm{d}x\\&=(-1)^{|\beta|}\int_U\sum_{\sigma\leqslant\beta}C_\beta^\sigma D^\sigma\xi D^{\beta-\sigma}uD^\gamma\phi\mathrm{d}x\\&=(-1)^{|\beta|+1}\int_U\sum_{\sigma\leqslant\beta}C_\beta^\sigma D^\gamma(D^\sigma\xi D^{\beta-\sigma}u)\phi\mathrm{d}x\\&=(-1)^{|\alpha|}\int_U\sum_{\sigma\leqslant\beta}C_\beta^\sigma\left[D^{\sigma+\gamma}\xi D^{\alpha-(\sigma+\gamma)}u+D^\sigma\xi D^{\alpha-\sigma}u\right]\phi\mathrm{d}x.\end{aligned}\tag{3.3.6}$$

令多重指标 σ_i 满足 $|\sigma_i|=i\ (i=0,1,\cdots,m)$, 将式 (3.3.6) 中最后一个被积函数中的和式展开, 得

$$\begin{aligned}&\sum_{\sigma\leqslant\beta}C_\beta^\sigma\left[D^{\sigma+\gamma}\xi D^{\alpha-(\sigma+\gamma)}u+D^\sigma\xi D^{\alpha-\sigma}u\right]\\&=C_\beta^{\sigma_0}\left[D^{\sigma_0+\gamma}\xi D^{\alpha-(\sigma_0+\gamma)}u+D^{\sigma_0}\xi D^{\alpha-\sigma_0}u\right]\\&\quad+C_\beta^{\sigma_1}\left[D^{\sigma_1+\gamma}\xi D^{\alpha-(\sigma_1+\gamma)}u+D^{\sigma_1}\xi D^{\alpha-\sigma_1}u\right]+\cdots\\&\quad+C_\beta^{\sigma_m}\left[D^{\sigma_m+\gamma}\xi D^{\alpha-(\sigma_m+\gamma)}u+D^{\sigma_m}\xi D^{\alpha-\sigma_m}u\right]\\&=C_\alpha^{\sigma_0}D^{\sigma_0}\xi D^{\alpha-\sigma_0}u+(C_\beta^{\sigma_0}+C_\beta^{\sigma_1})D^{\sigma_1}\xi D^{\alpha-\sigma_1}u+\cdots+C_\alpha^\alpha D^\alpha\xi u\\&=\sum_{\sigma\leqslant\alpha}C_\alpha^\sigma D^\sigma\xi D^{\alpha-\sigma}u,\end{aligned}\tag{3.3.7}$$

其中, 用到等式 $\sigma_i+\gamma=\sigma_{i+1}\ (i=0,1,\cdots,m-1)$, $C_\beta^{\sigma_0}=C_\alpha^{\sigma_0}$, $C_\beta^{\sigma_i}+C_\beta^{\sigma_{i+1}}=C_\alpha^{\sigma_{i+1}}\ (i=0,1,\cdots,m-1)$ 以及 $C_\beta^{\sigma_m}=C_\alpha^\alpha$. 最后, 将式 (3.3.7) 代入式 (3.3.6) 即完成 (3) 的证明. □

Sobolev 空间作为函数空间是 Banach 空间.

定理 3.3.2

对所有正整数 k 与 $p\in[1,\infty]$, Sobolev 空间 $W^{k,p}(U)$ 都是 Banach 空间.

证明 (1) 首先证明 $\|u\|_{W^{k,p}(U)}$ 是一个范数. 由 $W^{k,p}(U)$ 的定义, 有

$$\|\lambda u\|_{W^{k,p}(U)} = |\lambda|\|u\|_{W^{k,p}(U)},$$

以及

$$\|u\|_{W^{k,p}(U)} = 0 \Leftrightarrow u = 0 \text{ a.e.}$$

另外, 设 $u, v \in W^{k,p}(U)$. 若 $1 \leqslant p < \infty$, 由 Minkowski 不等式, 得

$$\begin{aligned}
\|u+v\|_{W^{k,p}(U)} &= \left(\sum_{|\alpha|\leqslant k} \|D^\alpha u + D^\alpha v\|_{L^p(U)}^p\right)^{1/p} \\
&\leqslant \left(\sum_{|\alpha|\leqslant k} (\|D^\alpha u\|_{L^p(U)} + \|D^\alpha v\|_{L^p(U)})^p\right)^{1/p} \\
&\leqslant \left(\sum_{|\alpha|\leqslant k} \|D^\alpha u\|_{L^p(U)}^p\right)^{\frac{1}{p}} + \left(\sum_{|\alpha|\leqslant k} \|D^\alpha v\|_{L^p(U)}^p\right)^{1/p} \\
&= \|u\|_{W^{k,p}(U)} + \|v\|_{W^{k,p}(U)}.
\end{aligned}$$

类似可证 $p = \infty$ 的情形.

(2) 下面证明 $W^{k,p}(U)$ 是完备的. 设 $\{u_m\}_{m=1}^\infty$ 是 $W^{k,p}(U)$ 中的一个柯西列, 则对任意 $|\alpha| \leqslant k$, $\{D^\alpha u_m\}_{m=1}^\infty$ 是 $L^p(U)$ 中的一个柯西列. 由于 $L^p(U)$ 是完备的, 存在函数 $u_\alpha \in L^p(U)$, 使得对每个 $|\alpha| \leqslant k$, 有

$$D^\alpha u_m \to u_\alpha \quad \text{在} L^p(U) \text{中}. \tag{3.3.8}$$

特别地,

$$u_m \to u_{(0,\cdots,0)} \quad \text{在} L^p(U) \text{中}.$$

为证明 $W^{k,p}(U)$ 是完备的, 需要证明

$$u \in W^{k,p}(U), \quad \text{且} D^\alpha u = u_\alpha, \quad |\alpha| \leqslant k. \tag{3.3.9}$$

为此, 任取 $\phi \in C_c^\infty(U)$. 由 Hölder 不等式, 可得

$$\begin{aligned}
\int_U u D^\alpha \phi \mathrm{d}x &= \lim_{m\to\infty} \int_U u_m D^\alpha \phi \mathrm{d}x \\
&= \lim_{m\to\infty} (-1)^{|\alpha|} \int_U D^\alpha u_m \phi \mathrm{d}x \\
&= (-1)^{|\alpha|} \int_U u_\alpha \phi \mathrm{d}x.
\end{aligned} \tag{3.3.10}$$

故式 (3.3.9) 成立. 因此由式 (3.3.8) 可知, 对所有 $|\alpha| \leqslant k$, $D^\alpha u_m$ 在 $L^p(U)$ 中收敛到 $D^\alpha u$. 因此在 u_m 在 $W^{k,p}(U)$ 中收敛到 u. □

注 3.3.2 为证明 $D^\alpha u = u_\alpha$, 也就是式 (3.3.10) 成立, 只需要序列 $\{u_m\}$ 满足弱收敛: $D^\alpha u_m \rightharpoonup u_\alpha$ (在 $L^1_{\text{loc}}(U)$ 中, $\forall |\alpha| \leqslant k$), 并不需要在 $L^p(U)$ 中强收敛. 这是因为试验函数 $\phi \in C_c^\infty(U)$ 总是有界的, 从而属于 L^1 的对偶空间.

3.4 光滑逼近

Sobolev 函数的一大优点是可以用光滑函数逼近. 这一性质可以在应用中带来很多方便, 比如, 当我们需要证明 Sobolev 函数满足某种性质时, 只需要先证明该性质对光滑函数成立, 然后再取极限即可. 在本节中, 总是假设

$$1 \leqslant p < \infty.$$

引理 3.4.1 (L^p 函数的平移连续性)

设 U 是 R^n 中的开集, V 是 U 的可测子集, $1 \leqslant p < \infty$. 如果存在方向向量 $\boldsymbol{e} \in \mathbb{R}^n$, 使得当 h 足够小时, 有 $V + h\boldsymbol{e} \subset U$, 则对于任意的 $f \in L^p(U)$, 都有

$$\lim_{h\to 0} \int_V |f(x+h\boldsymbol{e}) - f(x)|^p \mathrm{d}x = 0.$$

特别地, 对任意的 $f \in L^p(\mathbb{R}^n)$, 有

$$\lim_{y\to 0} \|f(\cdot + y) - f\|_{L^p(\mathbb{R}^n)} = 0.$$

证明 只证明 $p = 1$ 的情况, $1 < p < \infty$ 类似可证. 任给 $\varepsilon > 0$. 选取 $g \in C_c(U)$ 使得 $\int_U |f(x) - g(x)|\mathrm{d}x < \varepsilon$. 由假设, 当 h 足够小时总有 $V + h\boldsymbol{e} \subset U$. 因此在集合 V 上

$$\begin{aligned}\int_V |f(x+h\boldsymbol{e}) - f(x)|\mathrm{d}x \leqslant& \int_V |f(x+h\boldsymbol{e}) - g(x+h\boldsymbol{e})|\mathrm{d}x \\ &+ \int_V |g(x+h\boldsymbol{e}) - g(x)|\mathrm{d}x + \int_V |g(x) - f(x)|\mathrm{d}x \\ \leqslant& 2\int_U |f(x) - g(x)|\mathrm{d}x + \int_V |g(x+h\boldsymbol{e}) - g(x)|\mathrm{d}x.\end{aligned}$$

因 g 是一致连续的, 故存在 $h_0 > 0$, 使得

$$\sup_{x\in\mathbb{R}^n} |g(x+h\boldsymbol{e}) - g(x)| < \varepsilon, \quad \forall |h| < h_0.$$

令 $K = \operatorname{supp} g$ 表示 g 的紧支集, $K_{h_0} = \{x \in R^n : \operatorname{dist}(x, K) \leqslant h_0\}$, 则 $h \to 0$ 时, $g(x+h\boldsymbol{e}) - g(x)$ 在 K_{h_0} 的补集上消失. 因此

$$\int_V |g(x+h\boldsymbol{e}) - g(x)|\mathrm{d}x \leqslant \int_{K_{h_0}} |g(x+h\boldsymbol{e}) - g(x)|\mathrm{d}x \to 0, \quad 当 h \to 0 时.$$

因此

$$\limsup_{h\to 0} \int_V |f(x+h\boldsymbol{e}) - f(x)|\mathrm{d}x \leqslant 2\int_U |f(x) - g(x)|\mathrm{d}x \leqslant 2\varepsilon.$$

令 $\varepsilon \to 0$ 便得 $\lim_{h\to 0} \int_V |f(x+h\boldsymbol{e}) - f(x)|^p \mathrm{d}x = 0.$

注 3.4.1 (1) 引理允许 V 沿着区域的边界平移或向内平移, 不需要 $V \subset\subset U$. 并且, 这对后面处理边界附近的问题提供有益的帮助.

(2) 该引理对于 $p = \infty$ 不成立. 例如, 设 $V \subset\subset U$ 是开子集, $f = \chi_V$, 则对于所有 $h \neq 0$, $\|\chi_V(x+he) - \chi_V(x)\|_\infty \equiv 1$.

由平移连续性可以得到 L^p 函数的光滑逼近性质.

定理 3.4.1 (L^p 函数的光滑逼近)

任给可测集 $E \subset \mathbb{R}^n$ 与 $1 \leqslant p < \infty$. 对任意的 $f \in L^p(E)$, 存在 $f_k \in C^\infty(\mathbb{R}^n) \cap L^p(\mathbb{R}^n)$, 使得 $f_k \to f$ 在 $L^p(E)$ 中. 即 $C^\infty(\mathbb{R}^n) \cap L^p(\mathbb{R}^n)$ 在 $L^p(E)$ 中稠密.

证明 设 $E = \mathbb{R}^n$ 使得 $f \in L^p(\mathbb{R}^n)$, 否则定义 $f|_{E^c} \equiv 0$. 令 η_ε 是标准磨光核, $f_\varepsilon = \eta_\varepsilon * f$, 则 $f_\varepsilon \in C^\infty(\mathbb{R}^n)$ 且

$$
\begin{aligned}
|f_\varepsilon(x) - f(x)| &\leqslant \int_{\mathbb{R}^n} \eta_\varepsilon(y)|f(x-y) - f(x)|\mathrm{d}y \\
&= \int_{\mathbb{R}^n} \eta(y)|f(x-\varepsilon y) - f(x)|\mathrm{d}y.
\end{aligned}
$$

利用 Hölder 不等式与 $\displaystyle\int_{\mathbb{R}^n} \eta = 1$, 得

$$
|f_\varepsilon(x) - f(x)|^p \leqslant \int_{\mathbb{R}^n} \eta(y)|f(x-\varepsilon y) - f(x)|^p \mathrm{d}y.
$$

从而应用 Fubini 定理可知

$$
\int_{\mathbb{R}^n} |f_\varepsilon(x) - f(x)|^p \,\mathrm{d}x \leqslant \int_{B_1(0)} \eta(y) \left(\int_{\mathbb{R}^n} |f(x-\varepsilon y) - f(x)|^p \mathrm{d}x \right) \mathrm{d}y.
$$

下证当 $\varepsilon \to 0$ 时, 上式左端趋于零. 对任意的 $y \in B_1(0)$, 当 $\varepsilon \to 0$ 时, 由引理 3.4.1 知

$$
\int_{\mathbb{R}^n} |f(x-\varepsilon y) - f(x)|^p \mathrm{d}x \to 0,
$$

并且 (应用不等式 $|a+b|^p \leqslant 2^{p-1}(|a|^p + |b|^p)$)

$$
\begin{aligned}
\int_{\mathbb{R}^n} |f(x-\varepsilon y) - f(x)|^p \mathrm{d}x &\leqslant 2^{p-1} \left(\int_{\mathbb{R}^n} |f(x-\varepsilon y)|^p \mathrm{d}x + \int_{\mathbb{R}^n} |f(x)|^p \mathrm{d}x \right) \\
&= 2^p \|f\|_{L^p}^p.
\end{aligned}
$$

故由控制收敛定理可知 $f_\varepsilon \to f$ 在 $L^p(\mathbb{R}^n)$ 中. □

3.4.1 局部逼近与整体逼近

下面研究 Sobolev 函数的光滑逼近性质. 固定正整数 k 及 $1 \leqslant p < \infty$, 记

$$
U_\varepsilon = \{x \in U | \mathrm{dist}(x, \partial U) > \varepsilon\}.
$$

现用光滑函数在局部逼近Sobolev 函数加以证明.

定理 3.4.2

设 $u \in W^{k,p}(U)(1 \leqslant p < \infty)$. 令

$$u^{\varepsilon}(x) = (\eta_{\varepsilon} * u)(x), \quad x \in U_{\varepsilon},$$

则

(1) 对任意 $\varepsilon > 0, u^{\varepsilon} \in C^{\infty}(U_{\varepsilon})$,

(2) 当 $\varepsilon \to 0$ 时, u^{ε} 在 $W^{k,p}_{\mathrm{loc}}(U)$ 中收敛到 u, 即对任意的开集 $V \subset\subset U$, 都有

$$\|u^{\varepsilon} - u\|_{W^{k,p}(V)} \to 0.$$

特别地, 如果 $\mathrm{spt}u \subset\subset U$, 则当 ε 充分小时, $u^{\varepsilon} \in W^{k,p}(U)$ 且 $\|u^{\varepsilon} - u\|_{W^{k,p}(U)} \to 0$.

证明 定理 3.4.2(1) 的证明见定理 3.1.3.

对于 $|\alpha| \leqslant k$, 当 $x \in U_{\varepsilon}$ 时, 有

$$D^{\alpha}u^{\varepsilon}(x) = (\eta_{\varepsilon} * D^{\alpha}u)(x). \tag{3.4.1}$$

事实上, 当 $x \in U_{\varepsilon}$ 时, 有

$$\begin{aligned} D^{\alpha}u^{\varepsilon} &= D^{\alpha}\int_U \eta_{\varepsilon}(x-y)u(y)\mathrm{d}y \\ &= \int_U D_x^{\alpha}\eta_{\varepsilon}(x-y)u(y)\mathrm{d}y \\ &= (-1)^{|\alpha|}\int_U D_y^{\alpha}\eta_{\varepsilon}(x-y)u(y)\mathrm{d}y. \end{aligned}$$

对于固定的 $x \in U_{\varepsilon}$, 函数 $\phi(y) := \eta_{\varepsilon}(x-y)$ 属于 $C_c^{\infty}(U)$. 因此, 由弱导数的定义得

$$\begin{aligned} D^{\alpha}u^{\varepsilon}(x) &= (-1)^{|\alpha|+|\alpha|}\int_U \eta_{\varepsilon}(x-y)D^{\alpha}u(y)\mathrm{d}y \\ &= (\eta_{\varepsilon} * D^{\alpha}u)(x). \end{aligned}$$

因此, 式 (3.4.1) 得证.

任取一个开集 $V \subset\subset U$. 由式 (3.4.1) 及定理 3.1.3 可知, 对每个 $|\alpha| \leqslant k$, 当 $\varepsilon \to 0$ 时, 有

$$D^{\alpha}u^{\varepsilon} \to D^{\alpha}u \quad 在 L^p(V) 中.$$

因此,

$$\|u^{\varepsilon} - u\|_{W^{k,p}(V)}^p \leqslant C\sum_{|\alpha| \leqslant k}\|D^{\alpha}u^{\varepsilon} - D^{\alpha}u\|_{L^p(V)}^p \to 0.$$

至此定理 3.4.2(2) 得证. □

下面的结论表明, 当区域有界时, 上述局部逼近能够改进为整体逼近.

定理 3.4.3 (整体逼近 I)

设 U 是 $\mathbb{R}^n$ 中的有界开区域, $1 \leqslant p < \infty$, 则对每个 $u \in W^{k,p}(U)$ 都存在 $u_m \in C^\infty(U) \cap W^{k,p}(U)$, 使得

$$u_m \to u \quad 在\ W^{k,p}(U)\ 中.$$

即 $C^\infty(U) \cap W^{k,p}(U)$ 在 $W^{k,p}(U)$ 中稠密.

注 3.4.2 这里的逼近函数 u_m 仅在区域内部光滑, 不能够保证光滑到边界. 因此还需要保证 $u_m \in W^{k,p}(U)$. 关于光滑到边界的逼近函数, 见定理 3.4.4.

证明 第 1 步. 令 $U_i := \{x \in U | \operatorname{dist}(x, \partial U) > 1/i\}$ $(i = 1, 2, \cdots)$, 使得 $U_i \subset\subset U$ 且 $U = \bigcup_{i=1}^{\infty} U_i$. 记

$$V_i := U_{i+3} - \overline{U}_{i+1}, \quad i = 1, 2, \cdots.$$

另取开集 $V_0 \subset\subset U$, 使得 $U = \bigcup_{i=0}^{\infty} V_i$. 再令 $\{\zeta_i\}_{i=0}^{\infty}$ 是从属于开集族 $\{V_i\}_{i=0}^{\infty}$ 的一个光滑单位分解①, 即

$$\begin{cases} 0 \leqslant \zeta_i \leqslant 1, \quad \zeta_i \in C_c^\infty(V_i), \\ \displaystyle\sum_{i=0}^{\infty} \zeta_i = 1, \quad 在\ U\ 上. \end{cases} \tag{3.4.2}$$

对任意 $u \in W^{k,p}(U)$, 由定理 3.3.1 的性质 (3) 可知 $\zeta_i u \in W^{k,p}(U)$, 且支集 $\operatorname{spt}(\zeta_i u) \subset V_i$.

第 2 步. 固定 $\delta > 0$. 由定理 3.4.2, 可选取充分小的 $\varepsilon_i > 0$, 使得 $u^i := \eta_{\varepsilon_i} * (\zeta_i u)$ 满足

$$\begin{cases} \|u^i - \zeta_i u\|_{W^{k,p}(U)} \leqslant \dfrac{\delta}{2^{i+1}}, & i = 0, 1, 2, \cdots, \\ \operatorname{spt} u^i \subset W_i, & i = 1, 2, \cdots, \end{cases} \tag{3.4.3}$$

其中, $W_i := U_{i+4} - \overline{U}_i \supset\supset V_i$ $(i = 1, 2, \cdots)$.

第 3 步. 令 $v = \sum_{i=0}^{\infty} u^i$. 因 $\sum_{i=0}^{\infty} u^i$ 至多有有限项非零, 故 $v \in C^\infty(U)$. 另外, 由式 (3.4.2) 知 $u = \sum_{i=0}^{\infty} \zeta_i u$, 故利用式 (3.4.3) 可得

---

① $\{\zeta_i\}$ 的构造方法: 设 $V_0 = U_3$. 定义 $\{W_i\}_{i \geqslant 0}$ 为

$$W_0 = \overline{U_{2.6}}, \quad W_1 = \overline{U_{3.6}} - U_{2.4}, \quad W_2 = \overline{U_{4.6}} - U_{3.4}, \cdots.$$

于是 $U = \bigcup_{i \geqslant 0} W_i$ 且 $W_i \subset\subset V_i$, 且每个 W_i 仅与附近两个 $W_{i\pm1}$ 相交. 令 $\psi_i \in C_c^\infty(V_i)$ 是相对于 W_i 的截断函数, 即 $0 \leqslant \psi_i \leqslant 1$, 且 $\psi_i|_{W_i} \equiv 1$. 易见在整个开集 U 上 $\sigma \equiv \sum_{i=0}^{\infty} \psi_i \geqslant 1$ 且 $\sigma \in C^\infty(U)$. 最后, 令 $\zeta_i = \psi_i / \sigma$ 即可. 注意, 这里的关键点在于 $\{W_i\}$ 和 $\{V_i\}$ 的"有限"相交性质.

$$\|v-u\|_{W^{k,p}(U)} \leqslant \sum_{i=0}^{\infty} \|u^i - \zeta_i u\|_{W^{k,p}(U)} \leqslant \sum_{i=0}^{\infty} \frac{\delta}{2^{i+1}} = \delta. \tag{3.4.4}$$

显然此式也表明 $v \in W^{k,p}(U)$. 最后, 选取 $\delta = 1/m$ 并记相应的逼近函数为 u_m, 因此定理 3.4.3 得证. □

同时, 定理 3.4.3 表明 Sobolev 函数可以用在区域内部光滑的函数逼近. 进一步问: 能否用光滑边界 ∂U 的函数来逼近呢? 下面的命题回答了这个问题, 不过前提条件是边界 ∂U 满足一定的光滑性. 为此给出如下命题.

命题 3.4.1 (Sobolev 函数的边界逼近)

设 U 是 $\mathbb{R}^n$ 中的开区域, 整数 $k \geqslant 1$, $1 \leqslant p < \infty$. 设 V 是 U 的开子集, 且当 h 足够小时, 沿着某个方向 $\boldsymbol{e} \in \mathbb{R}^n$ 总有 $V + h\boldsymbol{e} \subset\subset U$, 则对任意的 $u \in W^{k,p}(U)$, 都存在函数列 $v_m \in C^\infty(\overline{V})$, 使得

$$\|v_m - u\|_{W^{k,p}(V)} \to 0 \quad \text{当 } m \to \infty \text{ 时}.$$

证明 不失一般性, 假设 $\boldsymbol{e} = \boldsymbol{e}_n$. 令 $u_h := u(x + h\boldsymbol{e}_n)$, 其中 $x \in U - h\boldsymbol{e}_n$. 根据 L^p 函数的平移连续性引理 3.4.1, 对于任意 $\eta > 0$, 存在足够小的 $h > 0$, 使得

$$\|u_h - u\|_{W^{k,p}(V)} \leqslant C \sum_{|\alpha| \leqslant k} \|D^\alpha u(\cdot + h\boldsymbol{e}_n) - D^\alpha u\|_{L^p(V)} < \frac{\eta}{2}.$$

(注: 这一步只需要对所有足够小的 $h > 0$ 都有 $V + h\boldsymbol{e}_n \subset U$ 即可.)

固定上式中 h. 由假设可知 $V \subset\subset U - h\boldsymbol{e}_n$ (即 u_h 的定义域). 因此, 应用局部逼近定理 3.4.2, 对足够小的 $\delta > 0$, 有

$$\|\eta_\delta * u_h - u_h\|_{W^{k,p}(V)} < \frac{\eta}{2}.$$

令 $v_m = \eta_{1\backslash m} * u_h \in C^\infty(\overline{V})$, 再结合上述两个估计, 命题 3.4.1 即可得证. □

注意, 本命题的难点在于定理中的条件允许子集 V 贴着 U 的边界 (见图 3.4.1), 所以不能像局部逼近一样对函数 u 直接做磨光. 为了克服这一困难, 先将 u 做一个平移成为 u_h, 将 V 转化为紧包含于 u_h 的定义域 $U - h\boldsymbol{e}_n$ 中的子集, 然后再对 u_h 做磨光.

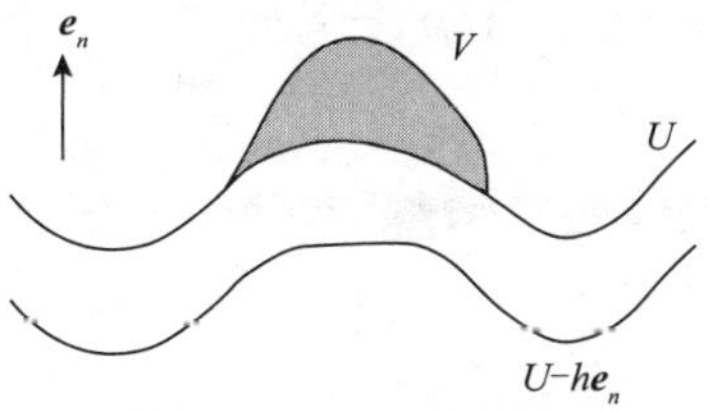

图 3.4.1 贴着边界的区域

利用命题 3.4.1, 再结合边界光滑性, 就可以找到光滑到边界的逼近函数.

定理 3.4.4 (整体逼近 II)

设 $U \subset \mathbb{R}^n$ 是具有 C^1 边界的有界开区域, $k \geqslant 1, 1 \leqslant p < \infty$, 则对任意的 $u \in W^{k,p}(U)$, 都存在函数列 $v_k \in C^\infty(\overline{U})$, 使得

$$\|v_k - u\|_{W^{k,p}(U)} \to 0, \quad 当 k \to \infty 时.$$

即 $C^\infty(\overline{U})$ 在 $W^{k,p}(U)$ 中稠密.

证明 分析: 先局部逼近, 再用单位分解拼接.

第 1 步. 固定 $\eta > 0$. 因 $\partial U \in C^1$, 故对每个 $x_0 \in \partial U$, (在相差一个旋转的意义下) 可以假设存在 $\gamma \in C^1(R^{n-1})$ 与 $r > 0$, 使得

$$U \cap B_r(x_0) = \{x \in B_r(x_0) : x_n > \gamma(x')\},$$

其中 $x = (x', x_n), x' = (x_1, \cdots, x_{n-1})$.

令 $V = U \cap B_{r/2}(x_0)$, 则对于所有足够小的 $h > 0$, 有 $V + he_n \subset\subset U$. 因此, 由命题 3.4.1 存在 $v \in C^\infty(\overline{V})$, 使得 $\|v - u\|_{W^{k,p}(V)} < \eta$.

第 2 步. 因为 ∂U 是一个紧集, 所以存在 ∂U 的一个有限开覆盖 $\{B_{r_i}(x_i)\}_{i=1}^N$, 其中 $x_i \in \partial U$. 对于 $1 \leqslant i \leqslant N$, 令 $V_i = U \cap B_{r_i/2}(x_i)$, 则通过第 1 步, 对每个 $1 \leqslant i \leqslant N$, 都存在 $v_i \in C^\infty(\overline{V}_i)$ 使得 $\|v_i - u\|_{W^{k,p}(V_i)} < \eta$. 再选择一个 $V_0 \subset\subset U$, 使得 $U \subset \bigcup_{i=0}^N V_i$. 根据局部逼近定理 3.4.2, 存在 $v_0 \in C^\infty(\overline{V}_0)$, 使得 $\|v_0 - u\|_{W^{k,p}(V_0)} < \eta$.

第 3 步. 设 $\{\zeta_i\}_{i=0}^N$ 是 $\overline{U}$ 上从属于开覆盖 $\{V_0, B(x_i, r_i/2)\}_{i=1}^N$ 的一个光滑单位分解, 使得对所有的 $0 \leqslant i \leqslant N$ 都有 $\zeta_i v_i \in C^\infty(\overline{U})$. 从而

$$\begin{aligned}
&\|D^\alpha(\zeta_i v_i) - D^\alpha(\zeta_i u)\|_{L^p(U)} \\
&\leqslant \sum_{\beta \leqslant \alpha} C_{\alpha,\beta} \|D^{\alpha-\beta}\zeta_i\|_{L^\infty(U)} \|D^\beta v_i - D^\beta u\|_{L^p(V_i)} \leqslant C\eta.
\end{aligned}$$

第 4 步. 令 $v = \sum_{i=0}^N \zeta_i v_i$, 可得

$$\|v - u\|_{W^{k,p}(U)} = \left\| \sum_{i=0}^N (\zeta_i v_i - \zeta_i u) \right\|_{W^{k,p}(U)} \leqslant C(n, k, U)\eta.$$

□

3.4.2 稠密性

定理 3.4.5 (稠密性)

设 k 是非负整数, $1 \leqslant p < \infty$, 则对任意的 $f \in W^{k,p}(\mathbb{R}^n)$ 都存在 $f_k \in C_c^\infty(\mathbb{R}^n)$, 使得

$$\lim_{k \to \infty} \|f_k - f\|_{W^{k,p}(\mathbb{R}^n)} = 0.$$

即 $C_c^\infty(\mathbb{R}^n)$ 在 $W^{k,p}(\mathbb{R}^n)$ 中稠密, 则 $W^{k,p}(\mathbb{R}^n) = W_0^{k,p}(\mathbb{R}^n)$.

证明 (截断方法) 不妨设 $k=1$. 一般情形类似可证, 留作习题.

固定 $\varepsilon>0$. 取截断函数 $\xi\in C_c^\infty(\mathbb{R}^n)$, 满足 $0\leqslant\xi\leqslant 1$, 且在 $B_1(0)$ 上 $\xi\equiv 1$, 在 $B_2^c(0)$ 上 $\xi\equiv 0$. 先定义 $\xi_R(x)=\xi(x/R)$, 再定义 $f_R=f\xi_R$, 即用 ξ_R 截断函数 f, 则 $f_R\in W^{1,p}(\mathbb{R}^n)$ 且 $\mathrm{D}f_R=\xi_R\mathrm{D}f+f\mathrm{D}\xi_R$ 计算, 得

$$|f-f_R|^p+|\mathrm{D}f-\mathrm{D}f_R|^p\leqslant(|f|^p+|\mathrm{D}f|^p)\chi_{B_R^c(0)}+CR^{-p}|f|^p\chi_{B_R^c(0)},$$

其中 $C=\sup\limits_{\mathbb{R}^n}|D\xi|<\infty$. 故当 $R\to\infty$ 时

$$\|f-f_R\|_{W^{1,p}(\mathbb{R}^n)}^p\leqslant C\int_{B_R^c(0)}|f|^p+|\mathrm{D}f|^p\mathrm{d}x\to 0.$$

从而存在 $R\gg 1$, 使得

$$\|f-f_R\|_{W^{1,p}(\mathbb{R}^n)}^p<\frac{\varepsilon}{2}.$$

固定上述 R. 注意 f_R 具有紧支集, $\operatorname{supp}(f_R)\subset\overline{B}_R(0)$. 因而存在 $\delta>0$, 使得

$$\|\eta_\delta*f_R-f_R\|_{W^{1,p}(\mathbb{R}^n)}<\frac{\varepsilon}{2},$$

其中 η_δ 是标准的磨光核.

结合上述两个估计得 $\|\eta_\delta*f_R-f\|_{W^{1,p}(\mathbb{R}^n)}<\varepsilon$, 并注意到 $\eta_\delta*f_R\in C_c^\infty(\mathbb{R}^n)$. □

应用类似的方法可以证明:

习题 3.4.1 当 $1\leqslant p<\infty$ 时, $C_c^\infty(\overline{\mathbb{R}_+^n})$ 在 $W^{1,p}(\mathbb{R}_+^n)$ 中稠密.

证明略.

3.5 有界延拓定理

本节的目的是研究如何将区域上的 Sobolev 函数延拓为全空间上的 Sobolev 函数.

3.5.1 延拓原理

注意 $L^p(U)$ 中的函数只需要简单地做零延拓 (即在区域外面定义为零) 便可得到 $L^p(\mathbb{R}^n)$ 中的函数. 但是对 Sobolev 函数, 简单的零延拓未必能够保证延拓后的函数在全空间仍然是弱可导的, 这是难点所在. 下面从最简单的情形开始相关讨论.

定理 3.5.1

设 U 是 $\mathbb{R}^n$ 中的任意开区域, $1\leqslant p\leqslant\infty$. 定义零延拓算子

$$Ef(x)=\begin{cases}f(x), & x\in U,\\ 0, & x\in U^c,\end{cases}\qquad \forall f\in L^p(U),$$

则 $E:W_0^{1,p}(U)\to W^{1,p}(\mathbb{R}^n)$ 是等距线性算子.

证明 只需要证明当 $f\in W_0^{1,p}(U)$ 时 $Ef\in W^{1,p}(\mathbb{R}^n)$ 即可, 其他结论是显然的.

显然 $Ef\in L^p(\mathbb{R}^n)$. 下证 Ef 在 $\mathbb{R}^n$ 上弱可导, 且弱导数满足 $\mathrm{D}(Ef)=E(\mathrm{D}f)$. 为此任取

$\varphi \in C_0^\infty(\mathbb{R}^n)$, $1 \leqslant i \leqslant n$. 选择 $f_k \in C_0^\infty(U)$ 使得 $f_k \to f$ 在 $W^{1,p}(U)$ 中, 则

$$\begin{aligned}\int_{\mathbb{R}^n} Ef\partial_{x_i}\varphi \mathrm{d}x &= \int_U f\partial_{x_i}\varphi \mathrm{d}x = \lim_{k\to\infty}\int_U f_k\partial_{x_i}\varphi \mathrm{d}x \\ &= \lim_{k\to\infty}\int_{\mathbb{R}^n} f_k\partial_{x_i}\varphi \mathrm{d}x = -\lim_{k\to\infty}\int_{\mathbb{R}^n}\partial_{x_i}f_k\varphi \mathrm{d}x \\ &= -\lim_{k\to\infty}\int_U \partial_{x_i}f_k\varphi \mathrm{d}x = -\int_U \partial_{x_i}f\varphi \mathrm{d}x.\end{aligned}$$

式中, 倒数第二个等号用了 $\mathrm{spt}(f_k) \subset U$ 的事实. □

我们要将上述延拓方法推广到一般的情形, 为此先考虑比较简单的情形.

引理 3.5.1 (延拓原理)

设 U 是 $\mathbb{R}^n$ 中的开区域且 $\partial U \in C^1$, $x_0 \in \partial U$. 任给函数 $u \in C^1(U \cap B_r(x_0)) \cap C(\overline{U} \cap B_r(x_0))$, $v \in C^1\left(\left(\overline{U}\right)^c \cap B_r(x_0)\right) \cap C(U^c \cap B_r(x_0))$. 如果在 $\partial U \cap B_r(x_0)$ 上 $u = v$, 则函数

$$w(x) = \begin{cases} u(x), & x \in U \cap B_r(x_0), \\ v(x), & x \in U^c \cap B_r(x_0). \end{cases}$$

在 $B_r(x_0)$ 一阶弱可导, 且弱导数为

$$Dw(x) = \begin{cases} Du, & 在 U \cap B_r(x_0) 上, \\ Dv, & 在 \overline{U}^c \cap B_r(x_0) 上. \end{cases} \tag{3.5.1}$$

证明 显然 $w \in C(B_r(x_0))$, 但在集合 $\partial U \cap B_r(x_0)$ 上不必可导. 任给 $\varphi \in C_c^\infty(B_r(x_0))$, 由分部积分公式,

$$\begin{aligned}\int_{B_r(x_0)} w\partial_{x_i}\varphi \mathrm{d}x &= \int_{U\cap B_r(x_0)} u\partial_{x_i}\varphi \mathrm{d}x + \int_{U^c\cap B_r(x_0)} v\partial_{x_i}\varphi \mathrm{d}x \\ &= -\int_{U\cap B_r(x_0)}\partial_{x_i}u\varphi \mathrm{d}x + \int_{\partial U\cap B_r(x_0)} u\varphi\nu^i \mathrm{d}S \\ &\quad -\int_{U^c\cap B_r(x_0)}\partial_{x_i}v\varphi \mathrm{d}x - \int_{\partial U\cap B_r(x_0)} v\varphi\nu^i \mathrm{d}S\end{aligned}$$

其中 ν^i 表示 $\partial U \cap B_r(x_0)$ 相对于 U 的单位外法向的第 i 个分量. 代入条件可知

$$\int_{B_r(x_0)} w\partial_{x_i}\varphi \mathrm{d}x = -\int_{U\cap B_r(x_0)}\partial_{x_i}u\varphi \mathrm{d}x - \int_{U^c\cap B_r(x_0)}\partial_{x_i}v\varphi \mathrm{d}x.$$

这表明 w 弱可导, 且弱导数 Dw 由式 (3.5.1) 给出. □

由此可见, 要保证一阶弱导数存在, 只需要保证边界两边的函数能够"连续地"衔接在一起即可. 类似地, 如果 u, v 在边界上直到 k 阶导数都相等, 则可以知道 w 具有 $k+1$ 阶弱导数. 下面以具有平坦边界的区域为例讲解如何应用上述原理延拓 Sobolev 函数.

命题 3.5.1

设 $1 \leqslant p < \infty$, 则存在有界线性算子 $E: W^{1,p}(\mathbb{R}^n_+) \to W^{1,p}(\mathbb{R}^n)$, 与只依赖于 n, p 的常数 $C > 0$, 使得对任意的 $u \in W^{1,p}(\mathbb{R}^n_+)$, 都有

(1) 在 $\mathbb{R}^n_+$ 中 $Eu = u$ a.e.;

(2) $\|Eu\|_{W^{1,p}(\mathbb{R}^n)} \leqslant C\|u\|_{W^{1,p}(\mathbb{R}^n_+)}$.

证明 由习题 3.4.1, 不妨先设 $u \in C_c^\infty(\overline{\mathbb{R}^n_+})$. 定义偶延拓算子

$$Eu(x) = \begin{cases} u(x', x_n), & x_n \geqslant 0, \\ u(x', -x_n), & x_n < 0. \end{cases}$$

由上述延拓原理 (引理 3.5.1) 可知 $Eu \in W^{1,p}(\mathbb{R}^n)$, 且 $\|Eu\|_{W^{1,p}(\mathbb{R}^n)} = 2^{1/p}\|u\|_{W^{1,p}(\mathbb{R}^n_+)}$.

对于一般的 $u \in W^{1,p}(\mathbb{R}^n_+)$, 任取函数列 $u_m \in C_c^\infty(\overline{\mathbb{R}^n_+})$ 在 $W^{1,p}(\mathbb{R}^n_+)$ 中逼近 u, 则 $\{u_m\}$ 是 $W^{1,p}(\mathbb{R}^n_+)$ 中的 Cauchy 列, 从而

$$\|Eu_m - Eu_k\|_{W^{1,p}(\mathbb{R}^n)} = 2^{1/p}\|u_m - u_k\|_{W^{1,p}(\mathbb{R}^n_+)} \to 0,$$

即 $\{Eu_m\}$ 是 $W^{1,p}(\mathbb{R}^n)$ 中的 Cauchy 列. 于是存在 $\overline{u} \in W^{1,p}(\mathbb{R}^n)$ 使得 Eu_m 在 $W^{1,p}(\mathbb{R}^n)$ 中收敛到 $\overline{u}$. 定义 $Eu = \overline{u}$ 即可.

注意 Eu 的定义与逼近序列 $\{u_m\}$ 的选取无关: 如果 $\{v_m\} \subset C_c^\infty(\overline{\mathbb{R}^n_+})$ 是另一列逼近 u 的函数列, 则

$$\|Eu_m - Ev_m\|_{W^{1,p}(\mathbb{R}^n)} = 2^{1/p}\|u_m - v_m\|_{W^{1,p}(\mathbb{R}^n_+)} \to 0.$$

从而 $\{Eu_m\}$ 与 $\{Ev_m\}$ 在 $W^{1,p}(\mathbb{R}^n)$ 中具有相同的极限. □

3.5.2 一般区域上的延拓

对于一般边界不平坦的区域, 可以通过拉平的方法化归到平坦的情形, 然后通过单位分解定理回到原来的情况. 此即下面将要讨论的内容.

定理 3.5.2 (一阶延拓定理)

设 $U \subset \mathbb{R}^n$ 是有界开区域且 $\partial U \in C^1$, $1 \leqslant p < \infty$, 则存在有界线性算子

$$E: W^{1,p}(U) \to W^{1,p}(\mathbb{R}^n)$$

与只依赖于 p, n 和 U 的常数 C, 使得对任意的 $u \in W^{1,p}(U)$, 都有

(1) $Eu(x) = u(x)$, a.e. $x \in U$;

(2) $\|Eu\|_{W^{1,p}(\mathbb{R}^n)} \leqslant C\|u\|_{W^{1,p}(U)}$.

事实上, 任给开集 V 使得 $U \subset\subset V$, 还可以保证 $\mathrm{spt}(Eu) \subset\subset V$, 即延拓后的函数在 V 中具有紧支集.

我们将 E 称为**延拓算子**, Eu 称为 u 的一个延拓.

为了便于后续偏微分方程的应用, 我们将证明一个更强的延拓定理, 为此需要引入更强的

边界光滑性假设. 用完全类似的方法即可证明定理 3.5.2, 因此留给读者自行验证.

定理 3.5.3 (二阶延拓定理)

设 $U \subset \mathbb{R}^n$ 是有界开区域且 $\partial U \in C^2, 1 \leqslant p < \infty$, 则存在有界线性算子

$$E : W^{2,p}(U) \to W^{2,p}(\mathbb{R}^n)$$

与只依赖于 p, n 和 U 的常数 C, 使得对任意的 $u \in W^{2,p}(U)$, 都有

(1) $Eu(x) = u(x)$, a.e. $x \in U$;

(2) $\|Eu\|_{W^{2,p}(\mathbb{R}^n)} \leqslant C\|u\|_{W^{2,p}(U)}$.

同样地, 任给开集 V 使得 $U \subset\subset V$, 还可以保证 $\mathrm{spt}(Eu) \subset\subset V$, 即延拓后的函数在 V 中具有紧支集.

证明 第 1 步. 首先指出, 对任意的开集 V 满足 $U \subset\subset V$, 如果能将 u 延拓为 $W^{2,p}(V)$ 函数, 则 u 必能延拓为 $W^{2,p}(\mathbb{R}^n)$ 函数. 事实上, 将把 u 延拓到 V 上的函数记为 $\tilde{u}$. 任选一个截断函数 $\eta \in C_c^\infty(V)$, 使它在 U 上恒等于 1. 那么 $\eta\tilde{u}$ 是 u 在 $\mathbb{R}^n$ 上的延拓 (在 $\mathbb{R}^n - V$ 上令 $\eta\tilde{u}$ 为 0), 并且显然有 $\eta\tilde{u} \in W^{2,p}(\mathbb{R}^n)$.

第 2 步. 固定 $x_0 \in \partial U$. 先假定边界在 x_0 附近是平的, 即边界 ∂U 位于平面 $\{x \in \mathbb{R}^n | x_n = 0\}$. 于是存在一个以 x_0 为心、以 r 为半径的开球 B, 使得

$$\begin{cases} B^+ := B \cap \{x_n \geqslant 0\} \subset \overline{U}, \\ B^- := B \cap \{x_n \leqslant 0\} \subset \mathbb{R}^n - U. \end{cases} \tag{3.5.2}$$

第 3 步. 先假设 $u \in C^2(\overline{U}) \cap W^{2,p}(U)$. 考虑从 B^+ 到 B^- 的一阶反射:

$$\overline{u} := \begin{cases} u(x', x_n), & x \in B^+, \\ C_1 u(x', -x_n) + C_2 u\left(x', -\dfrac{x_n}{2}\right), & x \in B^-, \end{cases} \tag{3.5.3}$$

其中 C_1 和 C_2 是待定常数. 我们想要通过选取 C_1, C_2 使得延拓之后的函数在 B 内连续可微, 即

$$\overline{u} \in C^1(\overline{B}). \tag{3.5.4}$$

注意, 此处想要 $\overline{u}$ 在整个 B 上连续可微, 而不仅是弱可导. 从而由延拓原理 (引理 3.5.1) 可知, $\overline{u}$ 应该二阶弱可导.

首先, 为使 $\overline{u}$ 在 $\{x_n = 0\} \cap B$ 上连续, 选取 C_1 和 C_2 使之满足

$$C_1 + C_2 = 1. \tag{3.5.5}$$

其次, 记 $u^- := \overline{u}|_{B^-}, u^+ := \overline{u}|_{B^+}$. 由于 u^+ 与 u^- 在 $\{x_n = 0\} \cap B$ 上相等, 所以沿着 x' 的方向总有

$$u^-_{x_i}|_{\{x_n=0\}} = u^+_{x_i}|_{\{x_n=0\}}, \quad 1 \leqslant i \leqslant n-1. \tag{3.5.6}$$

因此只需保证 u^- 和 u^+ 在 $\{x_n = 0\}$ 上沿 x_n 方向的偏导数相等, 则

$$u^-_{x_n} = u^+_{x_n}, \quad 在\{x_n = 0\}上, \tag{3.5.7}$$

即

$$-C_1 u_{x_n}(x',-x_n) - \frac{C_2}{2} u_{x_n}\left(x',-\frac{x_n}{2}\right)\Big|_{x_n=0} = u_{x_n}(x',0).$$

为此, 只需 C_1 和 C_2 满足

$$-C_1 - \frac{C_2}{2} = 1. \tag{3.5.8}$$

联立式 (3.5.5) 和式 (3.5.8) 得 $C_1 = -3, C_2 = 4$. 因此

$$\overline{u} := \begin{cases} u(x',x_n), & x \in B^+, \\ -3u(x',-x_n) + 4u\left(x',-\dfrac{x_n}{2}\right), & x \in B^-, \end{cases} \tag{3.5.9}$$

这样即可保证式 (3.5.4) 成立.

第 4 步. 由第 3 步的结论可知 $\overline{u} \in C^1(B)$. 因此, 由延拓原理可得 $\overline{u} \in W^{2,p}(B)$ (参考其证明之后的阐释), 且直接计算可知, 存在只依赖于 n, p 的常数 C, 使得

$$\|\overline{u}\|_{W^{2,p}(B)} \leqslant C\|u\|_{W^{2,p}(B^+)}. \tag{3.5.10}$$

这样完成了平边界附近的延拓.

第 5 步. 对一般的情形, 由于区域 U 有界, 边界 ∂U 是紧集, 从而可找到有限个开邻域 $W_1, W_2, \cdots, W_N$ 覆盖边界 ∂U, 且每个 W_i $(i = 1,2,\cdots,N)$ 可以选取得足够小, 使得 $\partial U \cap W_i$ 可以拉平. 由于 $\partial U \in C^2$, 所以存在 C^2 微分同胚 Φ_i: $W_i \to B_r$, 使得 $\Phi_i(W_i \cap U) = B_r^+$, 以及 $\Phi_i(W_i \cap \partial U) = B_r \cap \{y_n = 0\}$.

再令 $v(y) := u(\Phi^{-1}(y)), y \in B_r$. 根据注 3.3.1 的性质 (3) 可得

$$\|v\|_{W^{2,p}(B_r^+)} \leqslant C\|u\|_{W^{2,p}(W_i\cap U)},$$

其中, C 与 n, p, W_i, U 有关系. 由第 4 步, 可将 v 延拓至 B_r^- 得到 $\overline{v} \in W^{2,p}(B_r)$, 且满足

$$\|\overline{v}\|_{W^{2,p}(B_r)} \leqslant C\|v\|_{W^{2,p}(B_r^+)}.$$

最后, 令 $\overline{u}_i = \overline{v} \circ \Phi_i$, 则 $\overline{u}_i \in W^{2,p}(W_i)$, 且由上述估计可知

$$\|\overline{u}_i\|_{W^{2,p}(W_i)} \leqslant C\|\overline{v}\|_{W^{2,p}(B_r)} \leqslant C\|v\|_{W^{2,p}(B_r^+)} \leqslant C\|u\|_{W^{2,p}(U)}. \tag{3.5.11}$$

这样完成 u 在每个 $W_i \cap U$ 上的延拓.

第 6 步. 选取 $W_0 \subset\subset U$, 结合第 5 步中的边界覆盖 W_i, 使得 $U \subset \bigcup\limits_{i=0}^{N} W_i$. 令 $\{\zeta_i\}_{i=0}^N$ 是属于 $\{W_i\}_{i=0}^N$ 的一族单位分解. 设 $\overline{u}_i$ 是 u 在区域 W_i $(i = 1,\cdots,N)$ 上的延拓. 记 $\overline{u} := \sum\limits_{i=0}^{N} \zeta_i \overline{u}_i$, 其中 $\overline{u}_0 = u$. 由式 (3.5.11) 得

$$\|\overline{u}\|_{W^{2,p}(\mathbb{R}^n)} \leqslant C\|u\|_{W^{2,p}(U)}, \tag{3.5.12}$$

其中, C 不依赖 u. 注意到, 如果事先给定开集 $V \supset\supset U$, 则可以选取 W_i 足够小, 使得 $W_i \subset\subset V$, 从而可以保证 $\mathrm{spt}(\overline{u}) \subset\subset V$. 基于上述的延拓, 定义 $Eu = \overline{u}$. 由上述延拓过程易知, E 是线性映射.

第 7 步. 最后, 对于一般的 $u \in W^{2,p}(U)$, 因 $1 \leqslant p < \infty$, 故存在 $u_k \in C^\infty(\overline{U})$ 在 $W^{2,p}(U)$ 中收敛到 u. 由式 (3.5.12) 以及映射 E 的线性性可知

$$\|Eu_k - Eu_l\|_{W^{2,p}(\mathbb{R}^n)} \leqslant C\|u_k - u_l\|_{W^{2,p}(U)} \to 0, \quad \text{当}k,l \to \infty\text{时}.$$

因此, $\{Eu_k\}_{k=1}^{\infty}$ 是 $W^{2,p}(\mathbb{R}^n)$ 中的 Cauchy 列. 从而存在 $\overline{u} \in W^{2,p}(\mathbb{R}^n)$. 此时定义 $Eu = \overline{u}$ 即可. 注意, 这一定义不依赖于逼近序列 $\{u_k\}_{k=1}^{\infty}$ 的选取. □

上述定理的证明充分体现了研究 Sobolev 函数常用的技巧: 利用单位分解把区域 "分块"、利用变量替换把边界展平、利用光滑子把函数磨光、利用截断函数把支集 "截断". 以上技巧分别称为局部化、平直化、光滑化、紧支化.

注 3.5.1 定理 3.5.3 的结论对于 $p = \infty$ 仍然成立, 可见后面 3.9 节.

注 3.5.2 对于高阶 Sobolev 空间 $W^{k,p}(U)$ $(k > 2)$, 假设 $\partial U \in C^k$ 即可类似延拓. 此时需将一阶反射延拓 (3.5.3) 调整为高阶反射:

$$\overline{u} := \begin{cases} u(x), & x \in B^+, \\ \displaystyle\sum_{j=1}^{k} C_j u\left(x', -\frac{1}{j}x_n\right), & x \in B^-, \end{cases}$$

其中 C_j 是由下式决定的常数:

$$\sum_{j=1}^{k} \left(-\frac{1}{j}\right)^m C_j = 1, \quad 0 \leqslant m \leqslant k-1.$$

3.6 迹定理

应用 Sobolev 函数研究偏微分方程时, 经常需要讨论函数在边界的取值问题. 然而, Sobolev 函数作为可测函数, 看上去似乎可以随意修改其在边界的取值, 这是因为相对于区域, 边界只是零测度集. 所以, 阐明 Sobolev 函数在边界上取值的含义显得非常必要.

3.6.1 Sobolev 函数存在自然定义的边值

定理 3.6.1

设 $U \subset \mathbb{R}^n$ 是有界开区域且 $\partial U \in C^1$, $1 \leqslant p < \infty$, 则存在有界线性算子

$$T : W^{1,p}(U) \to L^p(\partial U)$$

与常数 $C = C(n,p,U) > 0$, 使得

(1) 对任意的函数 $f \in W^{1,p}(U)$,

$$\|Tf\|_{L^p(\partial U)} \leqslant C\|f\|_{W^{1,p}(U)}; \tag{3.6.1}$$

(2) 当 $f \in W^{1,p}(U) \cap C(\overline{U})$ 时, $Tf = f|_{\partial U}$.

定义 3.6.1

称 Tf 是 f 在 ∂U 上的迹, T 为迹算子.

证明 假设 $f \in C^1(\overline{U})$, 并在 ∂U 上定义 $Tf = f$. 下证: 存在常数 $C > 0$, 使得不等式 (3.6.1) 成立.

第 1 步. 假设 $x_0 \in \partial U$, 且 $\partial U \cap B_{2r}(x_0)$ 是平直的. 令 $\zeta \in C_c^\infty(B_{2r}(x_0))$, $0 \leqslant \zeta \leqslant 1$, 在 $B_r(x_0)$ 上 $\zeta \equiv 1$, $x' = (x_1, \cdots, x_{n-1}) \in \mathbb{R}^{n-1}$, 则

$$\begin{aligned}\int_{\partial U \cap B_r(x_0)} |f|^p \mathrm{d}x' &\leqslant \int_{\partial U \cap B_{2r}(x_0)} \zeta |f|^p \mathrm{d}x' \\ &= -\int_{B_{2r}^+(x_0)} (\zeta |f|^p)_{x_n} \mathrm{d}x \\ &= -\int_{B_{2r}^+(x_0)} \zeta_{x_n} |f|^p + \zeta p |f|^{p-2} f f_{x_n} \mathrm{d}x \\ &\leqslant C \int_{B_{2r}^+(x_0)} |f|^p + |\mathrm{D}f|^p \mathrm{d}x \\ &\leqslant C \int_U |f|^p + |\mathrm{D}f|^p \mathrm{d}x.\end{aligned}$$

第 2 步. 如果 $x_0 \in \partial U$, 但 ∂U 在 x_0 附近不是平直的, 采用拉平技术得到第 1 步的估计, 再利用坐标变换, 可以推出

$$\int_{\partial U \cap B_r(x_0)} |f|^p \mathrm{d}x' \leqslant C \int_U |f|^p + |\mathrm{D}f|^p \mathrm{d}x.$$

第 3 步. 由于 ∂U 紧, 存在有限个开邻域 $\Gamma_i \subset \partial U$ $(i = 1, 2, \cdots, N)$, 使得 $\partial U = \bigcup_{i=1}^N \Gamma_i$ 且

$$\|f\|_{L^p(\Gamma_i)} \leqslant C \|f\|_{W^{1,p}(U)}, \quad i = 1, 2, \cdots, N.$$

因此

$$\int_{\partial U} |f|^p \mathrm{d}x' \leqslant C \int_U |f|^p + |\mathrm{D}f|^p \mathrm{d}x.$$

即式 (3.6.1) 成立.

第 4 步. 对于一般的 $f \in W^{1,p}(U)$, 选取 $\{f_m\}_{m=1}^\infty \subset C^\infty(\overline{U})$ 在 $W^{1,p}(U)$ 中逼近 f, 则

$$\begin{aligned}\|Tf_m - Tf_k\|_{L^p(\partial U)} &= \|f_m - f_k\|_{L^p(\partial U)} \\ &\leqslant C \|f_m - f_k\|_{W^{1,p}(U)} \to 0, \quad \text{当 } m, k \to \infty \text{ 时}.\end{aligned}$$

所以存在函数 $g \in L^p(\partial U)$, 使得在 $L^p(\partial U)$ 中有 $g = \lim\limits_{k \to \infty} Tf_k$. 定义 $Tf = g$, 则

$$\|Tf\|_{L^p(\partial U)} = \|g\|_{L^p(\partial U)} = \lim_{k \to \infty} \|Tf_k\|_{L^p(\partial U)} \leqslant C \lim_{k \to \infty} \|f_k\|_{W^{1,p}(U)} - C \|f\|_{W_{1,p}(U)}.$$

注意: Tf 的定义与逼近序列 $\{f_m\}$ 的选取无关, 请读者自行验证.

第 5 步. 如果 $f \in W^{1,p}(U) \cap C(\overline{U})$, 由定理 3.4.4 知, 存在光滑函数列 $u_m \in C^\infty(\overline{U})$, 使其在 $\overline{U}$ 上一致收敛到 u, 从而 $Tf = f|_{\partial U}$. □

3.6.2 零边值 Sobolev 函数

下面用迹的方式给出 $W_0^{1,p}$ 函数的等价刻画.

定理 3.6.2

设 $U \subset \mathbb{R}^n$ 是有界开区域且 $\partial U \in C^1$, $1 \leqslant p < \infty$, $f \in W^{1,p}(U)$, 则

$$f \in W_0^{1,p}(U) \quad \Leftrightarrow \quad Tf = 0.$$

证明 第 1 步. (必要性) 若 $f \in W_0^{1,p}(U)$, 则存在 $f_m \in C_c^\infty(U)$, 使得 $\|f_m - f\|_{W^{1,p}} \to 0$. 由于 $T: W^{1,p}(U) \to L^p(\partial U)$ 是有界线性算子且在 ∂U 上 $Tf_m = f_m = 0, m = 1, \cdots$, 则

$$Tf = \lim_{m\to\infty} Tf_m = 0.$$

第 2 步. (充分性) 假设

$$Tu = 0 \quad 在\ \partial U\ 上, \tag{3.6.2}$$

利用单位分解和边界拉平技术, 不妨设

$$\begin{cases} u \in W^{1,p}(\mathbb{R}_+^n), & u\ 在\ \overline{\mathbb{R}}_+^n\ 上具有紧支集, \\ Tu = 0, & 在\ \partial\mathbb{R}_+^n = \mathbb{R}^{n-1}\ 上. \end{cases} \tag{3.6.3}$$

第 3 步. **断言**: 对几乎所有的 $x_n > 0$, 有

$$\int_{\mathbb{R}^{n-1}} |u(x', x_n)|^p \mathrm{d}x' \leqslant C x_n^{p-1} \int_0^{x_n} \int_{\mathbb{R}^{n-1}} |\mathrm{D}u(x', t)|^p \,\mathrm{d}x'\mathrm{d}t. \tag{3.6.4}$$

断言的证明: 采用逼近的方法. 因在边界 $\mathbb{R}^{n-1}$ 上 $Tu=0$, 故存在函数序列 $u_m \in C^1(\overline{\mathbb{R}}_+^n)$, 使得

$$u_m \to u \quad 在\ W^{1,p}(\mathbb{R}_+^n)\ 中, \tag{3.6.5}$$

以及

$$Tu_m = u_m|_{\mathbb{R}^{n-1}} \to 0 \quad 在\ L^p(\mathbb{R}^{n-1})\ 上. \tag{3.6.6}$$

由 Newton-Leibniz (牛顿–莱布尼茨) 公式, 对任意的 $x' \in \mathbb{R}^{n-1}, x_n \geqslant 0$, 有

$$u_m(x', x_n) = u_m(x', 0) + \int_0^{x_n} \frac{\partial u_m}{\partial x_n}(x', t)\mathrm{d}t.$$

因此

$$|u_m(x', x_n)| \leqslant |u_m(x', 0)| + \int_0^{x_n} \left|\frac{\partial u_m}{\partial x_n}(x', t)\right| \mathrm{d}t.$$

应用 Hölder 不等式, 可得

$$|u_m(x', x_n)|^p \leqslant 2^{p-1}\left(|u_m(x', 0)|^p + x_n^{p-1}\int_0^{x_n}\left|\frac{\partial u_m}{\partial x_n}(x', t)\right|^p \mathrm{d}t\right).$$

因此

$$
\begin{aligned}
&\int_{\mathbb{R}^{n-1}} |u_m(x', x_n)|^p \mathrm{d}x' \\
&\leqslant 2^{p-1}\left(\int_{\mathbb{R}^{n-1}} |u_m(x', 0)|^p \mathrm{d}x' + x_n^{p-1}\int_0^{x_n}\int_{\mathbb{R}^{n-1}} \left|\frac{\partial u_m}{\partial x_n}(x', t)\right|^p \mathrm{d}x'\mathrm{d}t\right) \\
&\leqslant 2^{p-1}\left(\int_{\mathbb{R}^{n-1}} |u_m(x', 0)|^p \mathrm{d}x' + x_n^{p-1}\int_0^{x_n}\int_{\mathbb{R}^{n-1}} |\mathrm{D}u_m(x', t)|^p \mathrm{d}x'\mathrm{d}t\right).
\end{aligned}
$$

令 $m \to \infty$, 由式 (3.6.5) 和式 (3.6.6) 得式 (3.6.4). □

第 4 步. 设截断函数 $\eta \in C^\infty([0,\infty))$ 满足 $0 \leqslant \eta \leqslant 1$, 在 $[0,1]$ 上 $\eta \equiv 1$, 在 $[2,\infty)$ 上 $\eta \equiv 0$, 并令

$$
\begin{cases}
\eta_k(x) := \eta(kx_n) \quad (x \in \mathbb{R}^n_+), \\
f_k := u(x)(1-\eta_k).
\end{cases}
$$

则 f_k 在 $\mathbb{R}^{n-1} \times \left\{0 < x_n < \frac{1}{k}\right\}$ 上恒为零, 且

$$
\begin{cases}
\dfrac{\partial f_k}{\partial x_n} = u_{x_n}(1-\eta_k) - ku\eta', \\
\dfrac{\partial f_k}{\partial x'} = \dfrac{\partial u}{\partial x'}(1-\eta_k).
\end{cases}
$$

下面证明

$$
f_k \to u \quad 在 W^{1,p}(\mathbb{R}^n_+) 中. \tag{3.6.7}
$$

由式 (3.6.3) 与积分的绝对连续性及 f_k 的定义可知, 在 $L^p(\mathbb{R}^n_+)$ 中 $f_k \to u$. 另外

$$
\begin{aligned}
\int_{\mathbb{R}^n_+} |\mathrm{D}f_k - \mathrm{D}u|^p \mathrm{d}x &\leqslant C\int_{\mathbb{R}^n_+} |\eta_k|^p |\mathrm{D}u|^p \mathrm{d}x + Ck^p \int_0^{2/k}\int_{\mathbb{R}^{n-1}} |u|^p \mathrm{d}x'\mathrm{d}x_n \\
&=: I_1 + I_2.
\end{aligned} \tag{3.6.8}
$$

式 (3.6.8) 中, 对于 I_1, 因当 $0 \leqslant x_n \leqslant \frac{2}{k}$ 时, $\delta_k \neq 0$, 故当 $k \to \infty$ 时由式 (3.6.3) 与积分的绝对连续性得 $I_1 \to 0$. 对于 I_2, 利用不等式 (3.6.4), 得

$$
\begin{aligned}
I_2 &\leqslant Ck^p \int_0^{2/k}\left(x_n^{p-1}\int_0^{x_n}\int_{\mathbb{R}^{n-1}} |\mathrm{D}u|^p \mathrm{d}x'\mathrm{d}t\right)\mathrm{d}x_n \\
&\leqslant Ck^p \int_0^{2/k}\left(x_n^{p-1}\int_0^{2/k}\int_{\mathbb{R}^{n-1}} |\mathrm{D}u|^p \mathrm{d}x'\mathrm{d}t\right)\mathrm{d}x_n \\
&= Ck^p\left(\int_0^{2/k} x_n^{p-1}\mathrm{d}x_n\right)\left(\int_0^{2/k}\int_{\mathbb{R}^{n-1}} |\mathrm{D}u|^p \mathrm{d}x'\mathrm{d}x_n\right) \\
&= C\int_0^{2/k}\int_{\mathbb{R}^{n-1}} |\mathrm{D}u|^p \mathrm{d}x'\mathrm{d}x_n \to 0, \quad 当 k \to \infty 时.
\end{aligned} \tag{3.6.9}
$$

结合 I_1 与 I_2 的估计知道 $L^p(\mathbb{R}^n_+)$ 中有 $\mathrm{D}f_k \to \mathrm{D}u$. 式 (3.6.7) 得证.

第 5 步. 最后, 注意当 $0 < x_n < \frac{1}{k}$ 时, $f_k = 0$ 且具有紧支集, 故可以将 f_k 磨光以得到光滑函

数列 $u_k \in C_c^\infty(\mathbb{R}_+^n)$ 使得在 $W^{1,p}(\mathbb{R}_+^n)$ 中 $u_k \to u$. 这表明 $u \in W_0^{1,p}(\mathbb{R}_+^n)$. □

迹定理允许我们进一步扩大分部积分公式的适用范围.

定理 3.6.3 (分部积分公式)

设 U 是 $\mathbb{R}^n$ 中的有界开区域且 $\partial U \in C^1$, $1 \leqslant p < \infty$, 则对任意的 $u \in W^{1,p}(U)$ 与 $v \in C^1(U) \cap C(\overline{U})$, 有

$$\int_U u_{x_i} v \mathrm{d}x = -\int_U u v_{x_i} \mathrm{d}x + \int_{\partial U} (Tu) v \nu_i \mathrm{d}S,$$

其中, ν_i 是单位外法向量场的第 i 个分量 $(1 \leqslant i \leqslant n)$, Tu 是 u 的迹.

证明 (光滑逼近法) 选取 $u^k \in C^1(\overline{U})$ 使得 $u^k \to u$ 在 $W^{1,p}(U)$ 中, 则 $Tu^k = u^k \to Tu$ 在 $L^p(\partial U)$ 中. 因此, 在分部积分公式

$$\int_U u_{x_i}^k v \mathrm{d}x = -\int_U u^k v_{x_i} \mathrm{d}x + \int_{\partial U} (Tu^k) v \nu_i \mathrm{d}S$$

中令 $k \to \infty$ 即可. □

3.7 嵌入定理

嵌入定理是 Sobolev 空间理论的核心性质之一. 本节主要讨论 Sobolev 空间与其他函数空间之间的嵌入关系.

3.7.1 Sobolev 嵌入定理

从一维情形开始讨论对我们来说更具有启发性. 由 Newton-Leibniz 公式, 对任意的函数 $f \in C_c^1(\mathbb{R})$, 任意的 $x \in \mathbb{R}$, 都有 $f(x) = \int_{-\infty}^x f'(t)\mathrm{d}t$. 从而有逐点估计

$$|f(x)| \leqslant \int_{\mathbb{R}} |f'(t)|\mathrm{d}t, \quad \forall x \in \mathbb{R}.$$

因此得到不等式

$$\|f\|_{L^\infty(\mathbb{R})} \leqslant \|f'\|_{L^1(\mathbb{R})}. \tag{3.7.1}$$

这就是我们得到的第一个 Sobolev 类型的不等式.

上述不等式可以进一步推广. 对于一般的 $f \in W^{1,1}(\mathbb{R})$, 由稠密性可知, 存在 $f_k \in C_c^\infty(\mathbb{R})$ 在 $W^{1,1}(\mathbb{R})$ 中逼近 f. 对 $\{f_k\}$ 应用式 (3.7.1) 得

$$\|f_k\|_\infty \leqslant \|f_k'\|_1, \quad \forall k \geqslant 1, \tag{3.7.2}$$

$$\|f_k - f_l\|_{L^\infty(\mathbb{R})} \leqslant \|f_k' - f_l'\|_{L^1(\mathbb{R})}, \quad \forall k, l \geqslant 1. \tag{3.7.3}$$

这意味着 $\{f_k\}$ 一致收敛到 $C(\mathbb{R})$ 中的某个函数 g. 另外, 由于存在子列 $\{f_{k_j}\}$ 几乎处处收敛到 f, 所以必然有 $g = f$ a.e.. 这表明, 通过在某个零测集上修改 f 的取值可以使得 $f \in C(\mathbb{R})$. 再在

式 (3.7.2) 中取极限可知式 (3.7.1) 对 f 也成立. 我们将这些讨论表述为如下结论.

定理 3.7.1

$W^{1,1}(\mathbb{R})$ 连续嵌入有界连续函数空间 $C_b(\mathbb{R})$, 即 $W^{1,1}(\mathbb{R}) \hookrightarrow C_b(\mathbb{R})$, 且

$$\|f\|_{L^\infty(\mathbb{R})} \leqslant \|f'\|_{L^1(\mathbb{R})}, \quad \forall f \in W^{1,1}(\mathbb{R}). \tag{3.7.4}$$

由此可见, $W^{1,1}(\mathbb{R})$ 中的函数本身不仅是 L^1 可积的, 还可以在修改一个零测集上的取值后成为 $\mathbb{R}$ 上的有界连续函数. 这说明函数本身具有比 L^1 可积性更好的性质. 这就解释了例 3.3.2 中的函数为什么没有弱导数.

将此类结论推广到一般的情形: 当 $1 \leqslant n < \infty, 1 \leqslant p < \infty$ 时, 是否存在两个不依赖于函数的常数 $C > 0$ 和 $q \in [1, \infty]$, 使得对任意的 $f \in W^{1,p}(\mathbb{R}^n)$, 是否有下式成立

$$\|f\|_{L^q(\mathbb{R}^n)} \leqslant C\|\nabla f\|_{L^p(\mathbb{R}^n)} \tag{3.7.5}$$

我们可以很容易得到上述不等式成立的必要条件. 由于上述不等式要对所有的 $f \in W^{1,p}(\mathbb{R}^n)$ 成立, 那么对所有的 $f_\lambda(x) \equiv f(\lambda x)$ 也要成立, 其中 λ 是任意的正数. 将 f_λ 代入式 (3.7.5), 可得

$$\lambda^{-\frac{n}{q}}\|f\|_{L^q(\mathbb{R}^n)} \leqslant C\lambda^{1-\frac{n}{p}}\|\nabla f\|_{L^p(\mathbb{R}^n)},$$

即

$$\|f\|_{L^q(\mathbb{R}^n)} \leqslant C\lambda^{1-\frac{n}{p}+\frac{n}{q}}\|\nabla f\|_{L^p(\mathbb{R}^n)}, \quad \forall \lambda > 0.$$

由于要对所有的 $\lambda > 0$ 成立, 所以必然有 $1 - \dfrac{n}{p} + \dfrac{n}{q} = 0$. 从而 $q = np/(n-p)$. 以后我们总是记

$$p^* \equiv \frac{np}{n-p}, \quad 其中 1 \leqslant p < n,$$

并常称 p^* 是 Sobolev 临界 (嵌入) 指标.

定理 3.7.2 (Sobolev 不等式)

对任意 $2 \leqslant n < \infty$ 与 $1 \leqslant p < n$, 存在常数 $C = C(n, p) > 0$, 使得对任意的 $f \in W^{1,p}(\mathbb{R}^n)$, 都有下面的不等式成立:

$$\|f\|_{L^{p^*}(\mathbb{R}^n)} \leqslant C\|\nabla f\|_{L^p(\mathbb{R}^n)}. \tag{3.7.6}$$

我们将式 (3.7.6) 称为 Sobolev 不等式.

定理 3.7.2 表明 $W^{1,p}(\mathbb{R}^n)$ 中的函数本身不仅是 L^p 可积的, 而且在弱导数的辅助下, 函数本身具有更高的 L^{p^*} 可积性, 且这一可积性的提升具有量化估计式 (3.7.6). 因此 Sobolev 空间 $W^{1,p}(\mathbb{R}^n)$ 连续嵌入 $L^{p^*}(\mathbb{R}^n)$, 即

$$W^{1,p}(\mathbb{R}^n) \hookrightarrow L^{p^*}(\mathbb{R}^n), \quad 1 \leqslant p < n.$$

证明 第 1 步. 首先考虑 $p = 1$ 的情形. 由 Newton-Leibniz 公式, 对任意的函数 $f \in C_c^\infty(\mathbb{R}^n)$ 与 $x = (x_1, \cdots, x_n) \in \mathbb{R}^n$, 有

$$f(x) = \int_{-\infty}^{x_i} \partial_{x_i} f(x_1, \cdots, x_{i-1}, t, x_{i+1}, \cdots, x_n)\mathrm{d}t.$$

从而

$$|f(x)|^n \leqslant \prod_{i=1}^{n} \int_{\mathbb{R}} |\partial_{x_i} f(x_1, \cdots, x_{i-1}, t, x_{i+1}, \cdots, x_n)| \mathrm{d}t.$$

上式两端对 x_1 积分, 并利用 Hölder 不等式 (证明过程给读者留作习题自行验证)

$$\int \prod_{i=1}^{n-1} |g_i|^{\frac{1}{n-1}} \mathrm{d}x \leqslant (\prod_{i=1}^{n-1} \int g_i \mathrm{d}x)^{1/n-1}$$

得

$$\begin{aligned}
&\int_{\mathbb{R}} |f(x_1, \cdots, x_n)|^{\frac{n}{n-1}} \mathrm{d}x_1 \\
\leqslant & \left(\int_{\mathbb{R}} |\partial_{x_1} f(t, \cdots)| \mathrm{d}t\right)^{\frac{1}{n-1}} \left(\prod_{i=2}^{n} \int_{\mathbb{R}} \int_{\mathbb{R}} |\partial_{x_i} f(\cdots, t, \cdots)| \mathrm{d}x_1 \mathrm{d}t\right)^{\frac{1}{n-1}}.
\end{aligned}$$

再对上式两端关于 x_2 积分, 得

$$\begin{aligned}
&\int_{\mathbb{R}} \int_{\mathbb{R}} |f(x_1, \cdots, x_n)|^{\frac{n}{n-1}} \mathrm{d}x_1 \mathrm{d}x_2 \\
\leqslant & \left(\int_{\mathbb{R}} \int_{\mathbb{R}} |\partial_{x_2} f| \mathrm{d}x_1 \mathrm{d}x_2\right)^{\frac{1}{n-1}} \left(\int_{\mathbb{R}} \int_{\mathbb{R}} |\partial_{x_1} f| \mathrm{d}x_2 \mathrm{d}x_1 \prod_{i=3}^{n} \int_{\mathbb{R}^3} |\partial_{x_i} f| \mathrm{d}x_1 \mathrm{d}x_2 \mathrm{d}t\right)^{\frac{1}{n-1}} \\
\leqslant & \left(\int_{\mathbb{R}} \int_{\mathbb{R}} |\nabla f| \mathrm{d}x_1 \mathrm{d}x_2\right)^{\frac{2}{n-1}} \left(\prod_{i=3}^{n} \int_{\mathbb{R}^3} |\partial_{x_i} f| \mathrm{d}x_1 \mathrm{d}x_2 \mathrm{d}t\right)^{\frac{1}{n-1}}.
\end{aligned}$$

如此继续, 直到对 x_{n-1} 积分 (读者可以用归纳法严格证明下式) 得

$$\begin{aligned}
&\int_{\mathbb{R}^{n-1}} |f(x_1, \cdots, x_n)|^{\frac{n}{n-1}} \mathrm{d}x_1 \cdots \mathrm{d}x_{n-1} \\
\leqslant & \left(\int_{\mathbb{R}^{n-1}} |\nabla f| \mathrm{d}x_1 \cdots \mathrm{d}x_{n-1}\right)^{\frac{n-1}{n-1}} \left(\int_{\mathbb{R}^n} |\partial_{x_n} f| \mathrm{d}x_1 \cdots \mathrm{d}x_n\right)^{\frac{1}{n-1}}.
\end{aligned}$$

因此, 两边最后对 x_n 积分, 即得

$$\int_{\mathbb{R}^n} |f|^{\frac{n}{n-1}} \mathrm{d}x \leqslant \left(\int_{\mathbb{R}^n} |\nabla f| \mathrm{d}x\right)^{\frac{n}{n-1}}.$$

第 2 步. 一般地, 对任意的 $f \in W^{1,1}(\mathbb{R}^n)$, 选取 $\{f_k\} \subset C_c^\infty(\mathbb{R}^n)$, 使得

$$\|f_k - f\|_{L^1(\mathbb{R}^n)} + \|\nabla f_k - \nabla f\|_{L^1(\mathbb{R}^n)} \to 0, \quad 当 k \to \infty 时.$$

由第 1 步有

$$\|f_k\|_{L^{1^*}(\mathbb{R}^n)} \leqslant \|\nabla f_k\|_{L^1(\mathbb{R}^n)}, \tag{3.7.7}$$

$$\|f_k - f_l\|_{L^{1^*}(\mathbb{R}^n)} \leqslant \|\nabla f_k - \nabla f_l\|_{L^1(\mathbb{R}^n)}. \tag{3.7.8}$$

由不等式 (3.7.8) 可见 $\{f_k\}$ 是 $L^{1^*}(\mathbb{R}^n)$ 上的柯西序列. 因此存在 $g \in L^{1^*}(\mathbb{R}^n)$, 使得 $\|f_k - g\|_{L^{1^*}(\mathbb{R}^n)} \to 0$, 再由不等式 (3.7.7) 得 $\|g\|_{L^{1^*}(\mathbb{R}^n)} \leqslant \|\nabla f\|_{L^1(\mathbb{R}^n)}$.

另外, 由强收敛可知存在 $\{f_k\}$ 的子列 $\{f_{k_j}\}$ 几乎处处收敛到 f, 所以 f 几乎处处等于 g. 因此,

$$\int_{\mathbb{R}^n} |f|^{\frac{n}{n-1}} \mathrm{d}x \leqslant \left(\int_{\mathbb{R}^n} |\nabla f| \mathrm{d}x \right)^{\frac{n}{n-1}}. \tag{3.7.9}$$

这就证明了 $p = 1$ 的情形.

第 3 步. 设 $1 < p < n$, $f \in C_c^\infty(\mathbb{R}^n)$. 将 $g := |f|^\gamma$ ($\gamma > 1$ 待定) 代入式 (3.7.9) (请读者证明 $g \in W^{1,1}(\mathbb{R}^n)$), 得

$$\begin{aligned}\left(\int_{\mathbb{R}^n} |f|^{\frac{n}{n-1}\gamma} \mathrm{d}x \right)^{\frac{n-1}{n}} &\leqslant \int_{\mathbb{R}^n} |\nabla |f|^\gamma| \mathrm{d}x = \gamma \int_{\mathbb{R}^n} |f|^{\gamma-1} |\nabla f| \mathrm{d}x \\ &\leqslant \gamma \left(\int_{\mathbb{R}^n} |f|^{(\gamma-1)p'} \mathrm{d}x \right)^{\frac{1}{p'}} \left(\int_{\mathbb{R}^n} |\nabla f|^p \mathrm{d}x \right)^{\frac{1}{p}}.\end{aligned} \tag{3.7.10}$$

其中, $p' = p/(p-1)$ 是 Hölder 共轭指标. 选取 γ 使得 $\dfrac{n}{n-1}\gamma = (\gamma - 1)p'$, 即

$$\gamma = \frac{(n-1)p}{n-p} > 1,$$

再代入式 (3.7.10), 即得

$$\left(\int_{\mathbb{R}^n} |f|^{p^*} \mathrm{d}x \right)^{\frac{1}{p^*}} \leqslant \frac{(n-1)p}{n-p} \left(\int_{\mathbb{R}^n} |\nabla f|^p \right)^{\frac{1}{p}}.$$

第 4 步. 类似于第 2 步即可证明上式对所有的 $f \in W^{1,p}(\mathbb{R}^n)$ 成立, 细节留给读者作为习题自行验证. □

注 3.7.1 (Sobolev 常数) 由 Sobolev 嵌入定理可见,

$$S(p,n) \equiv \inf \left\{ \frac{\|\nabla f\|_{L^p(\mathbb{R}^n)}^p}{\|f\|_{L^{p^*}(\mathbb{R}^n)}^p} : f \in W^{1,p}(\mathbb{R}^n), f \not\equiv 0 \right\} > 0.$$

其中, 称 $S(p,n)$ 为 Sobolev 常数. 它是使得 Sobolev 不等式成立的最佳常数. 探讨 Sobolev 不等式最佳常数的可达性是一个非常有意义的课题. Talenti [21] 证明: 达到 $S(p,n)$ 的函数可以由下式给出:

$$f(x) = \frac{C(n,p)}{(1 + |x|^{\frac{p}{p-1}})^{\frac{n-p}{p}}},$$

其中, $C(n,p)$ 是只依赖于 n, p 的正常数. 有趣的是, 这一函数并不总是属于 $W^{1,p}(\mathbb{R}^n)$.

由于 Sobolev 不等式极其基本, 所以非常有必要将全空间上的 Sobolev 不等式推广到有界区域.

推论 3.7.1

设 $U \subset \mathbb{R}^n$ 是任意开区域, $1 \leqslant p < n$, 则 $W_0^{1,p}(U)$ 连续嵌入 $L^{p^*}(U)$, 且存在只依赖于 n, p 而不依赖于区域 U 的常数 $C = C(n,p) > 0$, 使得

$$\|f\|_{L^{p^*}(U)} \leqslant C(n,p)\|\nabla f\|_{L^p(U)}, \quad \forall f \in W_0^{1,p}(U).$$

因此 $W_0^{1,p}(U) \hookrightarrow L^{p^*}(U)$.

证明 对任意的 $f \in W_0^{1,p}(U)$, 令

$$\overline{f}(x) = \begin{cases} f(x), & x \in U, \\ 0, & x \in U^c. \end{cases}$$

由延拓定理 3.5.1 可知: $\overline{f} \in W^{1,p}(\mathbb{R}^n)$. 因此由 Sobolev 嵌入定理, 存在只依赖于 n, p, 而不需依赖于区域 U 的常数 $C(n,p) > 0$, 使得

$$\|f\|_{L^{p^*}(U)} = \|\overline{f}\|_{L^{p^*}(\mathbb{R}^n)} \leqslant C\|\nabla \overline{f}\|_{L^p(\mathbb{R}^n)} = C\|\nabla f\|_{L^p(U)}.$$

□

请读者在推论 3.7.1 的基础上证明下述的插值不等式.

习题 3.7.1 设 $U \subset \mathbb{R}^n$ 是任意开区域, $1 \leqslant p < n$, 则对任意的 $p \leqslant q \leqslant p^*$, 都存在常数 $C = C(n,p,q) > 0$, 使得

$$\|f\|_{L^q(U)} \leqslant C\|f\|_{L^p(U)}^{\theta}\|\nabla f\|_{L^{p^*}(U)}^{1-\theta}, \quad \forall f \in W_0^{1,p}(U),$$

其中, $\theta \in [0,1]$ 由方程 $1/q = \theta/p + (1-\theta)/p^*$ 决定.

适当加强区域的条件还可以改进习题中 q 的取值范围. 比如下述推论.

推论 3.7.2

设 $U \subset \mathbb{R}^n$ 是一个有界开区域, $1 \leqslant p < n$, 则对任意的 $1 \leqslant q \leqslant p^*$, 存在 $C = C(n,p,q,U) > 0$, 使得对任意 $f \in W_0^{1,p}(U)$, 都有 $f \in L^q(U)$, 并且

$$\|f\|_{L^q(U)} \leqslant C\|\nabla f\|_{L^p(U)}.$$

即此时 $W_0^{1,p}(U) \hookrightarrow L^q(U)$ $(\forall 1 \leqslant q \leqslant p^*)$.

证明 由推论 3.7.1 与区域的有界性假设, 应用 Hölder 不等式, 即得

$$\|f\|_{L^q(U)} \leqslant |U|^{\frac{1}{q}-\frac{1}{p^*}}\|f\|_{L^{p^*}(U)} \leqslant C(n,p)|U|^{\frac{1}{q}-\frac{1}{p^*}}\|\nabla f\|_{L^p(U)}.$$

□

注意到, 上述证明过程还给出了常数 $C(n,p,q,U)$ 关于 U 的明确依赖关系.

推论 3.7.3 [Poincaré(庞加莱) 不等式 I]

设 $U \subset \mathbb{R}^n$ 是一个有界开区域, $1 \leqslant p < \infty$, 则对任意的 $f \in W_0^{1,p}(U)$, 下述不等式成立:

$$\|f\|_{L^p(U)} \leqslant C(n,p)|U|^{\frac{1}{n}}\|\nabla f\|_{L^p(U)}. \tag{3.7.11}$$

特别地, 当 $U = B_r(x)$ 是开球时, 有

$$\left(\fint_{B_r(x)} |f|^p \mathrm{d}y\right)^{1/p} \leqslant C(n,p)r\left(\fint_{B_r(x)} |\nabla f|^p \mathrm{d}y\right)^{1/p},$$

其中, $\fint_{B_r(x)} |f|^p \mathrm{d}y = \dfrac{1}{|B_r(x)|}\int_{B_r(x)} |f|^p \mathrm{d}y$ 表示积分平均值.

证明 当 $1 \leqslant p < n$ 时, 应用推论 3.7.2 即可. 当 $p \geqslant n$ 时, 选取 $1 \leqslant q < n$, 使得 $n \leqslant q^* = p$, 即 $\dfrac{nq}{n-q} = p$. 由于 U 是有界开区域, 所以 $f \in W_0^{1,p}(U) \subset W_0^{1,q}(U)$. 应用推论 3.7.1 知, $f \in L^{q^*}(U)$ 且 $\|f\|_{L^{q^*}(U)} \leqslant C(n,q)\|\nabla f\|_{L^q(U)}$. 因此,

$$\|f\|_{L^p(U)} = \|f\|_{L^{q^*}(U)} \leqslant C(n,q)\|\nabla f\|_{L^q(U)} \leqslant C(n,q)|U|^{\frac{1}{n}}\|\nabla f\|_{L^p(U)}. \qquad \square$$

注 3.7.2 (等价范数) 由上述 Poincaré 不等式可知, 当 U 是有界开区域且 $1 \leqslant p < \infty$ 时, 存在 $C = C(n,p,U) > 0$, 使得对任意的 $f \in W_0^{1,p}(U)$, 都有

$$C\|f\|_{W^{1,p}(U)} \leqslant \|\nabla f\|_{L^p(U)} \leqslant \|f\|_{W^{1,p}(U)}.$$

因而 $\|f\|' \equiv \|\nabla f\|_{L^p(U)}$ 是 $W_0^{1,p}(U)$ 上的等价范数.

非零边值的 Sobolev 空间也有类似嵌入定理成立.

推论 3.7.4

设 $U \subset \mathbb{R}^n$ 是有界开区域且 $\partial U \in C^1$, $1 \leqslant p < n$, 则存在常数 $C = C(n,p,U) > 0$, 使得对任意的 $f \in W^{1,p}(U)$, 有 $f \in L^{p^*}(U)$, 且

$$\|f\|_{L^{p^*}(U)} \leqslant C\|f\|_{W^{1,p}(U)}. \tag{3.7.12}$$

故 $W^{1,p}(U)$ 连续嵌入 $L^{p^*}(U)$.

注意, Sobolev 不等式 (3.7.12)右端还需要包含函数本身的 L^p 范数, 而不仅是梯度的部分. 想要理解这一点, 读者只需代入常值函数即知.

证明 由延拓定理可知, 存在延拓算子 $E : W^{1,p}(U) \to W^{1,p}(\mathbb{R}^n)$ 和常数 $C_1 > 0$, 使得

$$\|Ef\|_{W^{1,p}(\mathbb{R}^n)} \leqslant C_1\|f\|_{W^{1,p}(U)}, \quad \forall f \in W^{1,p}(U).$$

由 Sobolev 嵌入定理, $Ef \in L^{p^*}(\mathbb{R}^n)$ 且 $\|Ef\|_{L^{p^*}(\mathbb{R}^n)} \leqslant C\|\nabla(Ef)\|_{L^p(\mathbb{R}^n)}$. 因此,

$$\|f\|_{L^{p^*}(U)} \leqslant \|Ef\|_{L^{p^*}(\mathbb{R}^n)} \leqslant C\|\nabla(Ef)\|_{L^p(\mathbb{R}^n)} \leqslant CC_1\|f\|_{W^{1,p}(U)}. \qquad \square$$

3.7.2 Morrey 嵌入定理

在本小节中, 总是假设

$$n < p \leqslant \infty$$

并记

$$\alpha = 1 - \frac{n}{p}.$$

定理 3.7.3 [Morrey(莫里) 嵌入定理]

设 $n < p < \infty$, 则对任意的函数 $u \in W^{1,p}(\mathbb{R}^n)$, 都可以通过在某个零测集上修改 u 的取值, 使得 $u \in C^{0,\alpha}(\mathbb{R}^n)$; 并且存在常数 $C(n,p) > 0$, 使得

$$\|u\|_{C^{0,\alpha}(\mathbb{R}^n)} \leqslant C\|u\|_{W^{1,p}(\mathbb{R}^n)} \tag{3.7.13}$$

以及

$$[u]_{C^{0,\alpha}(\mathbb{R}^n)} \leqslant C\|\nabla u\|_{L^p(\mathbb{R}^n)}. \tag{3.7.14}$$

注意, 定理并没有称 $W^{1,p}(\mathbb{R}^n)$ 中的函数是 Hölder 连续的, 而是说其中的函数总可以通过在某个零测集上修改取值之后成为 Hölder 连续函数. 尽管如此, 我们仍然称 $W^{1,p}(\mathbb{R}^n)$ 连续嵌入 $C^{0,\alpha}(\mathbb{R}^n)$, 并记作

$$W^{1,p}(\mathbb{R}^n) \hookrightarrow C^{0,\alpha}(\mathbb{R}^n).$$

读者只需注意到这其中的区别即可. 定理 3.7.3 对 $p = \infty$ 也成立, 我们将单独证明. 为了证明定理 3.7.3, 首先介绍一个非常有用的引理.

引理 3.7.1 (位势估计)

设 $\Omega \subset \mathbb{R}^n$ 是凸集, $u \in C^1(\Omega)$, 则

$$|u(x) - u_\Omega| \leqslant \frac{d^n}{n|\Omega|}\int_\Omega \frac{|\nabla u(y)|}{|x-y|^{n-1}}\mathrm{d}y, \quad \forall x \in \Omega, \tag{3.7.15}$$

其中 $u_\Omega = \dfrac{1}{|\Omega|}\displaystyle\int_\Omega u(y)\mathrm{d}y$, $d = \mathrm{diam}(\Omega) \leqslant \infty$. 特别地, 如果 $\Omega = B_r(x_0)$, 则

$$|u(x) - u_{B_r(x_0)}| \leqslant \frac{2^n}{n\alpha(n)}\int_{B_r(x_0)} \frac{|\nabla u(y)|}{|x-y|^{n-1}}\mathrm{d}y, \quad \forall x \in B_r(x_0). \tag{3.7.16}$$

证明 只需证明式 (3.7.15) 即可. 固定 $x \in \Omega$. 由 Newton-Leibniz 公式, 对任意的 $y \in \Omega$,

$$u(y) - u(x) = \int_0^1 \nabla u(x + t(y-x)) \cdot (y-x)\mathrm{d}t.$$

因而

$$|u(y) - u(x)| \leqslant \int_0^1 |\nabla u(x + t(y-x))| \cdot |y-x|\mathrm{d}t. \tag{3.7.17}$$

在 Ω^c 上补充定义 $|\nabla u| \equiv 0$. 这一定义不改变积分取值, 但是可以带来计算上的便利. 下证: 对任意 $0 < r < \infty$,

$$\int_{\partial B_r(x)\cap\Omega} |u(y) - u(x)|\mathrm{d}S_y \leqslant r^{n-1}\int_{B_r(x)} \frac{|\nabla u(z)|}{|z-x|^{n-1}}\mathrm{d}z. \tag{3.7.18}$$

事实上, 由式 (3.7.17) 与 ∇u 的补充定义,

$$\int_{\partial B_r(x)\cap\Omega} |u(y) - u(x)|\mathrm{d}S_y \leqslant \int_{\partial B_r(x)\cap\Omega}\int_0^1 |\nabla u(x + t(y-x))| \cdot |y-x|\mathrm{d}t\mathrm{d}S_y$$

$$= \int_0^1 \mathrm{d}t \int_{\partial B_r(x)\cap\Omega} |\nabla u(x+t(y-x))|\cdot|y-x|\mathrm{d}S_y$$
$$= \int_0^1 \mathrm{d}t \int_{\partial B_r(x)} |\nabla u(x+t(y-x))|\cdot|y-x|\mathrm{d}S_y.$$

从而

$$\begin{aligned}
\int_{\partial B_r(x)\cap\Omega} |u(y)-u(x)|\mathrm{d}S_y &\leqslant \int_0^1 \mathrm{d}t \int_{\partial B_r(x)} r|\nabla u(x+t(y-x))|\mathrm{d}S_y \\
&= r\int_0^1 \mathrm{d}t \int_{\partial B_{tr}(x)} \frac{|\nabla u(z)|}{t^{n-1}}\mathrm{d}S_z \\
&= r^n\int_0^1 \mathrm{d}t \int_{\partial B_{tr}(x)} \frac{|\nabla u(z)|}{|z-x|^{n-1}}\mathrm{d}S_z \\
&= r^{n-1}\int_0^r \mathrm{d}s \int_{\partial B_s(x)} \frac{|\nabla u(z)|}{|z-x|^{n-1}}\mathrm{d}S_z \\
&= r^{n-1}\int_{B_r(x)} \frac{|\nabla u(z)|}{|z-x|^{n-1}}\mathrm{d}z.
\end{aligned}$$

上式中最后一行用到了极坐标公式. 因此估计式 (3.7.18) 成立.

又因为

$$\begin{aligned}
|u(x)-u_\Omega| &= \left|u(x) - ⨍_\Omega u(y)\mathrm{d}y\right| = \left|⨍_\Omega (u(x)-u(y))\mathrm{d}y\right| \\
&\leqslant \frac{1}{|\Omega|}\int_0^d \mathrm{d}r \int_{\partial B_r(x)\cap\Omega} |u(x)-u(y)|\mathrm{d}S_y,
\end{aligned} \tag{3.7.19}$$

所以代入式 (3.7.18), 即得

$$\begin{aligned}
|u(x)-u_\Omega| &\leqslant \frac{1}{|\Omega|}\int_0^d \left(r^{n-1}\int_{B_r(x)} \frac{|\nabla u(z)|}{|z-x|^{n-1}}\mathrm{d}z\right)\mathrm{d}r \\
&\leqslant \frac{1}{|\Omega|}\int_0^d r^{n-1}\mathrm{d}r \int_\Omega \frac{|\nabla u(z)|}{|z-x|^{n-1}}\mathrm{d}z \\
&= \frac{d^n}{n|\Omega|}\int_\Omega \frac{|\nabla u(z)|}{|z-x|^{n-1}}\mathrm{d}z.
\end{aligned} \tag{3.7.20}$$

□

注 3.7.3 结合式 (3.7.19) 和式 (3.7.20) 可得如下略强的估计:

$$⨍_\Omega |u(y)-u(x)|\mathrm{d}y \leqslant \frac{d^n}{n|\Omega|}\int_\Omega \frac{|\nabla u(z)|}{|z-x|^{n-1}}\mathrm{d}z. \tag{3.7.21}$$

特别地, 在式 (3.7.21) 中取 $\Omega = B_r(x)$, 则 $d = 2r$, $|\Omega| = \alpha(n)r^n$. 从而

$$⨍_{B_r(x)} |u(y)-u(x)|\mathrm{d}y \leqslant C_n\int_{B_r(x)} \frac{|\nabla u(z)|}{|z-x|^{n-1}}\mathrm{d}z. \tag{3.7.22}$$

下面证明 Morrey 嵌入定理 3.7.3.

证明 第 1 步. 先设 $u \in C_c^\infty(\mathbb{R}^n)$. 由位势估计式 (3.7.16) 与 Hölder 不等式, 对任意的 $x \in$

$B_r(z)$,

$$\begin{aligned}\left|u(x)-u_{B_r(z)}\right| &\leqslant C_n\int_{B_r(z)}\frac{|\nabla u(y)|}{|y-x|^{n-1}}\mathrm{d}y\\ &\leqslant C_n\|\nabla u\|_{L^p(B_r(z))}\left(\int_{B_r(z)}\frac{1}{|y-x|^{(n-1)p'}}\mathrm{d}y\right)^{1/p'}\\ &\leqslant C_{n,p}\|\nabla u\|_{L^p(B_r(z))}r^{\alpha}.\end{aligned}\tag{3.7.23}$$

这里用到条件 $\infty>p>n$, 并保证 $(n-1)p'<n$, 使得

$$\begin{aligned}\int_{B_r(z)}\frac{1}{|y-x|^{(n-1)p'}}\mathrm{d}y &\leqslant \int_{B_{2r}(x)}\frac{1}{|y-x|^{(n-1)p'}}\mathrm{d}y\\ &=\int_0^{2r}\int_{\partial B_t(x)}t^{-(n-1)p'}\mathrm{d}S\mathrm{d}t\\ &=C_n\int_0^{2r}t^{n-1-(n-1)p'}\mathrm{d}t=C_{n,p}r^{p'\alpha}.\end{aligned}$$

从而对任意的 $x\in\mathbb{R}^n$ 与 $r>0$, 有

$$\begin{aligned}|u(x)| &\leqslant \left|u(x)-u_{B_r(x)}\right|+\left|u_{B_r(x)}\right|\\ &\leqslant C_{n,p}\|\nabla u\|_{L^p(B_r(x))}r^{\alpha}+C_{n,p}r^{-n/p}\|u\|_{L^p(B_r(x))}.\end{aligned}$$

在上式中取 $r=\|u\|_{L^p(B_r(x))}/\|\nabla u\|_{L^p(B_r(x))}$, 得

$$|u(x)|\leqslant C\|u\|^{\alpha}_{L^p(B_r(x))}\|\nabla u\|^{1-\alpha}_{L^p(B_r(x))}.$$

因此

$$\|u\|_{L^\infty(\mathbb{R}^n)}\leqslant C\|u\|^{\alpha}_{L^p(\mathbb{R}^n)}\|\nabla u\|^{1-\alpha}_{L^p(\mathbb{R}^n)}.$$

再由初等不等式 $a^{\alpha}b^{1-\alpha}\leqslant \alpha a+(1-\alpha)b$, 可得

$$\|u\|_{L^\infty(\mathbb{R}^n)}\leqslant C_{n,p}\|u\|_{W^{1,p}(\mathbb{R}^n)}.$$

第 2 步. 由式 (3.7.23), 对任意两点 $x,y\in\mathbb{R}^n$, 令 $r:=|x-y|$, $z=\dfrac{x+y}{2}$, 得

$$|u(x)-u(y)|\leqslant\left|u(x)-u_{B_{r/2}(z)}\right|+\left|u(y)-u_{B_{r/2}(z)}\right|\leqslant C_{n,p}\|\nabla u\|_{L^p(B_{r/2}(z))}r^{\alpha}.$$

特别地, 有

$$\frac{|u(x)-u(y)|}{|x-y|^{\alpha}}\leqslant C_{n,p}\|\nabla u\|_{L^p(B_r(x))}.$$

从而

$$[u]_{C^{0,\alpha}(\mathbb{R}^n)}\leqslant C_{n,p}\|\nabla u\|_{L^p(\mathbb{R}^n)}.$$

第 3 步. 对于一般的 $u\in W^{1,p}(\mathbb{R}^n)$, 结合第 1 步、第 2 步的结论与光滑函数逼近即可. 证明细节留给读者作答. □

注 3.7.4 当 $n<p<\infty$, $u\in W^{1,p}(B_r(z))$ 时, 从式 (3.7.23) 可得如下估计: 任给 $x,y\in B_r(z)$,

$$|u(y)-u(x)| \leqslant Cr^{1-\frac{n}{p}}\|\nabla u\|_{L^p(B_r(z))} = Cr\left(\fint_{B_r(z)}|\nabla u(z)|^p\mathrm{d}z\right)^{1/p}. \tag{3.7.24}$$

Morrey 嵌入定理 3.7.3 对 $p=\infty$ 也成立, 证明过程更为简单, 在此请读者自行验证.

定理 3.7.4

我们有

$$W^{1,\infty}(\mathbb{R}^n) \hookrightarrow C^{0,1}(\mathbb{R}^n),$$

即对任意的 $u \in W^{1,\infty}(\mathbb{R}^n)$, 通过在一个零测集上修改取值, 有 $u \in C^{0,1}(\mathbb{R}^n)$, 且满足

$$\|u\|_{C^{0,1}(\mathbb{R}^n)} \leqslant \|u\|_{W^{1,\infty}(\mathbb{R}^n)},$$

以及

$$[u]_{C^{0,1}(\mathbb{R}^n)} \leqslant \|\nabla u\|_{L^\infty(\mathbb{R}^n)}.$$

证明 令 $u_\varepsilon = u * \eta_\varepsilon$, 其中 η_ε 是标准磨光核, 则 $u_\varepsilon \in C^\infty(\mathbb{R}^n)$ 且由 $\nabla u_\varepsilon = \eta_\varepsilon * \nabla u$ 可知

$$\|\nabla u_\varepsilon\|_{L^\infty(\mathbb{R}^n)} \leqslant \|\nabla u\|_{L^\infty(\mathbb{R}^n)}.$$

因此, 对任意的 $x, y \in \mathbb{R}^n, x \neq y$, 由中值定理可得

$$|u_\varepsilon(x)-u_\varepsilon(y)| \leqslant \|\nabla u_\varepsilon\|_{L^\infty(\mathbb{R}^n)}|x-y| \leqslant \|\nabla u\|_{L^\infty(\mathbb{R}^n)}|x-y|.$$

又注意到 $\|u_\varepsilon\|_{L^\infty(\mathbb{R}^n)} \leqslant \|u\|_{L^\infty(\mathbb{R}^n)}$. 因此由 Ascoli-Arzela 紧性定理与对角线方法可知, 存在子列 $\{u_{\varepsilon_k}\}$ 在 $\mathbb{R}^n$ 上局部一致收敛到某个连续函数 $g \in C(\mathbb{R}^n)$. 在上式中取该子列, 并令 $\varepsilon_k \to 0$, 可得

$$|g(x) - g(y)| \leqslant \|\nabla u\|_{L^\infty(\mathbb{R}^n)}|x-y|, \quad \forall x, y \in \mathbb{R}^n.$$

另外, 由于 u_{ε_k} 有子列几乎处处收敛到 u, 所以可以通过在一个零测集上修改 u 的取值, 使得 $u \equiv g$. 于是有

$$|u(x)-u(y)| \leqslant \|\nabla u\|_{L^\infty(\mathbb{R}^n)}|x-y|, \quad \forall x, y \in \mathbb{R}^n.$$

此即

$$[u]_{C^{0,1}(\mathbb{R}^n)} \leqslant \|\nabla u\|_{L^\infty(\mathbb{R}^n)}.$$

再结合 $u \in L^\infty(\mathbb{R}^n)$ 的事实得

$$\|u\|_{C^{0,1}(\mathbb{R}^n)} \leqslant \|u\|_{W^{1,\infty}(\mathbb{R}^n)}.$$ □

注意, 在 3.9 节中, 我们还将进一步证明 $C^{0,1}(\mathbb{R}^n) \hookrightarrow W^{1,\infty}(\mathbb{R}^n)$. 下面先给出几个 Morrey 嵌入定理的推论.

定理 3.7.5 (逐点可微性)

设 $n < p \leqslant \infty$, $u \in W^{1,p}_{\mathrm{loc}}(\mathbb{R}^n)$, 则 u 在 $\mathbb{R}^n$ 上几乎处处可微, 且

$$\lim_{y\to x}\frac{|u(y)-u(x)-\nabla u(x)\cdot(y-x)|}{|y-x|} = 0, \quad \text{a.e. } x \in \mathbb{R}^n,$$

即弱梯度 ∇u 几乎处处等于 u 的逐点梯度.

证明 由于 $W^{1,\infty}_{\mathrm{loc}}(\mathbb{R}^n) \hookrightarrow W^{1,p}_{\mathrm{loc}}(\mathbb{R}^n)$ (当 $p<\infty$ 时), 所以不妨设 $n<p<\infty$.

任意固定 ∇u 的 Lebesgue 点 x, 即 $\lim_{r\to 0} ⨍_{B_r(x)} |\nabla u(y)-\nabla u(x)|\mathrm{d}y = 0$. 定义函数

$$v(y) = u(y) - u(x) - \nabla u(x)\cdot(y-x).$$

则 $v\in W^{1,p}_{\mathrm{loc}}(\mathbb{R}^n)$ 且 $\nabla v = \nabla u - \nabla u(x)$. 由式 (3.7.24),

$$\begin{aligned}\frac{|u(y)-u(x)-\nabla u(x)\cdot(y-x)|}{|y-x|} &= \frac{|v(y)-v(x)|}{|y-x|}\\ &\leqslant C_{n,p}\left(⨍_{B_r(x)} |\nabla v(z)|^p \mathrm{d}z\right)^{1/p}\\ &= C_{n,p}\left(⨍_{B_r(x)} |\nabla u(z)-\nabla u(x)|^p \mathrm{d}z\right)^{1/p},\end{aligned}$$

其中, $r := |y-x|$. 因此, 由 x 的选取可知

$$\lim_{y\to x}\frac{|u(y)-u(x)-\nabla u(x)\cdot(y-x)|}{|y-x|} = 0.$$

由于几乎所有的点都是 ∇u 的 Lebesgue 点, 定理证毕. □

Morrey 嵌入定理也可以推广到一般的区域上.

推论 3.7.5

设 $U\subseteq\mathbb{R}^n$ 是任一开区域, $n<p\leqslant\infty$, 则 $W^{1,p}_0(U)\hookrightarrow C^{0,1-\frac{n}{p}}(\overline{U})$, 并且

$$\|u\|_{C^{0,\alpha}(U)} \leqslant C_{n,p}\|u\|_{W^{1,p}(U)}.$$

证明 提示: 作零延拓并应用 Morrey 嵌入定理即可 (留给读者作为练习).

推论 3.7.6

设 $U\subseteq\mathbb{R}^n$ 是有界开区域且 $\partial U\in C^1$, $n<p<\infty$, 则 $W^{1,p}(U)\hookrightarrow C^{0,\alpha}(U)$, 即存在着常数 $C=C(n,p,U)>0$, 使得

$$\|u\|_{C^{0,\alpha}(U)} \leqslant C\|u\|_{W^{1,p}(U)}, \quad \forall u\in W^{1,p}(U).$$

证明 提示: 先延拓到全空间, 再应用 Morrey 嵌入定理即可 (留给读者作为练习).

注意, 推论 3.7.6 对 $p=\infty$ 也正确, 但是需要用到 $W^{1,\infty}(U)$ 的延拓定理, 详见后面 3.9 节.

3.7.3 $W^{1,n}(\mathbb{R}^n)$ 的嵌入

下面考虑 $p=n$ 的情形. 对任意的有界开区域 $U\subset\mathbb{R}^n$ 以及任意的 $1\leqslant p<n$, 由 Sobolev 嵌入定理有

$$W^{1,n}(U)\hookrightarrow W^{1,p}(U)\hookrightarrow L^{\frac{np}{n-p}}(U).$$

易见 $\dfrac{np}{n-p} \to \infty$ (当 $p \to n$ 时). 所以嵌入关系为

$$W^{1,n}(U) \hookrightarrow L^q(U), \quad \forall 1 \leqslant q < \infty.$$

因此能否证明 $W^{1,n}(U)$ 连续嵌入 $L^\infty(U)$ 呢? 答案是否定的, 见下面例题.

例 3.7.1 设 $U = B_1(0) \subset \mathbb{R}^n$ 是单位开球, 则 $u = \ln\ln(1+\dfrac{1}{|x|}) \in W^{1,n}(U)$, 但不属于 $L^\infty(U)$.

证明提示: 证明是初等计算, 留给读者作为习题.

尽管如此, 我们仍然可以得到一个非常有用的嵌入定理. 为此先引进如下函数空间.

定义 3.7.1

称函数 $u \in L^1_{\mathrm{loc}}(\mathbb{R}^n)$ 属于有界平均振荡空间 $\mathrm{BMO}(\mathbb{R}^n)$, 如果半范数

$$[u]_{\mathrm{BMO}} \equiv \sup_{x\in\mathbb{R}^n, r>0} ⨍_{B_r(x)} \left|u - u_{B_r(x)}\right| \mathrm{d}y < \infty.$$

显然 $L^\infty(\mathbb{R}^n) \subset \mathrm{BMO}(\mathbb{R}^n)$. 我们有如下嵌入定理.

定理 3.7.6

对任意的 $2 \leqslant n < \infty$,

$$W^{1,n}(\mathbb{R}^n) \hookrightarrow \mathrm{BMO}(\mathbb{R}^n),$$

且存在常数 $C(n) > 0$, 使得

$$[u]_{\mathrm{BMO}} \leqslant C(n)\|\nabla u\|_{L^n(\mathbb{R}^n)}.$$

注意: 当 $n = 1$ 时, 我们有更好的结论, 请读者回顾定理 3.7.1. 定理 3.7.6 的证明需要用到下面 Poincaré 不等式 Ⅱ.

定理 3.7.7 (Poincaré不等式 Ⅱ)

对任意的 $1 \leqslant p < \infty$, 存在常数 $C(n,p) > 0$, 使得对任意的球 $B_r = B_r(x) \subset \mathbb{R}^n$ 与函数 $u \in W^{1,p}(B_r)$, 有

$$\left(⨍_{B_r} \left|u(y) - u_{B_r}\right|^p \mathrm{d}y\right)^{1/p} \leqslant Cr\left(⨍_{B_r} |\nabla u(y)|^p \mathrm{d}y\right)^{1/p}. \tag{3.7.25}$$

证明 由稠密性可知, 设 $u \in C^1(\overline{B}_r)$. 应用位势估计式 (3.7.16) 与加权的 Hölder 不等式, 对任意的 $y \in B_r(x)$, 有

$$\begin{aligned}\left|u(y) - u_{B_r}\right| &\leqslant C(n)\left(\int_{B_r} \frac{|\nabla u(z)|^p}{|y-z|^{n-1}}\mathrm{d}z\right)^{\frac{1}{p}}\left(\int_{B_r} \frac{1}{|y-z|^{n-1}}\mathrm{d}z\right)^{\frac{1}{p'}} \\ &\leqslant C(n)r^{1/p'}\left(\int_{B_r} \frac{|\nabla u(z)|^p}{|y-z|^{n-1}}\mathrm{d}z\right)^{\frac{1}{p}}.\end{aligned} \tag{3.7.26}$$

从而应用 Fubini 定理, 可得

$$\begin{aligned}\int_{B_r} \left|u(y) - u_{B_r}\right|^p \mathrm{d}y &\leqslant C(n)^p r^{p-1} \int_{B_r} |\nabla u(z)|^p \mathrm{d}z \int_{B_r} \frac{1}{|y-z|^{n-1}} \mathrm{d}y \\ &\leqslant C(n,p) r^p \int_{B_r} |\nabla u(z)|^p \mathrm{d}z.\end{aligned}$$

□

注意式 (3.7.26) 可以看作是估计式 (3.7.23) 的推广. 下面来证明定理 3.7.6.

证明 任取球 $B_r(x) \subset \mathbb{R}^n$. 在 Poincaré 不等式 II (3.7.25) 中取 $p = n$ 得

$$\begin{aligned}⨍_{B_r(x)} \left|u(y) - u_{B_r(x)}\right| \mathrm{d}y &\leqslant \left(⨍_{B_r(x)} \left|u(y) - u_{B_r(x)}\right|^n \mathrm{d}y\right)^{1/n} \\ &\leqslant C(n) \left(\int_{B_r(x)} |\nabla u|^n \mathrm{d}y\right)^{1/n} \\ &\leqslant C(n) \|\nabla u\|_{L^n(\mathbb{R}^n)}.\end{aligned}$$

再对左边关于 x, r 取上确界即可. □

这里实际上还证明了 $u \in W^{1,n}$ 满足一个额外的性质, 即对任意的 $x \in \mathbb{R}^n$, 都有

$$\lim_{r \to 0} ⨍_{B_r(x)} \left|u(y) - u_{B_r(x)}\right| \mathrm{d}y \leqslant C(n) \lim_{r \to 0} \left(\int_{B_r(x)} |\nabla u|^n \mathrm{d}y\right)^{1/n} = 0.$$

通常称 $\mathrm{BMO}(\mathbb{R}^n)$ 空间中满足这种性质的函数属于它的子空间 $\mathrm{VMO}(\mathbb{R}^n)$. 亦即我们证明了 $W^{1,n}(\mathbb{R}^n) \hookrightarrow \mathrm{VMO}(\mathbb{R}^n)$.

类似前两节的讨论, 我们可以将上述结论推广到一般区域的情形. 为此, 对任意的开区域 $U \subset \mathbb{R}^n$, 引进局部 BMO 空间

$$\mathrm{BMO}_0(U) \equiv \{u \in \mathrm{BMO}(\mathbb{R}^n) : u|_{U^c} \equiv 0\}.$$

则用零延拓与上述嵌入定理, 可得下面相关推论.

推论 3.7.7

设 $U \subset \mathbb{R}^n$ 是任意开区域, $2 \leqslant n < \infty$, 则

$$W_0^{1,n}(U) \hookrightarrow \mathrm{BMO}_0(U).$$

对于非零边值的情形, 记

$$\mathrm{BMO}(U) \equiv \left\{u \in L^1_{\mathrm{loc}}(U) : \exists v \in \mathrm{BMO}(\mathbb{R}^n) \text{ 使得} v|_U = u \text{ a.e.}\right\}, \tag{3.7.27}$$

并定义

$$[u]_{\mathrm{BMO}(U)} = \inf\{[v]_{\mathrm{BMO}} : v \in \mathrm{BMO}(\mathbb{R}^n), v|_U = u \text{ a.e.}\}.$$

则利用延拓方法与嵌入定理可得下面相关推论.

推论 3.7.8

设 $U \subset \mathbb{R}^n$ 是有界开区域且 $\partial U \in C^1$, $2 \leqslant n < \infty$, 则

$$W^{1,n}(U) \hookrightarrow \mathrm{BMO}(U),$$

且存在常数 $C = C(n, U) > 0$, 使得

$$[u]_{\mathrm{BMO}(U)} \leqslant C\|u\|_{W^{1,n}(U)}, \quad \forall u \in W^{1,n}(U).$$

3.7.4 高阶 Sobolev 空间嵌入定理

应用一个简单的迭代, 我们就可以将上述诸多嵌入定理推广到高阶 Sobolev 空间.

定理 3.7.8

设 U 是 $\mathbb{R}^n$ 中的有界开区域且 $\partial U \in C^1$, 整数 $k \geqslant 1$.

(1) 若 $k < \dfrac{n}{p}$, 则

$$W^{k,p}(U) \hookrightarrow L^q(U),$$

其中

$$\frac{1}{q} = \frac{1}{p} - \frac{k}{n}.$$

(2) 若 $k > \dfrac{n}{p}$, 则

$$W^{k,p}(U) \hookrightarrow C^{k-\left[\frac{n}{p}\right]-1,\gamma}(\overline{U}),$$

其中

$$\gamma = \begin{cases} \left[\dfrac{n}{p}\right] + 1 - \dfrac{n}{p}, & \dfrac{n}{p} \notin \mathbb{Z}, \\ \text{小于 1 的任意正数}, & \dfrac{n}{p} \in \mathbb{Z}. \end{cases}$$

(3) 若 $k = \dfrac{n}{p}$, 则

$$W^{k,n/k}(U) \hookrightarrow \mathrm{BMO}(U),$$

其中 $\mathrm{BMO}(U)$ 的定义见式 (3.7.27).

证明 第 1 步. 设 $k < \dfrac{n}{p}$, $u \in W^{k,p}(U)$, 则对任意的 $|\beta| \leqslant k-1$, 都有 $\mathrm{D}^\beta u \in W^{1,p}(U)$. 根据推论 3.7.4 知, $\mathrm{D}^\beta u \in L^{p^*}(U)$ 且

$$\|\mathrm{D}^\beta u\|_{L^{p^*}(U)} \leqslant C\|u\|_{W^{k,p}(U)}.$$

因此 $u \in W^{k-1,p^*}(U)$. 这就证明了

$$W^{k,p}(U) \hookrightarrow W^{k-1,p^*}(U).$$

依次类推, 即可得证结论 (1).

第 2 步. 设 $k > \dfrac{n}{p}$ 且 $\dfrac{n}{p}$ 不是整数, 则对任意的整数 $0 \leqslant l < \dfrac{n}{p}$, 由结论 (1) 可知

$$W^{k,p}(U) \hookrightarrow W^{k-l,r}(U),$$

其中

$$\frac{1}{r}=\frac{1}{p}-\frac{l}{n}.$$

再选取 $l=\left[\frac{n}{p}\right]$ 使得 $l<\frac{n}{p}<l+1$, 则 $r=\frac{np}{n-pl}>n$. 由 Morrey 嵌入定理

$$W^{1,r}(U)\hookrightarrow C^{0,\gamma}(\overline{U}),$$

其中

$$\gamma=1-\frac{n}{r}=1-\frac{n}{p}+l=\left[\frac{n}{p}\right]+1-\frac{n}{p}.$$

因此

$$W^{k-l,r}(U)\hookrightarrow C^{k-l-1,\gamma}(\overline{U}).$$

这就完成了 $\frac{n}{p}\notin\mathbb{Z}$ 情形下结论 (2) 的证明.

第 3 步. 假设 $k>\frac{n}{p}$ 且 $\frac{n}{p}$ 是正整数. 令 $l=\frac{n}{p}-1$. 由结论 (1) 可得

$$W^{k,p}(U)\hookrightarrow W^{k-l,n}(U).$$

再由 Sobolev 嵌入定理可知, 对所有 $1\leqslant q<\infty$, 有 $W^{1,n}(U)\hookrightarrow L^q(U)$. 从而

$$W^{k-l,n}(U)\hookrightarrow W^{k-l-1,q}(U),\quad \forall 1<q<\infty.$$

特别地, 取 $n<q<\infty$, 则由上一步的结论可知

$$W^{k-l-1,q}(U)\hookrightarrow C^{k-l-2,1-n/q}(\overline{U}).$$

令 $\gamma:=1-n/q$ 即可完成 (2) 的证明.

第 4 步. 为证明 (3), 只需要注意到 $W^{k,n/k}(U)\hookrightarrow W^{1,n}(U)$, 再应用推论 3.7.8 即可. □

3.8 紧嵌入定理

在 3.7 节我们得到了很多嵌入定理. 本节主要是证明这些嵌入定理是部分嵌入还是紧嵌入 (见定义 3.1.7).

定理 3.8.1 (Rellich–Kondrachov 紧性定理)

设 U 是 $\mathbb{R}^n$ 中的有界开区域, $\partial U\in C^1$, $1\leqslant p<n$, 则对每个 $1\leqslant q<p^*$, 有

$$W^{1,p}(U)\subset\subset L^q(U).$$

证明 设 $\{u_k\}_{k=1}^\infty$ 是 $W^{1,p}(U)$ 中的任一有界序列. 我们需要证明: 存在子列 $\{u_{k_j}\}_{j=1}^\infty$ 在 $L^q(U)$ 中收敛, 即 $\{u_{k_j}\}_{j=1}^\infty$ 是 $L^q(U)$ 中 Cauchy 列.

第 1 步. 由于区域 U 是有界的, 推论 3.7.4 表明 $W^{1,p}(U)\hookrightarrow L^q(U)$, 且存在常数 $C=C(n,p,q,U)>0$, 使得

$$\|u\|_{L^q(U)} \leqslant C\|u\|_{W^{1,p}(U)}, \quad \forall u \in W^{1,p}(U).$$

由延拓定理, 不妨假设 $\{u_k\}_{k=1}^{\infty} \subset W^{1,p}(\mathbb{R}^n)$,

$$\sup_k \|u_k\|_{W^{1,p}(\mathbb{R}^n)} = M < \infty. \tag{3.8.1}$$

且均在某个有界开集 V 内具有紧支集.

第 2 步. 证明的想法是通过光滑函数列逼近 $\{u_k\}$, 对此光滑函数列应用 Ascoli-Arzela 紧性定理找到强收敛的子列, 再对应地找到 $\{u_k\}$ 强收敛的子列. 为此令

$$u_k^{\varepsilon} := \eta_{\varepsilon} * u_k, \quad \varepsilon > 0,\ k = 1, 2, \cdots,$$

其中, η_{ε} 是通常的磨光核. 当 ε 足够小时, 可以假设 $\{u_k^{\varepsilon}\}_{k=1}^{\infty}$ 也紧支撑在 V 中.

第 3 步. 对每个固定的 $\varepsilon > 0$, 序列 $\{u_k^{\varepsilon}\}_{k=1}^{\infty}$ 是一致有界与等度连续的. 这是因为对任意的 $x \in \mathbb{R}^n$ 都有

$$\begin{aligned}
|u_k^{\varepsilon}(x)| &\leqslant \int_{B_{\varepsilon}(x)} \eta_{\varepsilon}(x-y)|u_k(y)|\mathrm{d}y \\
&\leqslant \|\eta_{\varepsilon}\|_{L^{\infty}(\mathbb{R}^n)}\|u_k\|_{L^1(V)} \leqslant \frac{C}{\varepsilon^n} < \infty, \\
|Du_k^{\varepsilon}(x)| &\leqslant \int_{B_{\varepsilon}(x)} |D\eta_{\varepsilon}(x-y)||u_k(y)|\mathrm{d}y \\
&\leqslant \|D\eta_{\varepsilon}\|_{L^{\infty}(\mathbb{R}^n)}\|u_k\|_{L^1(V)} \leqslant \frac{C}{\varepsilon^{n+1}} < \infty.
\end{aligned}$$

所以根据 Arzela-Ascoli 定理, 对每个固定的 $\varepsilon > 0$, 序列 $\{u_k^{\varepsilon}\}_{k=1}^{\infty}$ 都有在 $\overline{V}$ 上一致收敛的子序列.

再令 $\varepsilon_i = 1/i\ (i = 1, 2, \cdots)$, 则由标准的对角线法可以找到一个子列 $\{u_{k_j}\}_{j\geqslant 1}$, 使得

$$\{u_{k_j}^{\varepsilon_i}\}_{j\geqslant 1}\text{在}\overline{V}\text{上一致收敛}, \quad \forall i \geqslant 1. \tag{3.8.2}$$

第 4 步. 接下来只需证明 $\{u_{k_j}\}_{j\geqslant 1}$ 是 $L^q(V)$ 中的 Cauchy 列即可, 即

$$\limsup_{l,m\to\infty} \|u_{k_l} - u_{k_m}\|_{L^q(V)} = 0. \tag{3.8.3}$$

为了简化记号, 记 $v_j = u_{k_j}$. 对任意的 $\varepsilon_i > 0$, 应用三角不等式得

$$\|v_l - v_m\|_{L^q(V)} \leqslant \|v_l - v_l^{\varepsilon_i}\|_{L^q(V)} + \|v_l^{\varepsilon_i} - v_m^{\varepsilon_i}\|_{L^q(V)} + \|v_m - v_m^{\varepsilon_i}\|_{L^q(V)}. \tag{3.8.4}$$

显然由式 (3.8.2) 可知, 式 (3.8.4) 右端的第二项收敛到零:

$$\|v_l^{\varepsilon_i} - v_m^{\varepsilon_i}\|_{L^q(V)} \leqslant \|v_l^{\varepsilon_i} - v_m^{\varepsilon_i}\|_{L^{\infty}(V)}|V|^{1/q} \to 0, \quad \text{当}\, l, m \to \infty\,\text{时}.$$

因此接下来需要估计式 (3.8.4) 右端的第一、三项.

第 5 步. 断言: 存在常数 $C = C(n, p, q, V) > 0$, 使得对任意的 $\varepsilon > 0$ 与函数 $u \in W_0^{1,p}(V)$, 都有

$$\|u^{\varepsilon} - u\|_{L^q(V)} \leqslant C\|Du\|_{L^p(V)}^{\theta}\varepsilon^{\theta}, \tag{3.8.5}$$

其中 $\theta \in (0, 1]$ 由关系式 $\dfrac{1}{q} = \theta + \dfrac{1-\theta}{p^*}$ 确定.

断言的证明: 先设 $u \in C_c^1(V)$, 并默认在 V^c 上 $u \equiv 0$, 则对任意的 $x \in V$, 都有

$$\begin{aligned}
u^\varepsilon(x) - u(x) &= \frac{1}{\varepsilon^n}\int_{B_\varepsilon(x)} \eta\left(\frac{x-z}{\varepsilon}\right)(u(z)-u(x))\mathrm{d}z \\
&= \int_{B_1} \eta(y)(u(x-\varepsilon y)-u(x))\mathrm{d}y \\
&= \int_{B_1} \eta(y)\int_0^1 \frac{\mathrm{d}}{\mathrm{d}t}(u(x-\varepsilon ty))\mathrm{d}t\mathrm{d}y \\
&= -\varepsilon\int_{B_1}\eta(y)\int_0^1 Du(x-\varepsilon ty)\cdot y\mathrm{d}t\mathrm{d}y.
\end{aligned}$$

因此,

$$\begin{aligned}
\int_V |u^\varepsilon(x)-u(x)|\mathrm{d}x &\leqslant \varepsilon\int_{B_1}\eta(y)\int_0^1\int_V |Du(x-\varepsilon ty)|\mathrm{d}x\mathrm{d}t\mathrm{d}y \\
&\leqslant \varepsilon\int_{\mathbb{R}^n}|Du(z)|\mathrm{d}z = \varepsilon\int_V |Du(z)|\mathrm{d}z.
\end{aligned}$$

再利用逼近法可知, 上面的估计式对 $u \in W_0^{1,p}(V)$ 同样成立. 又因 V 是有界区域, 故

$$\|u^\varepsilon - u\|_{L^1(V)} \leqslant C\|Du\|_{L^p(V)}\varepsilon.$$

当 $1 \leqslant q < p^*$ 时, 利用插值不等式 (见第 2 章)

$$\|u\|_{L^q(V)} \leqslant \|u\|_{L^1(V)}^\theta \|u\|_{L^{p^*}(V)}^{1-\theta},$$

与 Sobolev 不等式便得到式 (3.8.5). 断言得证.

第 5 步. 现在可以完成定理的证明了. 利用式 (3.8.5) 得

$$\|v_l - v_l^{\varepsilon_i}\|_{L^q(V)} \leqslant C\|\nabla v_l\|_{L^p(V)}^\theta \varepsilon_i^\theta \leqslant CM\varepsilon_i^\theta, \quad \forall i, l \geqslant 1.$$

将此估计代入式 (3.8.4) 得

$$\|v_l - v_m\|_{L^q(V)} \leqslant 2CM\varepsilon_i^\theta + \|v_l^{\varepsilon_i} - v_m^{\varepsilon_i}\|_{L^\infty(V)}|V|^{1/q}.$$

因此, 对任意固定的 ε_i, 由式 (3.8.2) 得

$$\limsup_{l,m\to\infty}\|v_l - v_m\|_{L^q(V)} \leqslant CM\varepsilon_i^\theta, \quad \forall i \geqslant 1.$$

再令 $i \to \infty$ 即得式 (3.8.3). □

注 3.8.1 (1) 在上述定理中, $q < p^*$ 是必要的. 例如, 不妨设非零函数 $f \in C_c^\infty(U)$ 且 $\mathrm{spt}(f) \subset B_1(0) \subset U$, 则函数列 $f_k \equiv k^{\frac{n-p}{p}} f(kx) \in C_c^\infty(U)$, 且

$$\|\nabla f_k\|_{L^p(U)} \equiv \|\nabla f\|_{L^p(U)}, \quad \|f_k\|_{L^{p^*}(U)} \equiv \|f\|_{L^{p^*}(U)}, \quad \forall k \geqslant 1.$$

注意到 $\mathrm{spt}(f_k) \subset B_{1/k}(0)$. 因此 f_k 在原点之外逐点收敛到零. 但由于 L^{p^*} 范数保持不变, 所以 f_k 在 $L^{p^*}(U)$ 中不强收敛到零.

(2) 在上述定理中, 区域的有界性一般来说也是必要的. 比如, 当 $V \subset \mathbb{R}^n$ 时, 任取非零函数 $f \in C_c^\infty(\mathbb{R}^n)$ 且 $\mathrm{spt}(f) \subset B_1(0)$. 通过平移 k 个单位, 即可得到一个范数保持不变, 但是支集趋于无穷远的函数列 $\{f_k \equiv f(\cdot + ke)\}_{k\geqslant 1}$. 但是这个函数列不可能有强收敛的子列, 因为他们的支集

彼此互不相交, 从而

$$\|f_k - f_l\|_{L^q} = \|f_k\|_{L^q} + \|f_l\|_{L^q} \equiv 2\|f\|_{L^q} \not\to 0.$$

下面我们对紧嵌入定理做进一步推广.

推论 3.8.1

设 $1 \leqslant p \leqslant \infty$, $U \subset \mathbb{R}^n$ 是有界开区域且 $\partial U \in C^1$, 则对任意的

$$1 \leqslant q < p^* \equiv \begin{cases} \dfrac{np}{n-p}, & p < n, \\ \infty, & p \geqslant n, \end{cases}$$

都有

$$W^{1,p}(U) \subset\subset L^q(U).$$

特别地, $W^{1,p}(U) \subset\subset L^p(U)$.

证明 分析: 只需要证明 $p \geqslant n$ 的情况.

当 $p = n$ 时, 选取 $1 \leqslant r < n$ 使得 $q < r^*$, 则由紧嵌入定理得

$$W^{1,n}(U) \hookrightarrow W^{1,r}(U) \subset\subset L^q(U).$$

当 $p > n$ 时, 由 Morrey 嵌入定理与 Ascoli-Arzela 定理可知,

$$W^{1,p}(U) \hookrightarrow C^{0,1-\frac{n}{p}}(U) \subset\subset C(\overline{U}) \subset L^q(U).$$ □

注意这里实际上对 $p > n$ 的情形证明了更强的结论, 即 $W^{1,p}(U) \subset\subset C(\overline{U})$.

习题 3.8.1 设 $U \subset \mathbb{R}^n$ 是有界开区域且 $\partial U \in C^1$, $k_1 > k_2$, 则对任意的 $1 \leqslant p \leqslant \infty$, 都有

$$W^{k_1,p}(U) \subset\subset W^{k_2,p}(U).$$

3.9 $W^{1,\infty}$ 空间的刻画

借助于 $W^{1,p}(U)$ $(1 \leqslant p < \infty)$ 空间的研究, 把相关的结论推广到 $W^{1,\infty}(U)$, 并给出 $W^{1,\infty}(U)$ 的刻画. 在本节中, 总是假设 U 是 $\mathbb{R}^n$ 中的有界开区域且 $\partial U \in C^1$.

3.9.1 迹与有界延拓

定理 3.9.1 (迹)

存在有界线性算子 $T: W^{1,\infty}(U) \to L^\infty(\partial U)$ 与常数 $C = C(n, U) > 0$, 使得

(1) 当 $u \in C^1(\overline{U})$ 时, $Tu = u$ 在 ∂U 上;

(2) $\|Tu\|_{L^\infty(\partial U)} \leqslant C\|U\|_{W^{1,\infty}(U)}$.

证明 由 Hölder 不等式与 Morrey 嵌入定理可知, 有嵌入关系

$$W^{1,\infty}(U) \hookrightarrow W^{1,2n}(U) \hookrightarrow C^{0,1/2}(\overline{U}) \hookrightarrow C(\overline{U}).$$

所以对每个函数 $u \in W^{1,\infty}(U)$, 通过在一个零测集上修改取值之后, 总可以认为 $u \in C(\overline{U})$. 故可以定义 $T: W^{1,\infty}(U) \to L^\infty(\partial U)$ 为 $Tu = u|_{\partial U}$. T 的有界性从上述嵌入可见. □

由上述证明过程可以得到如下简单推论.

推论 3.9.1

当 $n < p \leqslant \infty$ 时, 迹算子 $T: W^{1,p}(U) \to L^p(\partial U)$ 是紧算子. 事实上, 进一步有 $T(W^{1,p}(U)) \hookrightarrow C(\partial U)$.

证明 当 $n < p \leqslant \infty$ 时, 有嵌入关系

$$W^{1,p}(U) \hookrightarrow C^{0,1-n/p}(\overline{U}) \hookrightarrow\hookrightarrow C(\overline{U}) \hookrightarrow C(\partial U) \hookrightarrow L^p(\partial U).$$ □

有了上述迹定理, 我们可以做 $W^{1,\infty}(U)$ 的延拓.

定理 3.9.2 (有界延拓)

存在有界线性算子 $E: W^{1,\infty}(U) \to W^{1,\infty}(\mathbb{R}^n)$ 与常数 $C = C(n,U) > 0$, 使得对任意的 $u \in W^{1,\infty}(U)$, 有

(1) $Eu = u$ a.e. 在 U 上;

(2) $\|Eu\|_{W^{1,\infty}(\mathbb{R}^n)} \leqslant C\|u\|_{W^{1,\infty}(U)}$.

事实上, 任取开集 $V \supset\supset U$, 则还可以要求 $\mathrm{spt}(Eu) \subset\subset V$.

证明 分析: 证明与 $W^{1,p}(U)$ $(p < \infty)$ 的情形类似. 任取 $u \in W^{1,\infty}(U)$. 设 $x_0 \in \partial U$ 是边界上任一点.

第 1 步. 为简化叙述, 设 $x_0 = 0$. 若 x_0 附近的边界是平的, 即存在 $r > 0$ 使得 $U \cap B_r(0) = B_r^+(0)$, $\partial U \cap B_r(0) = \partial B_r^+(0) \cap \{x_n = 0\}$, 则定义

$$\overline{u}(x', x_n) = \begin{cases} u(x', x_n), & x_n \geqslant 0, \\ u(x', -x_n), & x_n < 0, \end{cases} \quad x \in B_r(0).$$

由嵌入定理设 $u \in C(\overline{U})$, 则 $\overline{u}$ 在 $x_n = 0$ 处连续. 从而由延拓原理 (引理 3.5.1) 可知, $\overline{u}$ 在 $B_r(0)$ 上弱可导, 且弱导数满足

$$D\overline{u}(x', x_n) = \begin{cases} (D_{x'}u(x), \partial_{x_n}u(x)), & x_n \geqslant 0, \\ (D_{x'}u(x), -\partial_{x_n}u(x)), & x_n < 0. \end{cases}$$

显然 $\|D\overline{u}\|_{L^\infty(B_r(0))} = \|Du\|_{L^\infty(B_r^+(0))}$. 从而

$$\|\overline{u}\|_{W^{1,\infty}(B_r(0))} = \|u\|_{W^{1,\infty}(B_r^+(0))}.$$

第 2 步. 当 x_0 附近的边界不是平的, 需使用拉平技巧. 因 $\partial U \in C^1$, 故存在 x_0 的邻域 V 与 C^1 同胚映射 $\Phi: V \to B_s(0)$ 使得 $\Phi(U \cap V) = B_s^+(0)$, $\Phi(\partial U \cap V) = \partial B_s^+(0) \cap \{y_n = 0\}$. 定义 $v: B_s^+(0) \to \mathbb{R}$ 为 $v(y) = u(\Phi^{-1}(y))$, 则 $v \in W^{1,\infty}(B_s^+(0))$. 从而存在延拓 $\overline{v} \in W^{1,\infty}(B_s(0))$ 满足

$\|\overline{v}\|_{W^{1,\infty}(B_s(0))} = \|v\|_{W^{1,\infty}(B_s^+(0))}$. 再定义 $\overline{u}(x) = \overline{v}(\Phi(x)), x \in V$. 显然 $\|\overline{u}\|_{W^{1,\infty}(V)} = \|u\|_{W^{1,\infty}(V)}$. 这样就实现了 u 在邻域 V 上的延拓.

第 3 步. 用单位分解进行拼接, 步骤与 $W^{1,p}(U)$, $p < \infty$ 的情形类似. 细节留给读者自行验证. □

3.9.2 $W^{1,\infty}(U)$ 的等价刻画

类似与 $p < \infty$ 时的证明, 由 $W^{1,\infty}(\mathbb{R}^n)$ 的 Morrey 嵌入定理可知 $W^{1,\infty}(U) \hookrightarrow C^{0,1}(\overline{U})$. 然而, 我们有如下的等价刻画.

定理 3.9.3 ($W^{1,\infty}(U)$ 的等价刻画)

$u \in W^{1,\infty}(U)$ 当且仅当 u 在 U 上 Lipschitz 连续, 即

$$W^{1,\infty}(U) = C^{0,1}(\overline{U}).$$

当 $U = \mathbb{R}^n$ 时结论也对, 且此时还有 $[u]_{C^{0,1}(\mathbb{R}^n)} = \|Du\|_{L^\infty(\mathbb{R}^n)}$.

证明 第 1 步. 由延拓定理, 只需要证明 $U = \mathbb{R}^n$ 的情形, 即

$$W^{1,\infty}(\mathbb{R}^n) = C^{0,1}(\mathbb{R}^n).$$

由嵌入定理, 只需要证明 $C^{0,1}(\mathbb{R}^n) \hookrightarrow W^{1,\infty}(\mathbb{R}^n)$.

第 2 步. 设 $u \in C^{0,1}(\mathbb{R}^n)$. 令 $u_\varepsilon = \eta_\varepsilon * u$ 为 u 的磨光, 则 $u_\varepsilon \in C^\infty(\mathbb{R}^n)$ 且 $\|u_\varepsilon\|_\infty \leqslant \|u\|_\infty$, u_ε 局部一致收敛到 u.

对任意的 $x_1, x_2 \in \mathbb{R}^n$, 由 u 的 Lipschitz 连续性, 可得

$$\frac{|u_\varepsilon(x_1) - u_\varepsilon(x_2)|}{|x_1 - x_2|} \leqslant \int_{\mathbb{R}^n} \eta_\varepsilon(y) \frac{|u(x_1 - y) - u(x_2 - y)|}{|x_1 - x_2|} \mathrm{d}y \leqslant [u]_{C^{0,1}(\mathbb{R}^n)}.$$

这里用到了 $\int_{\mathbb{R}^n} \eta_\varepsilon(y) = 1$, 所以 $Du_\varepsilon \in L^\infty(\mathbb{R}^n)$ 且 $\|Du_\varepsilon\|_\infty \leqslant [u]_{C^{0,1}(\mathbb{R}^n)}$.

第 3 步. 任取 $\varepsilon_k \to 0$, 并记 $u_k = u_{\varepsilon_k}$, 则 $\{Du_k\}_{k \geqslant 1}$ 在 $L^\infty(\mathbb{R}^n)$ 中一致有界, 从而有 $v \in L^\infty(\mathbb{R}^n, \mathbb{R}^n)$, 存在子列 $\{u_{k_j}\}$ 使得 $Du_{k_j} \overset{*}{\rightharpoonup} v$ 在 $L^\infty(\mathbb{R}^n)$ 中. 从而对任意的 $\phi \in C_c^\infty(\mathbb{R}^n)$, 有

$$\int_{\mathbb{R}^n} uD\phi \mathrm{d}x = \lim_{k\to\infty} \int_{\mathbb{R}^n} u_k D\phi \mathrm{d}x = -\lim_{k\to\infty} \int_{\mathbb{R}^n} \phi Du_k \mathrm{d}x = -\int_{\mathbb{R}^n} \phi v \mathrm{d}x.$$

其中, 第一步用到了 u_k 一致收敛到 u 的事实. 这表明 u 弱可导且 $Du = v$. 再由范数的下半连续性可知

$$\|Du\|_\infty = \|v\|_\infty \leqslant \liminf_{k\to\infty} \|Du_{k_j}\|_\infty \leqslant [u]_{C^{0,1}(\mathbb{R}^n)},$$

这就证明了 $u \in W^{1,\infty}(\mathbb{R}^n)$. □

注 3.9.1 当 $n < p < \infty$ 时, 对于 $W^{1,p}(U)$ 没有上述刻画. 事实上, 可以存在 Hölder 连续函数 $u \in C^{0,1-n/p}(U)$ 但不属于 $W^{1,p}(U)$.

定理 3.9.4 [Rademacher(拉德马赫) 定理]

若 u 是 U 上的局部 Lipschitz 函数, 则 u 几乎处处可微.

证明 设 $u \in C^{0,1}(U)$, 则由上述等价刻画定理可知 $u \in W^{1,\infty}(U)$. 从而再由定理 3.7.5 可知 u 几乎处处可微, 且 u 的弱导数几乎处处等于 u 的逐点导数. □

3.10 Poincaré 不等式

我们已经在球上证明了 Poincaré 不等式 (3.7.25). 本节主要是将这一重要的不等式推广到一般的有界区域 U 上.

定理 3.10.1 (Poincaré不等式)

设 U 是 $\mathbb{R}^n$ 中的有界开区域且 $\partial U \in C^1$, $1 \leqslant p \leqslant \infty$, 则存在只依赖于 n, p 和 U 的常数 C, 使得对每个 $u \in W^{1,p}(U)$, 有

$$\|u - u_U\|_{L^p(U)} \leqslant C\|Du\|_{L^p(U)}, \tag{3.10.1}$$

其中 u_U 表示 u 在区域 U 上的积分平均.

估计式 (3.10.1) 表明梯度可以控制函数的振荡. 定理的证明是紧嵌入定理非常好的应用.

证明 (反证法) 假设结论不正确, 则对每个整数 $k = 1, 2, \cdots$, 存在 $u_k \in W^{1,p}(U)$ 满足

$$\|u_k - (u_k)_U\|_{L^p(U)} > k\|Du_k\|_{L^p(U)}. \tag{3.10.2}$$

令

$$v_k = \frac{u_k - (u_k)_U}{\|u_k - (u_k)_U\|_{L^p(U)}}, \quad k = 1, 2, \cdots. \tag{3.10.3}$$

则

$$(v_k)_U = 0, \quad \|v_k\|_{L^p(U)} = 1,$$

且由式 (3.10.2) 可知

$$\|Dv_k\|_{L^p(U)} < 1/k \to 0, \quad 当 k \to \infty 时. \tag{3.10.4}$$

这意味着函数列 $\{v_k\}_{k=1}^{\infty}$ 在 $W^{1,p}(U)$ 中有界. 因此, 由紧嵌入定理的推论 3.8.1, 存在子列 $\{v_{k_j}\}_{j=1}^{\infty} \subset \{v_k\}_{k=1}^{\infty}$ 和函数 $v \in L^p(U)$, 使得

$$v_{k_j} \to v \quad 在 L^p(U) 中. \tag{3.10.5}$$

再由式 (3.10.3) 可知

$$(v)_U = 0, \quad \|v\|_{L^p(U)} = 1. \tag{3.10.6}$$

另外, 对每个 $i = 1, 2, \cdots$, 及 $\phi \in C_c^{\infty}(U)$, 由式 (3.10.4) 得

$$\int_U v\frac{\partial \phi}{\partial x_i}\mathrm{d}x = \lim_{k_j \to \infty}\int_U v_{k_j}\frac{\partial \phi}{\partial x_i}\mathrm{d}x = -\lim_{k_j \to \infty}\int_U \frac{\partial v_{k_j}}{\partial x_i}\phi\mathrm{d}x = 0.$$

所以 $v \in W^{1,p}(U)$ 且 v 的弱梯度 $Dv = 0$. 因 U 是区域, 故 v 是常值函数 (留作习题). 从而由 $v_U = 0$ 得知 $v \equiv 0$. 而这与式 (3.10.6) 中 $\|v\|_{L^p(U)} = 1$ 矛盾. □

3.11 其他 Sobolev 空间

3.11.1 分数阶 Sobolev 空间

本节利用 Fourier 变换给出空间 $H^k(\mathbb{R}^n)$ 的刻画, 借此定义分数阶 Sobolev 空间. 回忆 Fourier 变换的定义:

$$\mathcal{F}u(\xi) \equiv \hat{u}(\xi) = \int_{\mathbb{R}^n} u(x)\mathrm{e}^{-i\xi\cdot x}\mathrm{d}x, \quad x \in \mathbb{R}^n.$$

定理 3.11.1

设 k 是一个非负整数, 则

(1) $u \in H^k(\mathbb{R}^n) \Leftrightarrow (1+|\xi|^2)^{k/2}\hat{u}(\xi) \in L^2(\mathbb{R}^n)$;

(2) 存在常数 $C = C(n,k) > 0$, 使得对任意的 $u \in H^k(\mathbb{R}^n)$, 都有

$$\frac{1}{C}\|u\|_{H^k(\mathbb{R}^n)} \leqslant \|(1+|\xi|^k)\hat{u}\|_{L^2(\mathbb{R}^n)} \leqslant C\|u\|_{H^k(\mathbb{R}^n)}.$$

证明 (1) 设 $u \in H^k(\mathbb{R}^n)$, 则对每一个多重指标 $|\alpha| \leqslant k$, 有 $\mathrm{D}^\alpha u \in L^2(\mathbb{R}^n)$. 如果 $u \in C_c^\infty(\mathbb{R}^n)$, 则

$$\widehat{\mathrm{D}^\alpha u} = (i\xi)^\alpha \hat{u}. \tag{3.11.1}$$

由逼近定理, 式 (3.11.1) 对于 $u \in H^k(\mathbb{R}^n)$ 也成立. 因此对每个 $|\alpha| \leqslant k$, 由 Parseval 恒等式, $(i\xi)^\alpha\hat{u} \in L^2(\mathbb{R}^n)$ 且

$$\int_{\mathbb{R}^n} |\xi^\alpha|^2|\hat{u}|^2\mathrm{d}\xi = \int_{\mathbb{R}^n} |\mathrm{D}^\alpha u|^2\mathrm{d}x.$$

特别地, 由此可得

$$\int_{\mathbb{R}^n} |\xi|^{2k}|\hat{u}|^2\mathrm{d}\xi \leqslant C\int_{\mathbb{R}^n} |\mathrm{D}^k u|^2\mathrm{d}x < \infty.$$

从而

$$\int_{\mathbb{R}^n} (1+|\xi|^2)^k|\hat{u}|^2\mathrm{d}\xi \leqslant C\|u\|^2_{H^k(\mathbb{R}^n)},$$

这表明 $(1+|\xi|^2)^{k/2}\hat{u}(\xi) \in L^2(\mathbb{R}^n)$ 且

$$\|(1+|\xi|^k)\hat{u}\|_{L^2(\mathbb{R}^n)} \leqslant C\|u\|_{H^k(\mathbb{R}^n)}.$$

(2) 设 $(1+|\xi|^2)^{k/2}\hat{u}(\xi) \in L^2(\mathbb{R}^n)$ 及 $|\alpha| \leqslant k$, 则

$$\|(i\xi)^\alpha\hat{u}\|^2_{L^2(\mathbb{R}^n)} \leqslant \int_{\mathbb{R}^n} |\xi|^{2|\alpha|}|\hat{u}|^2\mathrm{d}\xi \leqslant C\|(1+|\xi|^2)^{k/2}\hat{u}\|^2_{L^2(\mathbb{R}^n)}. \tag{3.11.2}$$

因此 $(i\xi)^\alpha \hat{u} \in L^2(\mathbb{R}^n)$, 令 $u_\alpha := \mathcal{F}^{-1}((i\xi)^\alpha \hat{u})$. 下证在弱导数的意义下 $\mathrm{D}^\alpha u = u_\alpha$. 事实上, 对任意 $\phi \in C_c^\infty(\mathbb{R}^n)$ 有

$$\int_{\mathbb{R}^n} (D^\alpha \phi) u \mathrm{d}x = \int_{\mathbb{R}^n} (\widehat{D^\alpha \phi}) \bar{\hat{u}} \mathrm{d}\xi = \int_{\mathbb{R}^n} (i\xi)^\alpha \hat{\phi} \bar{\hat{u}} \mathrm{d}\xi = (-1)^{|\alpha|} \int_{\mathbb{R}^n} \phi \overline{u_\alpha} \mathrm{d}x.$$

故 $D^\alpha u = u_\alpha$ 且由式 (3.11.2) 可知

$$\|\mathrm{D}^\alpha u\|_{L^2(\mathbb{R}^n)} \leqslant C\|(1+|\xi|^2)^{k/2}\hat{u}\|_{L^2(\mathbb{R}^n)}^2.$$

于是 $u \in H^k(\mathbb{R}^n)$ 且

$$\frac{1}{C}\|u\|_{H^k(\mathbb{R}^n)} \leqslant \|(1+|\xi|^k)\hat{u}\|_{L^2(\mathbb{R}^n)}.$$

鉴于上述等价刻画, 我们可以引入分数阶 Sobolev 空间.

定义 3.11.1

任给 $0 < s < \infty$ 及 $u \in L^2(\mathbb{R}^n)$. 若 $(1+|\xi|^2)^{s/2}\hat{u} \in L^2(\mathbb{R}^n)$, 则称 $u \in H^s(\mathbb{R}^n)$, 并定义

$$\|u\|_{H^s(\mathbb{R}^n)} = \left\|(1+|\xi|^2)^{s/2}\hat{u}\right\|_{L^2(\mathbb{R}^n)}.$$

在有界区域上也可以定义各种各样的分数阶 Sobolev 空间. 这些空间在很多微分几何与偏微分方程的研究中都起着基本的作用, 感兴趣的读者可以参考文献 [22-24].

3.11.2 H^{-1} 空间

设 U 是 $\mathbb{R}^n$ 中的任一开区域.

定义 3.11.2

记 $H^{-1}(U)$ 为 $H_0^1(U)$ 的对偶空间. 若 $g \in H^{-1}(U)$, 则其范数定义为

$$\|g\|_{H^{-1}(U)} = \sup\left\{\langle g, u\rangle | u \in H_0^1(U), \|u\|_{H_0^1(U)} \leqslant 1\right\},$$

其中 $\langle , \rangle$ 表示空间 $H^{-1}(U)$ 与 $H_0^1(U)$ 中元素的配对.

为此, 我们给出 H^{-1} 空间的一个函数刻画.

定理 3.11.2 (H^{-1} 空间的刻画)

任给 $g \in H^{-1}(U)$, 则

(1) 存在函数 $g_0, g_1, \cdots, g_n \in L^2(U)$, 使得

$$\langle g, v\rangle = \int_U \left(g_0 v + \sum_{i=1}^n g_i v_{x_i}\right) \mathrm{d}x, \quad \forall v \in H_0^1(U). \tag{3.11.3}$$

(2) 我们有

$$\|g\|_{H^{-1}(U)} = \inf\left\{\left(\int_U \sum_{i=0}^{n} |g_i|^2 \mathrm{d}x\right)^{\frac{1}{2}} \middle| g_0, g_1, \cdots, g_n \in L^2(U)\text{且满足式 }(3.11.3)\right\}.$$

证明 (1) 已知 $H_0^1(U)$ 的内积定义为

$$(u, v) = \int_U \mathrm{D}u \cdot \mathrm{D}v + uv\mathrm{d}x, \quad \forall u, v \in H_0^1(U).$$

因此, 由 Riesz 表示定理, 存在唯一的函数 $u \in H_0^1(U)$, 使得

$$\langle g, v\rangle = (u, v), \quad \forall v \in H_0^1(U),$$

即

$$\langle g, v\rangle = \int_U \mathrm{D}u \cdot \mathrm{D}v + uv\mathrm{d}x,$$

且满足

$$\|g\|_{H^{-1}(U)} = \|u\|_{H_0^1(U)} = \left(\int_U u^2 + \sum_{i=1}^{n} u_{x_i}^2 \mathrm{d}x\right)^{\frac{1}{2}}. \tag{3.11.4}$$

令 $g_0 = u, g_i = u_{x_i}\ (i = 1, 2, \cdots, n)$ 得到式 (3.11.3).

(2) 假设 $f_0, f_1, \cdots, f_n \in L^2(U)$ 也满足

$$\langle g, v\rangle = \int_U f_0 v + \sum_{i=1}^{n} f_i v_{x_i} \mathrm{d}x, \quad \forall v \in H_0^1(U).$$

由 Cauchy-Schwartz (柯西–施瓦茨) 不等式,

$$|\langle g, v\rangle| \leqslant \left(\int_U \sum_{i=0}^{n} |f_i|^2 \mathrm{d}x\right)^{\frac{1}{2}} \|v\|_{H_0^1(U)}.$$

因此由 $\|g\|_{H^{-1}(U)}$ 的定义可知

$$\|g\|_{H^{-1}(U)} \leqslant \left(\int_U \sum_{i=0}^{n} |f_i|^2 \mathrm{d}x\right)^{\frac{1}{2}}.$$

再结合式 (3.11.4) 便知结论 (2) 成立. □

注 3.11.1 在研究抛物型和双曲型二阶偏微分方程时, 还经常用到含时间变量的 Sobolev 空间. 感兴趣的读者可以参考文献 [25] 第 5 章的第 8 节.

3.12 Sobolev 空间在偏微分方程中的应用举例

我们以典型的二阶椭圆方程为例介绍 Sobolev 空间在偏微分方程中的应用.

例 3.12.1 设 $U \subset \mathbb{R}^n$ 是有界光滑开区域, $f \in C_c^\infty(U)$. 求解偏微分方程

$$\begin{cases} -\Delta u(x) = f(x), & x \in U, \\ u(x) = 0, & x \in \partial U, \end{cases} \tag{3.12.1}$$

其中 $u \in C^2(\overline{U})$ 是待求解函数,

$$\Delta u(x) \equiv \sum_{i=1}^{n} \frac{\partial^2 u}{\partial x_i^2}(x).$$

解 第 1 步. 放松解的定义. 设 $u \in C^2(\overline{U})$ 是问题式 (3.12.1) 的解. 对方程式 (3.12.1) 两边乘以任意的函数 $v \in C_c^\infty(U)$, 并应用散度定理与边值条件, 可得

$$\begin{aligned}
\int_U f v \mathrm{d}x &= -\int_U \sum_{i=1}^{n} u_{x_i x_i}(x) v(x) \mathrm{d}x \\
&= -\int_U \sum_{i=1}^{n} (u_{x_i} v)_{x_i} \mathrm{d}x + \int_U \nabla u \cdot \nabla v \mathrm{d}x \\
&= -\int_{\partial U} v \frac{\partial u}{\partial \nu} \mathrm{d}S + \int_U \nabla u \cdot \nabla v \mathrm{d}x \\
&= \int_U \nabla u \cdot \nabla v \mathrm{d}x.
\end{aligned}$$

为此我们扩大解的概念, 引进如下的定义.

定义 3.12.1

称 $u \in W_0^{1,2}(U)$ 是问题式 (3.12.1) 的一个弱解, 则

$$\int_U \nabla u \cdot \nabla v \mathrm{d}x = \int_U f v \mathrm{d}x, \quad \forall v \in C_c^\infty(U). \tag{3.12.2}$$

由于 $C_c^\infty(U)$ 在 $W_0^{1,2}(U)$ 中稠密, 所以 $u \in W_0^{1,2}(U)$ 是问题式 (3.12.1) 的一个弱解, 则方程式 (3.12.2) 对所有的 $v \in W_0^{1,2}(U)$ 也成立.

第 2 步. 寻找弱解. 注意到, $W_0^{1,2}(U)$ 是 Hilbert 空间. 因此, 根据 Poincaré 不等式, 引入 $W_0^{1,2}(U)$ 上的等价内积

$$(u, v) \equiv \int_U \nabla u \cdot \nabla v \mathrm{d}x, \quad u, v \in W_0^{1,2}(U)$$

与对应的等价范数

$$\|v\|_{W_0^{1,2}(U)} \equiv \|\nabla v\|_2, \quad v \in W_0^{1,2}(U).$$

另外, 因 $f \in L^2(U)$, 故由 Hölder 不等式与 Poincaré 不等式可知: 存在常数 $C > 0$, 使得对任意的 $v \in W_0^{1,2}(U)$ 都有

$$\left| \int_U f v \mathrm{d}x \right| \leqslant \|f\|_2 \|v\|_2 \leqslant C \|f\|_2 \|\nabla v\|_2 = C \|f\|_2 \|v\|_{W_0^{1,2}(U)}.$$

从而由

$$T_f(v) \equiv \int_U f v \mathrm{d}x, \quad v \in W_0^{1,2}(U),$$

定义 $W_0^{1,2}(U)$ 上的一个有界线性泛函 T_f.

于是, 由 Hilbert(希尔伯特) 空间上的 Riesz 表示定理可知, 存在唯一的 $u \in W_0^{1,2}(U)$, 使得

$$T_f(v) = (v, u), \quad \forall v \in W_0^{1,2}(U).$$

即方程式 (3.12.2) 成立. 这样我们找到了问题式 (3.12.1) 的一个弱解 $u \in W_0^{1,2}(U)$.

第 3 步. 正则性提升. 接下来证明弱解 u 确实是光滑解, 即 $u \in C^2(\overline{U})$. 我们把这个结论叫作正则性提升. 证明过程可以简单地概括为如下步骤.

(1) (L^2 理论) 由于 $f \in L^2(U)$, 通过差商的方法可以证明 $u \in W^{2,2}(U)$.

(2) (迭代) 通过对方程的形式求导可以发现: $u_{x_i} \in W^{1,2}(U), i = 1, 2, \cdots, n$ 满足与 u 类似的方程:

$$\begin{cases} -\Delta w = f_{x_i}, & \text{在 } U \text{ 中}, \\ w(x) = u_{x_i}(x), & \text{在 } \partial U \text{ 上}. \end{cases}$$

由第 1 步的方法可以得到 $u_{x_i} \in W^{2,2}(U)$. $i = 1, 2, \cdots, n$. 这等价于 $u \in W^{3,2}(U)$.

(3) 由于 $f \in C_c^\infty(U)$ 可以无穷次继续下去, 从而得到

$$u \in \bigcap_{k \geqslant 1} W^{k,2}(U) \subset C^\infty(\overline{U}).$$

其中, 右端的包含关系用到了 Morrey 嵌入定理. 这说明我们找到的弱解 $u \in W_0^{1,2}(U)$ 确实是问题式 (3.12.1) 的光滑解.

这样我们就完成了问题式 (3.12.1) 的求解. 读者从中可以体会到 Sobolev 空间的应用. 对详细的证明过程感兴趣的读者可以阅读参考文献 [25] 第 6 章. 感兴趣的读者也可以参考国内外相关偏微分方程教材或者专著, 如参考文献 [26-28].

本章小结

在第 2 章 L^p 空间的基础上, 本章讨论偏微分方程入门必须学习的 Sobolev 空间. 偏微分方程的一个基本特点是与函数的偏导数相关, 因此在讨论偏微分方程的过程中, 总是希望函数具有一定的可导性. Sobolev 空间恰好具备这一特点: 将具备弱导数的函数通过可积性的不同放在一起成为一个整体.

本章介绍了 Sobolev 空间的多个基本性质 (逼近性质、延拓性质等) 与两个核心性质 (嵌入性质与紧性). 逼近性质在局部总是成立, 其基本方法是磨光; 在涉及到区域整体时则经常需要边界具备一定的光滑性; 延拓性质类似, 基本的延拓方法则是反射. 嵌入性质与紧性分别给出了 Sobolev 空间最重要的两类不等式: 嵌入不等式与 Poincaré 不等式; 本书研究这一类性质的基本方法可以归结为位势定理, 即研究形如 $\int f(y)/|x-y|^{n-\alpha}\mathrm{d}y$ 的积分. 这两类不等式在研究偏微分方程的过程中常常起着非常关键的作用, 望引起读者重视.

由于偏微分方程种类繁多, 需要种种不同的 Sobolev 空间, 因此在文献中 Sobolev 空间具有非常多的变体. 然而它们的基本思想都是类似的, 核心的性质也是类似的. 有兴趣的读者可以参阅本书文献.

知识点扩展

参 考 文 献

[1] LIONS P L. The concentration-compactness principle in the Calculus of Variations. The locally compact case, part 1[J]. Annales de l' Institut Henri Poincaré C, Analyse Non Linéaire, 1984, 1(2): 109-145.

[2] LIONS P L. The concentration-compactness principle in the Calculus of Variations. The locally compact case, part 2[J]. Annales de l' Institut Henri Poincaré C, Analyse Non Linéaire, 1984, 1(4): 223-283.

[3] SIMON L. Lectures on geometric measure theory[M]. Canberra: Australian National University, Centre for Mathematical Analysis, 1983.

[4] 周民强. 实变函数论 [M]. 3 版. 北京: 北京大学出版社, 2016.

[5] 江泽坚, 吴智泉, 纪友清. 实变函数论 [M]. 3 版. 北京: 高等教育出版社, 2007.

[6] 华东师范大学数学科学学院. 数学分析. 下册 [M]. 5 版. 北京: 高等教育出版社, 2019.

[7] 钟开莱. 概率论教程 (英文版原书第 3 版 · 典藏版)[M]. 北京: 机械工业出版社, 2010.

[8] 严加安. 测度论讲义 [M]. 2 版. 北京: 科学出版社, 2004.

[9] EVANS L C, GARIEPY R. Measure theory and fine properties of functions[M]. Rev.ed. Boca Raton: CRC Press. 2015.

[10] 尤承业. 基础拓扑学讲义 [M]. 北京: 北京大学出版社, 1997.

[11] BRÉZIS H, LIEB E. A relation between pointwise convergence of functions and convergence of functionals[J]. Proceedings of the American Mathematical Society, 1983, 88(3): 486-490.

[12] WILLEM M. Minimax theorems[M]. Boston: Birkhäuser Boston, 1996.

[13] RUDIN W. Real and complex analysis[M]. 3rd ed. New York: McGraw-Hill, 1987.

[14] 孙炯, 贺飞, 郝晓玲, 等, 泛函分析 [M]. 2 版. 北京: 高等教育出版社, 2018.

[15] 张恭庆, 林源渠. 泛函分析讲义. 上册 [M]. 北京: 北京大学出版社, 1987.

[16] GRAFAKOS, L. Classical Fourier analysis[M]. 2nd ed. New York: Springer, 2008.

[17] GRAFAKOS, L. Modern Fourier analysis[M]. 2nd ed. New York: Springer 2009.

[18] HÉLEIN F. Harmonic Maps, Conservation laws and moving frames[M]. Cambridge: Cambridge University Press, 2002.

[19] ADAMS R A, FOURNIER J F. Sobolev spaces[M]. New York: Academic Press, 1975.

[20] 陈亚浙, 吴兰成. 二阶椭圆型方程与抛物型方程组 [M]. 北京: 科学出版社, 1991.

[21] TALENTI G. Best constant in Sobolev inequality[J]. Annali Di Matematica Pura Ed Applicata, 1976, 110(1): 353-372.

[22] MILLOT V, PEGON M, SCHIKORRA A. Partial regularity for fractional harmonic maps into spheres[J]. Archive for Rational Mechanics and Analysis, 2021, 242(2): 747-825.

[23] MILLOT V, SIRE Y. On a fractional Ginzburg-landau equation and 1/2-harmonic maps into spheres[J]. Archive for Rational Mechanics and Analysis, 2015, 215(1): 125-210.

[24] MILLOT V, SIRE Y, WANG K L. Asymptotics for the fractional Allen-cahn equation and stationary nonlocal minimal surfaces[J]. Archive for Rational Mechanics and Analysis, 2019, 231(2): 1129-1216.

[25] EVANS L C. Partial differential equations[M]. 2nd ed. Providence: American Mathematical Society, 2010.

[26] 王术. Sobolev 空间与偏微分方程引论 [M]. 北京: 科学出版社, 2009.

[27] 伍卓群, 尹景学, 王春朋. 椭圆与抛物型方程引论 [M]. 北京: 科学出版社, 2003.

[28] GILBARG D, TRUDINGER N. Elliptic partial differential equations of second order[M]. Reprint of the 1998 ed. Berlin: Springer-Verlag, 2001.